国际科学数据资源管理概述

王卷乐 石 蕾 王淑强 ◎著

·北京·

图书在版编目（CIP）数据

国际科学数据资源管理概述 / 王卷乐，石蕾，王淑强著. —北京：科学技术文献出版社，2021.5（2022.11重印）
ISBN 978-7-5189-7820-5

Ⅰ．①国… Ⅱ．①王… ②石… ③王… Ⅲ．①科学研究—数据管理—研究—世界 Ⅳ．① G31

中国版本图书馆 CIP 数据核字（2021）第 069409 号

国际科学数据资源管理概述

| 策划编辑：周国臻 | 责任编辑：崔灵菲　胡远航 | 责任校对：文　浩 | 责任出版：张志平 |

出 版 者	科学技术文献出版社
地　　址	北京市复兴路15号　邮编 100038
编 务 部	（010）58882938，58882087（传真）
发 行 部	（010）58882868，58882870（传真）
邮 购 部	（010）58882873
官 方 网 址	www.stdp.com.cn
发 行 者	科学技术文献出版社发行　全国各地新华书店经销
印 刷 者	北京虎彩文化传播有限公司
版　　次	2021年5月第1版　2022年11月第2次印刷
开　　本	787×1092　1/16
字　　数	293千
印　　张	13.5　彩插4面
书　　号	ISBN 978-7-5189-7820-5
定　　价	58.00元

版权所有　违法必究

购买本社图书，凡字迹不清、缺页、倒页、脱页者，本社发行部负责调换

本书获以下项目和单位联合支持：

国家科技基础条件平台专项项目（2020WT22）

中国科学院信息化专项项目（XXH13510-10、XXH13505-07）

中国-巴基斯坦地球科学研究中心

江苏省地理信息资源开发与利用协同创新中心

国家地球系统科学数据中心

前　言

科学数据是"数据—信息—知识—智慧"这一创新价值链的基础，是最基本的科技创新资源。随着大数据时代的到来，海量科学数据不断产生，以数据驱动为特征的科学研究方法发生了重要的变革。科学发现越来越依赖于对海量数据的集成和分析，科学研究水平也越来越多地取决于对数据的积累及将数据转换为信息和知识的能力。科学数据已成为科技创新、经济发展和相关决策活动不可缺失的基础科技支撑条件，被公认为是继物质和能量之后的第三类资源。随着国家对科学研究等投入的不断加大和国与国之间在科研条件等方面的竞争加剧，全球各国纷纷将科学数据管理纳入国家发展战略。

本书纵观科学数据管理的国际态势，预期为国内科学数据管理发展提供参考。主要内容包括九章。第一章，引言，主要介绍科学数据概述、科学数据管理态势、科学数据管理需求。第二章，国际科学数据管理现状，主要介绍国际组织、主要国家及典型机构的科学数据管理政策。第三章，国际科学数据中心建设模式，主要对遴选的国际科学数据中心进行介绍。第四章，典型国际科学数据中心案例剖析，主要介绍国际地球科学信息网络中心、大学间政治社会研究联盟。第五章，国际科学数据汇聚模式，主要介绍科研项目集中向指定数据中心或仓储汇聚模式、科研项目分散选择数据中心或仓储汇聚模式、科学家个人以论文出版方式向数据中心或仓储汇聚模式、科研项目和科学家个人向数据共享目录或网络汇聚模式、大数据计算与处理平台和公民科学开放汇聚模式。第六章，科学数据中心国际认证分析，主要介绍科学数据国际认证体系、可信任数据仓储科学数据认证要求、科学数据中心认证实践。第七章，全球科学数据管理研究进展与分析，主要介绍全球科学数据管理研究的数据源与研究方法结果与分析等。第八章，国际地球科学数据管理实践案例，主要介绍典型地学领域的科学数据机构实践。第九章，国际科学数据管理启示，主要介绍未来发展展望和建议。

本书的研究主要结合国家科技基础条件平台专项项目和中国科学院信息化专项项目开展。感谢中国工程院院士孙九林先生的长期指导。感谢相关课题组韩雪华、张敏、李琼、梁茜亚、石皓中、张文璇、郑莉、魏海硕、吴玉鑫、刘静等参与资料收集。感谢王玉洁、张文璇、梁茜亚、蒋涵、李姝晗、王敬悦、洪梦梦、郝丽娜等参与资料整理与统稿。囿于专业领域覆盖面和写作能力，本书可能存在错误或不足，欢迎批评指正，以便及时改进。

王卷乐
2021年3月于北京

目 录

前言

第一章　引言 ·· 1

第二章　国际科学数据管理现状 ·· 6

 2.1　国际组织科学数据管理政策 ··· 6
  2.1.1　世界数据系统 ··· 6
  2.1.2　国际数据库认证机构 ·· 7
  2.1.3　地球观测组织 ··· 9
  2.1.4　国际科技数据委员会 ··· 10
  2.1.5　国际研究数据联盟 ·· 11
 2.2　主要国家科学数据管理政策 ·· 13
  2.2.1　美国科学数据管理情况 ·· 13
  2.2.2　欧盟科学数据管理情况 ·· 15
  2.2.3　澳大利亚科学数据管理情况 ·· 17
  2.2.4　英国科学数据管理情况 ·· 18
  2.2.5　荷兰科学数据管理情况 ·· 19
 2.3　典型机构科学数据管理政策 ·· 20
  2.3.1　美国国家航空航天局（NASA） ·· 20
  2.3.2　美国大气海洋局（NOAA） ··· 23
  2.3.3　美国国家科学基金会（NSF） ·· 26
  2.3.4　美国国立卫生研究院（NIH） ·· 27

第三章　国际科学数据中心建设模式 ··· 31

 3.1　DataFirst ·· 31
  3.1.1　数据中心总体情况与数据资源状况 ·· 31
  3.1.2　数据中心运行管理状况 ·· 32

3.2	Dryad数据库	34
	3.2.1 数据中心总体情况与数据资源状况	34
	3.2.2 数据中心运行管理状况	35
3.3	蛋白质数据库	37
	3.3.1 数据中心总体情况与数据资源状况	37
	3.3.2 数据中心运行管理状况	39
3.4	英国国家档案馆	40
	3.4.1 数据中心总体情况与数据资源状况	40
	3.4.2 数据中心运行管理状况	42
3.5	DNA序列数据库	44
	3.5.1 数据中心总体情况与数据资源状况	44
	3.5.2 数据中心运行管理状况	45
3.6	世界土壤数据中心	48
	3.6.1 数据中心总体情况与数据资源状况	48
	3.6.2 数据中心运行管理状况	49
3.7	美国政府数据中心	50
	3.7.1 数据中心总体情况与数据资源状况	50
	3.7.2 数据中心运行管理状况	51
3.8	世界遥感大气数据中心	52
	3.8.1 数据中心总体情况与数据资源状况	52
	3.8.2 数据中心运营管理状况	53
3.9	世界温室气体数据中心	54
	3.9.1 数据中心总体情况与数据资源状况	54
	3.9.2 数据中心运行管理状况	56
3.10	澳大利亚国家数据服务中心	57
	3.10.1 数据中心总体情况与数据资源状况	57
	3.10.2 数据中心运行管理状况	59
	3.10.3 数据中心开放共享政策与知识产权保护	60
	3.10.4 数据中心管理模式与特色设施	61
3.11	法国斯特拉斯堡天文数据中心	62
	3.11.1 数据中心总体情况与数据资源状况	62
	3.11.2 数据中心运行管理状况	63
3.12	荷兰数据存储和网络服务中心	64
	3.12.1 数据中心总体情况与数据资源状况	64
	3.12.2 数据中心运行管理状况	65
3.13	欧盟空间信息基础设施数据中心	67
	3.13.1 数据中心总体情况与数据资源状况	67
	3.13.2 数据中心运行管理状况	68

3.14 美国地质调查局全球可视化查看器 70
3.14.1 数据中心总体情况与数据资源状况 70
3.14.2 数据中心运行管理状况 71

3.15 橡树岭国家实验室分布式存档中心 73
3.15.1 数据中心总体情况与数据资源状况 73
3.15.2 数据中心运行管理状况 74

3.16 美国国家冰雪数据分布式主动归档中心 75
3.16.1 数据中心总体情况与数据资源状况 75
3.16.2 数据中心运行管理状况 76

3.17 世界海洋环境科学数据中心 78
3.17.1 数据中心总体情况与数据资源状况 78
3.17.2 数据中心运行管理状况 79

3.18 韩国科学技术信息研究院 80
3.18.1 数据中心总体情况与数据资源状况 80
3.18.2 数据中心运行管理状况 81

3.19 国际土壤文献和信息中心–世界土壤数据中心 83
3.19.1 数据中心总体情况与数据资源状况 83
3.19.2 数据中心运行管理状况 84

3.20 美国国家科学基金会地球数据观测网络数据中心 85
3.20.1 数据中心总体情况与数据资源状况 85
3.20.2 数据中心运行管理状况 86

第四章 典型国际科学数据中心案例剖析 89

4.1 国际地球科学信息网络中心 89
4.1.1 总体情况 89
4.1.2 运行管理状况 90
4.1.3 国内外平台对比 93
4.1.4 平台建设的启示 96

4.2 大学间政治社会研究联盟 98
4.2.1 总体情况 98
4.2.2 运行管理状况 98
4.2.3 数据管理情况 100
4.2.4 平台建设的启示 104

第五章 国际科学数据汇聚模式 106

5.1 科研项目集中向指定数据中心或仓储汇聚模式 107
5.1.1 美国国立卫生研究院 108
5.1.2 973 计划资源环境领域项目数据汇交策略 110

5.2 科研项目分散选择数据中心或仓储汇聚模式 112

5.3 科学家个人以论文出版方式向数据中心或仓储汇聚模式 113
    5.3.1 《地球物理学研究杂志》 114
    5.3.2 《地球系统科学数据》 114
5.4 科研项目和科学家个人向数据共享目录或网络汇聚模式 114
    5.4.1 全球变化主目录模式 115
    5.4.2 国际数据库认证机构 117
5.5 大数据计算与处理平台和公民科学开放汇聚模式 117

第六章 科学数据中心国际认证分析 119

6.1 科学数据国际认证体系 119
6.2 可信任数据仓储科学数据认证要求 120
    6.2.1 标准指南概述 120
    6.2.2 指南详细内容 120
    6.2.3 CoreTrustSeal认证条款与结构 121
    6.2.4 DSA评估及认证 122
6.3 科学数据中心认证实践 124
    6.3.1 WDC可再生资源与环境数据中心认证情况概述 124
    6.3.2 WDC可再生资源与环境数据中心认证实践内容 124

第七章 全球科学数据管理研究进展与分析 128

7.1 数据源与研究方法 129
    7.1.1 检索思路与策略 129
    7.1.2 数据源 129
    7.1.3 数据处理与分析指标 130
7.2 结果与分析 130
    7.2.1 科研产出量变化趋势 130
    7.2.2 学科领域论文分布 131
    7.2.3 科研整体影响力变化趋势 131
    7.2.4 国家/地区科研实力分析 132
    7.2.5 载文期刊论文分布 133
    7.2.6 重点机构研究水平分析 134
    7.2.7 研究主题聚类分析 138
7.3 分析与讨论 141

第八章 国际地球科学数据管理实践案例 142

8.1 地球系统科学数据期刊 142
    8.1.1 概况 142
    8.1.2 数据集成策略 143
    8.1.3 关键技术 144

8.2 DataONE ··········· 145
8.2.1 概况 ··········· 145
8.2.2 数据集成策略 ··········· 145
8.2.3 关键技术 ··········· 146
8.3 One Geology ··········· 146
8.3.1 概况 ··········· 146
8.3.2 数据集成策略 ··········· 147
8.3.3 关键技术 ··········· 148
8.4 ARGO全球海洋观测网 ··········· 148
8.4.1 概况 ··········· 148
8.4.2 数据集成策略 ··········· 149
8.4.3 关键技术 ··········· 150
8.5 全球综合地球观测系统 ··········· 153
8.5.1 概况 ··········· 153
8.5.2 数据集成策略 ··········· 154
8.5.3 关键技术 ··········· 154
8.6 地球观测系统数据和信息系统 ··········· 155
8.6.1 概况 ··········· 155
8.6.2 数据集成策略 ··········· 156
8.6.3 关键技术 ··········· 158
8.7 美国国家环境信息中心 ··········· 158
8.7.1 概况 ··········· 158
8.7.2 数据集成策略 ··········· 159
8.7.3 关键技术 ··········· 159
8.8 全球变化主目录 ··········· 160
8.8.1 概况 ··········· 160
8.8.2 数据集成策略 ··········· 160
8.8.3 关键技术 ··········· 162
8.9 南极条约 ··········· 162
8.9.1 概况 ··········· 162
8.9.2 数据集成策略 ··········· 163
8.9.3 关键技术 ··········· 164
8.10 地质云 ··········· 165
8.10.1 概况 ··········· 165
8.10.2 数据集成策略 ··········· 166
8.10.3 关键技术 ··········· 167
8.11 地质生物多样性数据库 ··········· 168
8.11.1 概况 ··········· 168
8.11.2 数据集成策略 ··········· 169

        8.11.3　关键技术 ··· 170
　8.12　地球探测计划 ·· 171
        8.12.1　概况 ··· 171
        8.12.2　数据集成策略 ··· 171
        8.12.3　关键技术 ··· 172
　8.13　玻璃地球 ·· 172
        8.13.1　概况 ··· 172
        8.13.2　数据集成策略 ··· 173
        8.13.3　关键技术 ··· 173
　8.14　地球立方体 ·· 174
        8.14.1　概况 ··· 174
        8.14.2　数据集成政策 ··· 175
        8.14.3　关键技术 ··· 175
　8.15　大洋钻探 ·· 177
        8.15.1　概况 ··· 177
        8.15.2　数据集成策略 ··· 178
        8.15.3　关键技术 ··· 179
　8.16　Macrostrat ··· 180
        8.16.1　概况 ··· 180
        8.16.2　数据集成策略 ··· 180
        8.16.3　关键技术 ··· 181
　8.17　Geofacets ··· 182
        8.17.1　概况 ··· 182
        8.17.2　数据集成策略 ··· 182
        8.17.3　关键技术 ··· 182

第九章　国际科学数据管理启示 ·· 184

附录　WDS科学数据中心列表 ··· 189

参考文献 ·· 196

第一章 引 言

科学数据是人类社会科技活动积累的或通过其他方式获取的反映客观世界的本质、特征、变化规律等原始性、基础性数据，以及根据不同科技活动需要进行系统加工整理的各类数据的集合。科学数据是信息时代传播速度最快、影响面最宽、开发利用潜力最大的战略性、基础性科技资源（孙九林，2009）。科学数据是"数据—信息—知识—智慧"这一创新价值链的基础，是最基本的科技创新资源。一个好的科学思想、理论假说和一项好的应用技术，都必须在掌握大量前人资料和科学数据的基础上才能形成，同时也必须在大量相关数据的支撑下才能被证伪。

科学数据资源如同工业社会中的石油，被誉为科学研究的生命和血液。科学数据资源在信息社会的广泛应用，造就了社会财富的剧增，成为重要的国家战略性资源和各国科技实力竞争的重要资本，对科技进步与创新和经济增长、社会发展及国家安全都发挥着重要的作用。在竞争激烈的科技创新全球化时代，拥有科学数据就意味着拥有了无穷的创新资源，就有了提升国家科技竞争力的最广泛的基础。

科学研究是典型的数据密集型研究，其在解决科学和应用问题的过程中需要大量的科学数据支撑，同时又在相关科研活动中不断产出新的衍生数据和产品（王卷乐 等，2009；Boulton G，2018）。科学数据的作用只有通过流动和共享才能体现。"填平数据鸿沟，连接数据孤岛""把珍珠串成项链"（孙九林，2002）等数据共享理念，逐渐在科技界的推动下取得了突破和进展。

随着大数据时代的到来，海量科学数据不断产生，以数据驱动为特征的科学研究方法发生了重要的变革（Atkinson M. et al.，2012；Liu J. et al.，2015）。科学发现越来越依赖于对海量数据的集成和分析，科学研究水平不仅仅取决于科研人员的水平，也越来越多地取决于对数据的积累及将数据转换为信息和知识的能力（Cooper M，2007；Pentland A，2013；British Academy，2017；Editorial，2018）。对科学数据进行系统化的综合分析，进而促进新的科学思维的产生，是实现科技创新的重要方式，并推动交叉学科的发展。

正是由于科学数据的战略性地位，数据信息贫富不均已成为国家和地区发展不均衡的巨大鸿沟，开展科学数据的集成和共享得到世界各国的重视。全球各地纷纷将数据开放管理纳入到国家发展战略（Boulton G. S. et al.，2019）。欧美等国家和地区已经在科学数据管理方面取得显著进展和成效，简要列举如下。

1）在立法层面制定国家科学数据管理的基本原则。美国在20世纪后10年确立了在国家层面上建设国有科学数据和信息全社会共享环境的战略部署，原则上除危及国家安全、影响政府政务和涉及个人隐私的数据和信息以外的国有（公共领域）数据和信息全部实施"完全与开放"（full and open）的共享国策。欧盟发布《欧洲研究领域开放数据获取政策和策略》，将科学数据开放存取以政策的形式加以保证（Aurore Nical et al., 2013）。欧盟地平线2020战略发布的《开放数据：创新、增长和透明治理的引擎》要求欧盟及其成员国建立相关的法律机制并采取相应的财政措施，以推动各国在开放数据领域开展合作（European Commission，2011）。英国科学数据共享的指导思想和原则主要体现在《布加勒斯特宣言》《公共资助科学数据开放获取宣言》《网络经济的未来：首尔宣言》，并于2000年通过了《信息自由法》，2005年1月1日起开始实施（王巧玲 等，2009）。法国制定了《信息科学归档文件卡片》与《自由法》（傅小锋 等，2007）。日本于2001年1月开始实施《信息技术基本法》（胡智慧，2002）。

2）美国、欧洲等发达国家和地区已经将科学数据的持续积累和开放利用能力提高到了国家科技战略的高度进行部署，并投入了大量的人力、物力和财力。通过多年积累，形成了一批权威、长序列、多尺度的科学数据库，并在科研过程中发挥了重要作用。例如，英国著名的洛桑农业实验站，积累了长达160年的土壤样品和生态试验数据，成为全世界研究人类耕作制度、施肥方式和土壤酸化演变等方面不可多得的宝贵科学财富；加拿大在全国定期开展格网化的资源调查，持续积累和提高其自然资源的管理与利用能力；Argo在全球范围内部署海洋浮标，用于大尺度全球气候变化观测；美国国家航空航天局（National Aeronautics and Space Administration，NASA）、美国国家海洋和大气管理局（National Oceanic and Atmospheric Administration，NOAA）和美国国立卫生研究院（National Institutes of Health，NIH）等机构支持建立的多个国家数据中心，长期开展基础科学数据的积累和共享服务，为美国及全球航天、大气、海洋和生命科学研究提供了重要数据资料；由发达国家主导形成的全球碳监测网络，在应对全球气候变化国际合作中发挥了关键作用等。

3）围绕科学数据全生命周期加强科学数据管理。在科学数据收集方面，如美国国家科学基金会（National Science Foundation，United States，NSF）要求在项目建议书中必须包括"数据管理"计划。英国也根据科学数据生命周期建立了完整的数据管理流程和相应的法律制度，明确了由NSF支持的项目在申请阶段须提交不少于2页的数据管理计划，对项目数据管理工作提供经费支持。英国的科研资助机构均要求资助申请人提交数据管理计划，并对计划应包含的内容与格式都做了详细规定，并要求汇交至相应数据中心，从而保证了研究过程中产生的科学数据能得到有效保存与管理。英国的科学研究资助机构的科学数据管理规定涉及数据的生命周期的各个阶段。包括：①项目介绍与背景；②数据类型、格式、标准与数据采集方法；③数据使用道德与知识产权；④数据检索、共享与重用；⑤短期保存与数据管理；⑥数据长期保存；⑦资金与人力支持；⑧监督与评估。

4）美国在科学数据管理中，严格区分3种不同的运行机制：①保密性管理机制：美国对于有可能危及国家安全、影响政府政务、涉及个人隐私的数据和信息均纳入保密性运行机制中管理，并对这些内容做出十分严格和明确的规定。②"完全与开放"管理机制：对国家所有和国家投资产生的、不会危及国家安全、影响政府政务，不会涉及个人隐私的全部数据和信息纳入"完全与开放"的运行机制管理。对国家委托大学、医院、非营利性研究院所科学研究项目产生的科学数据和信息的法制管理，美国政府通过白宫管理与预算办公厅通告的方式（OMB-A110通告）发布管理条例。③市场管理机制：将私营企业投资产生的科学数据，纳入市场运行的管理体系，国家通过对开发者的批准、税收、反经济垄断等渠道加强管理。

5）欧盟《数据库保护指令》、英国《布加勒斯特宣言》和《信息自由法》等，在科学数据的产权归属、共享管理和开发利用等方面均作了明确规定。欧盟出台和资助了"欧盟知识产权帮助"项目，以保护欧盟的科技创新成果及其自主知识产权。2015年12月，欧盟执委会通过了《一般数据保护条例》，以欧盟法规的形式确定了对个人数据的保护原则和监管方式（European Union，2016）。美国注重科学数据信息安全与网络安全管理。从克林顿时代的网络基础设施保护，到布什时代的网络反恐，再到奥巴马时代的创建网络司令部，美国的数据安全战略经历了一个"从被动预防到主动出击"的发展过程。随着数字技术的快速发展，美国先后调整了国家信息安全政策，以巩固其在国际的领先地位，促使数据安全在国家信息安全政策中的地位不断上升。

6）美国在国家科学数据中心建设上具有全球代表性。其在20世纪由美国国家航空航天局（NASA）主导建立的地球科学领域系列国家级数据存档体系（Distributed Active Archive Center，DAAC）一直发展至今，长期为地球科学领域的国家科学数据提供存储、管理和发布服务。这一国家科学数据中心体系由分布在美国各地的分布式活动存档中心（DAACs）构成，存档中心目前包括12个，即阿拉斯加卫星设施数据中心、兰利研究中心的大气科学数据中心、地壳动力学数据信息系统、全球水文资源中心、戈达德地球科学数据和信息服务中心、土地处理数据中心、一级和大气归档分发系统、国家冰雪数据中心、橡树岭国家实验室归档中心、海洋生物学归档中心、物理海洋学归档中心、社会经济数据和应用数据中心。欧洲国家也在推进多个层面的科学数据中心的管理，以便为全社会提供开放的数据存储平台。

7）发达国家积极依靠权威性科学数据中心，持续整合和汇聚全球科学数据资源，并逐渐形成标准化的科学数据收集、管理和存储解决方案。例如，全球生物多样性信息网络（Global Biodiversity Information Facility，GBIF）是目前全球最大的生物多样性信息服务机构，该组织通过合作和种子基金等各种途径促进生物多样性原始数据的共享，已形成一个面向全世界用户的、关于全球生物多样性的综合性信息服务系统。再以基因银行（GenBank）为例，目前其已成为世界权威的基因序列登记库，并被科学共同体所接受，发表学术论文往往需要提供基因登记号。Nature 杂志发表明确规定，关于基因测序数据必须汇交到指定数据库，以此作为文章发表的门槛。GenBank已整合大量世界高水平的基因序列数据，汇聚全球科学数据资源的模式也从数据中心扩展到学术期刊领域，多种国际学术期刊也正在通过各种方式整合科学数据。例如，截至2020年8月，Nature 杂志在线发布和共享了138种期刊论文和相关数据服务，每月全球有数以百万计的科研人员对其进行浏览和访问。其中，科学数据发布是 Nature 重要的数据服务形式。通过 Nature 的科学数据发布平台（http://www.nature.com/sdata/），每个科研人员都可以提交数据论文信息及相关数据集。

8）大数据的开发应用模式给了传统科研活动新的启发。在大数据创新理念的激发下，利用网络平台推动科学数据开放共享、开发利用，采取"众包众筹"的方式加速科研进程，对传统的科研方式带来了巨大的冲击和影响。例如，Foldit 项目通过互联网发起了大规模的协同研究，以数据为纽带联合数千名科研人员共同参与研究，进行联机计算，使得该项目能够以前所未有的速度得到推进。再如 Galaxy Zoo 研究项目召集了 25 万个研究者，包括专业研究人员、业余研究者及爱好者帮助共同收集星际数据，从而发现了一个星系的新类，加深了人类对宇宙的认识。又如 Polymath 项目中，各个领域的研究者及非专业数学家协作解决了一个传统方法长期无法解决的问题，这种大众协作参与科研的方式被称为"科研众筹"（crowd science）。

9）美国联邦政府投资建设国家级科学数据中心群，实现了公益性科学数据资源的长期积累、高效管理与广泛应用。如美国国家航空航天局（NASA）、国家海洋与大气管理局（NOAA）、美国地质调查局（United States Geological Survey，USGS）和国立卫生研究院（NIH），都是在政府政策支持和大量资金投入下，建成了一批规模化、影响度高的科学数据中心（库）群，不仅为美国的科技、经济、社会发展带来了显著效益，而且也在为全世界提供服务。同时，这些数据中心也通过国际合作等多种途径收集其他国家的科学数据。美国通过对科学数据的高效使用，产生了巨大的社会经济效益。有关研究表明，在实施科学数据共享政策的 10 年间，美国平均年经济增长率后 5 年比前 5 年增长了 1.1%，其中 0.5% 是由数据和信息的流通和应用所产生的。

10）欧美发达国家早在 20 世纪 90 年代就已经开始制定科学数据的管理政策和相应的技术规范要求，并在近年来呈现深入和推广的趋势。1994 年，美国成立开放地理空间信息联盟（Open Geospatial Consortium，OGC），发布了开放的地理数据互操作规范。截至 2020 年 4 月，OGC 互操作规范共有 22 项抽象规范、158 项执行标准、1 项 OGC 参考模型、20 项白皮书、304 项公共工程报告、70 项最佳实践文档和 145 项讨论稿（OGC，2020）。ISO 地理信息参考模型标准规定了 GIS 领域的标准化框架，确定了包括地理信息模型服务、地理信息系统管理服务、地理信息处理服务等在内的 6 类地理信息服务（姜作勤等，2003）。美国联邦地理数据委员会（Federal Geographic Data Committee，FGDC）在 1996 年制定了 FGDC 标准参考模型。该参考模型主要内容包括标准制定的原则和方法、标准的文档格式、标准的应用和审查等（洪志远，2011）。ISO/IEC JCT1 WG9（大数据工作组）（光亮和张群，2017）制定了 ISO/IEC 20547《信息技术大数据参考架构》国际标准，参考架构系列标准包括框架与应用、用例与需求、参考架构、安全和隐私、标准化路线图等 5 个分册。开放档案信息系统（Open Archival Information System，OAIS）是美国航空航天局（NASA）咨询委员会制定的标准，致力于为以长期保存为目的的信息系统建立一种参考模型和基本概念框架（何依，2018；吴振新，2014），目前已在全球多个机构部门及档案数据管理组织内开展了应用。

我国紧跟国际趋势，将大数据和数据共享上升为国家战略。2015 年 9 月，国务院印发《促进大数据发展行动纲要》（国务院，2015），提出"积极推动由国家公共财政支持的公益性科研活动获取和产生的科学数据逐步开放共享"。为进一步加强和规范科学数据管理，保障科学数据安全，提高开放共享水平，更好支撑国家科技创新、经济社会发展和国家安全，国务院办公厅 2018 年 3 月印发《科学数据管理办法》（国务院办公厅，2018）。这是我国首个国家层面出台的科学数据管理办法，为我国科学数据工作确定了行动纲领，对各个领域和学科的科学数据管理都将产生直接影响。2019 年 6 月，为落实《科学数据管理办法》和《国家科技资源共享服务平台管理办法》的要求，规范管理国家科技资源共享服务平台，完善科技资源共享服务体系，推动科技资源向社会开放共享，科技部、财政部对原有国家平台开展了优化调整工作，通过部门推荐和专家咨询，经研究共形成 20 个国家科学数据中心、31 个国家生物种质与实验材料资源库。

但与发达国家相比，我国缺乏战略定位清晰的、有效的地球科学领域科学数据积累和共享策略（Wang J. et al.，2013），许多立足于我国的卓越科研工作还在利用来自欧美等国家和地区科学数据中心的资料，产出的科学数据也多以学术论文、数据论文、可获取数据集等方式存储在国外科学数据中心，尚没有形成我国自主的、可持续的科学数据管理策略。因此迫切需要在面向我国自主科学数据管理生态的目标下，洞悉全球科学数据管理态势，并通过系统的调研分析为我国科学数据管理提供借鉴和启示。

第二章 国际科学数据管理现状

2.1 国际组织科学数据管理政策

2.1.1 世界数据系统

（1）定位与发展

世界数据系统（World Data System，WDS）是国际科学理事会（International Council for Science，ICSU）在 2008 年第 29 届大会上成立的跨学科组织。其使命是支撑 ICSU 的长期愿景，在自然科学、社会科学和人文科学等一系列学科之间，为科学数据、数据服务、产品和信息提供有质量保证的长期管理和平等访问，促进遵守相互协定的数据标准和惯例，提供促进和改进数据访问的机制，并采用"数据共享原则"推进其目标。会员所属领域基本涵盖所有学科，其中地球科学和空间科学较多。

（2）数据政策与共享

ICSU-WDS 数据共享原则符合国际相应数据政策，包括地球观测组织、八国集团科学部长声明和开放数据章程、从公共资金获取研究数据的 OECD 原则和指南及国际科学理事会、国际科学院组织、国际社会科学理事会和世界科学院针对数据开放共同宣布的国际协议。其具体原则包括以下 3 点：①数据、元数据、数据产品和信息应全面公开分享，遵守国家或国际司法法律和政策，包括尊重适当的现存标准，符合国际道德研究行为标准；②为研究、教育和公共领域使用而制作的数据、元数据、数据产品和信息需在最短时间内免费提供，或者不超过传播成本费用，但不包括低收入用户群体；③所有制作、共享和使用数据和元数据的人都应是这些数据的管理者，有责任确保数据的真实性、质量和完整性，通过确保适当的隐私来维持对数据源的尊重，并鼓励适当引用数据集和原创作品及对数据库的致谢。

为了履行其职责，ICSU-WDS 通过国际认可的准则认证其会员组织，建立世界范围内科学数据服务的"卓越社区",其会员组织分为正式会员、网络会员、合作伙伴和准会员4类。同"未来地球"科学委员会、项目和秘书处一起规定数据管理原则,确定和数据有关的机遇和挑战。WDS科学委员会创建了工作组来协调和促进实施ICSU-WDS的具体活动和项目,其工作组主要有:①经济合作与发展组织全球科学论坛(GSF),其目标是为确保建立一个国际数据网络而确定原则和政策,以有效支持全球开放科学事业;②WDS与国际研究数据联盟(Research Data Alliance,RDA)联合确立数据出版兴趣小组(Interesting Group,IG),其主要目标是通过解决数据出版工作的流程问题,促进和建立关于科学家、数据库、数据出版商和文献计量服务提供商的数据出版概念;③CODATA-WDS任务组,其目标是能够更好地理解公众科学、众包和自愿地理信息项目的生态系统。

(3) WDS科学数据汇聚策略

截至2020年6月,WDS共包含125个成员组织,分为4个不同类别:正式成员组织83个、网络成员组织11个、合作成员组织11个和联合成员组织20个。这些科学数据中心(Data Center)在大数据时代,为本国、本学科领域和全球数据驱动科学研究提供着创新方法、科学数据保藏和长期数据共享服务支持,在全球科学共同体中具有广泛的影响力。

我国早在1988年就加入了WDS的前身WDC,并于当年成立了9个学科数据中心。截至2020年7月,中国在新的ICSU-WDS框架下发展有10个科学数据中心,分别是中国天文数据中心(中国科学院国家天文台)、可再生资源与环境数据中心(中科院地理科学与资源研究所)、海洋数据中心(国家海洋信息中心)、世界微生物数据中心(中科院微生物研究所)、中国空间科学数据中心(中国科学院国家空间科学中心)、寒区旱区科学数据中心(中科院寒区旱区环境与工程研究所)、地球物理科学数据中心(中国科学院地质与地球物理研究所)、全球变化科学研究数据出版系统(中科院地理科学与资源研究所)、台湾鱼类资料库(台湾"中央研究院"生物多样性研究中心)、学术调查研究资料库(台湾"中央研究院"人文社会科学研究中心)。这些科学数据中心在信息化建设、数据科学发展、数据驱动科技创新等方面做出卓越贡献。

2.1.2 国际数据库认证机构

国际数据库认证机构(Registry of Research Data Repositories,re3data.org)是综合性的全球研究数据存储库注册库。用户可通过re3data.org,按照主题、国家、内容类型对各数据仓库进行浏览,或是直接进行搜索。具体到每个数据仓库,用户可以查看其主题、URL、内容类型、关键词、仓存类型等详细信息。其面向研究人员,基金会,出版商和学术机构,提供永久存储和获取数据集的知识库。re3data.org旨在促进形成共享的、增加访问研究数据和高能见度的文化。

re3data.org注册规定:① 通过法律实体运行,如可支撑的机构(图书馆、大学等);② 同意数据和存储库的访问条件及使用条款;③ 专注数据研究(图2-1)。

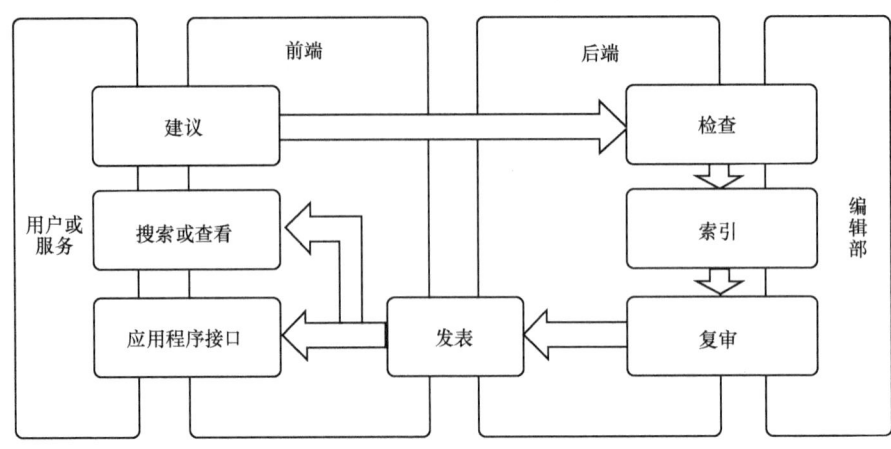

图 2-1 re3data 注册流程（https://www.re3data.org/faq）

研究数据库（RDR）管理者建议通过申请表将RDR名称及其他属性上传到re3data。项目组深入分析RDR网站的使用手册，了解如何获得re3data元数据属性信息。当满足re3data政策要求时，RDR将会被编入，数据访问模式及使用条款必须在存储库的网站明确说明，存储库必须有重点的研究数据。在新的RDR发布之前，所有收集到的信息会通过第二团队进行复查。之后，RDR才会对公众发布。

re3data.org收录研究数据存储库数量在2014年11月超过1000，2016年4月超过1500。截至2020年7月，已有3487个数据仓库在re3data.org进行注册，其中中国内地（大陆）44个，中国香港2个，中国台湾10个。re3data.org数据仓库分布情况见表2-1。

表 2-1 re3data.org 数据仓库分布

国家或地区	数量	国家或地区	数量
国际	244	冰岛	1
阿根廷	5	以色列	10
澳大利亚	90	意大利	37
奥地利	36	日本	60
阿塞拜疆	1	哈萨克斯坦	1
比利时	26	肯尼亚	4
贝宁	2	韩国	10
布基纳法索	2	立陶宛	5
巴西	9	卢森堡	3
加拿大	256	墨西哥	13
瑞士	71	纳米比亚	1
智利	2	新喀里多尼亚	1
中国内地（大陆）	44	荷兰	59
科特迪瓦	1	挪威	27
喀麦隆	1	新西兰	10

国家或地区	数量	国家或地区	数量
哥伦比亚	6	巴基斯坦	1
哥斯达黎加	1	巴拿马	2
塞浦路斯	2	秘鲁	3
捷克	9	菲律宾	1
德国	419	波兰	6
丹麦	22	葡萄牙	9
欧盟	272	法属波利尼西亚	1
埃及	1	罗马尼亚	1
西班牙	30	俄罗斯	22
爱沙尼亚	6	苏丹	1
芬兰	10	塞内加尔	1
法国	109	新加坡	4
英国	287	塞尔维亚	1
加纳	2	斯洛伐克	2
希腊	10	斯洛文尼亚	4
格陵兰	3	瑞典	23
中国香港	2	泰国	2
克罗地亚	1	突尼斯	1
匈牙利	5	土耳其	3
印度尼西亚	4	中国台湾	10
印度	51	乌克兰	2
爱尔兰	9	美国	1082
南非	12	—	—

2.1.3 地球观测组织

（1）定位与发展

地球观测组织（Group on Earth Observations，GEO）是主要发达国家和发展中国家为响应 2002 年在南非约翰内斯堡举行的世界可持续发展峰会提出的对地球状况进行协调观测的迫切要求，以及 2003 年法国举行的八国集团首脑峰会（G8）关于确认地球观测应是重要和优先行动的声明，于 2005 年建立的政府间多边科技合作机制。GEO 是目前在地球观测领域规模最大、最具权威和影响力的政府间国际组织，也是地球观测领域最重要且最活跃的国际舞台，主导和引领着全球地球观测系统的发展。其目标是制定和实施全球地球综合观测系统（Global Earth Observation System of Systems，GEOSS）十年执行计划，建立一个综合、协调和可持续的全球地球综合观测系统，更好地认识地球系统，为决策提供从初始观测数据到专业应用产品的信息服务。

（2）数据政策

2009 年，GEO 第六次全体会议通过 GEOSS 数据共享原则实施指南，明确提出了地球观测数据共享的 3 个原则：①在承认相关国际准则和各国政策、法规的情况下，所有 GEOSS 框架内的数据、元数据和产品都应保持完全的和开放的交换；②所有共享的数据、元数据和产品都应在最短的时间内以最低的成本提供获取；③鼓励将所有免费的或者不超过复制成本的共享数据、元数据和产品用于研究和教育。该原则目前已经被包含我国在内的各国政府和国际社会广泛接受并付诸实施。

2015 年，GEO 发布了《墨西哥城宣言》，强调地球观测是支持联合国 2030 发展议程和全球变化框架合约的重要手段，GEO 是在建设全球综合地球观测系统目标下唯一的全球性政府间伙伴关系，敦促各成员国政府从国家层面促进 GEO 发展，加强发展中国家参与 GEO 及全球综合地球观测系统的建设。《墨西哥城宣言》通过了"GEO 十年战略执行计划（2016—2025）"，正式开启了 GEO 新十年的发展阶段。GEO 战略执行计划是 GEO 未来发展的指导性文件，为未来 GEOSS 的全球建设指明了方向。

（3）科学数据汇聚策略

GEOSS 旨在建立一个综合、协调和持续的全球综合地球观测系统，同时在灾害、健康、能源、气候、天气、水、生态系统、农业和生物多样性等 9 个社会发展领域开展应用和信息服务，为各国决策者提供从初始观测数据到专门产品的信息服务。

其中，GEOSS Portal（http://www.geoportal.org/）为用户提供了获取数据、影像和分析软件工具的方式。该平台由欧洲空间局设计并运营，提供了包括来自政府和个人的多种类型的地理空间数据。到目前为止，该平台包含了卫星数据、航空和站点数据、模型、算法及网页在内的海量资源，用户可以通过关键字、位置、时间和主题进行检索，获取所需数据。

2.1.4 国际科技数据委员会

国际科技数据委员会（Committee on Data for Science and Technology，CODATA）是国际科学联合会于 1966 年成立的一个跨学科的科技数据领域的国际权威学术机构，其宗旨是提高所有科技领域内重要数据的质量，广泛推动对重要科技数据的编辑、评价和传播，致力于提高对科技数据的管理、可靠性与可访问性。我国于 1984 年加入 CODATA，并以中国科学院牵头，成立了 CODATA 中国全国委员会，委员来自于国内各研究院所、高校及相关政府部门。近年来，得益于我国科技数据共享及科研信息化等工作的深入推进，我国科学家在国际 CODATA 中的影响和作用日益加大。

围绕着国际科学联合会 2006—2011 战略计划，CODATA 致力于发展高质量的科学数据信息所提供的科学与社会可持续发展机制。工作重点包括数据科学领域的数据存取问题（data access）、数据质量（data quality in the Internet era）、数据归档（data archiving）、网络数据资源交换（interoperability of web data resources）、重点科技数据集（new key data sets）、数据科学（data science）、发展中国家的科技数据共享与应用（developing countries）等。

至今，CODATA 在数据科学与技术上已有近 50 年的领导科学数据前沿研究、知识开发和数据资源建设的大量经验，不断提供科技数据处理的最新思想和技术。CODATA 关注科学技术各个领域的来自实验、观察和计算的各类数据，这些领域包括物理科学、生物学、地质学、天文学、工程、环境科学、生态学及其他学科。从基础科学数据到前沿科学数据的评价、传播与应用，CODATA 都取得了令人瞩目的成绩。CODATA 为数据科学的发展进步提供了一个国际舞台，在信息时代里成为国际数据资源共享的畅通渠道，其引领的数据科学将日益促进国际化的科技交流与创新发展。

全球性的综合研究是当前科学研究的一个重要趋势，在这一方面国际组织起到了很大的作用。在区域性、综合性的科学研究过程中，产生和积累的大量数据对科学研究具有重要的支撑作用。除了 WDS、CODATA 以外，许多国际组织都在全球科学数据共享领域做出了重要贡献，如世界气象组织（World Meteorological Organization，WMO）、原地球系统科学联盟（Earth System Science Partnership，ESSP）的四大国际科学计划，即世界气候研究计划（World Climate Research Program，WCRP）、国际地圈生物圈计划（InternationaI Geosphere Biosphere Programme，IGBP）、国际全球环境变化人文因素计划（International Human Dimensions Programme on Global Environmental Change，IHDP）、国际生物多样性计划（An International Programme of Biodiversity Science，DIVERSITAS）等，都在开展的科学研究的过程中积累和传播科学数据及其产品。类似这样的科学计划还有很多，尤其是在跨学科集成研究领域，在此不再赘述。

2.1.5 国际研究数据联盟

国际研究数据联盟（Research Data Alliance，RDA）由美国、欧盟和澳大利亚于 2012 年 8 月共同发起。RDA 第一次全体大会于 2013 年 3 月在瑞典哥德堡召开，宣布了 RDA 的正式启动。

RDA 的目标：致力于推动全球数据驱动创新与发现，促进全球研究数据共享与交换，加强数据重复利用与开发，完善全球数据标准化。RDA 希望通过在各学科领域间开展国际合作与研究，解决数据基础设施建设、政策、管理、标准化等数据热点问题。

RDA 的指导原则：①开放性（openness）。RDA 吸纳所有对研究数据共享感兴趣并遵守 RDA 原则的个人和团体加盟。RDA 的会议和工作过程都是开放的，其工作成果也将公开发布。②一致性（consensus）。RDA 在工作过程中将采用适当的机制来避免和解决各方可能存在的分歧，并在达成一致意见的过程中推动研究数据共享。③平衡性（balance）。RDA 努力寻求能够代表其成员和众多利益相关者间诉求的平衡。④协调性（harmonization）。RDA 通过数据标准、政策、技术、基础设施和团体的协调和合作来推动进展。⑤团体驱动（community driven）。RDA 是一个在秘书处协调下公众、团体驱动的机构，其由众多志愿者和组织者共同组成。⑥非盈利（non profit）。RDA 不推销、宣扬和销售任何商业产品、技术或服务。

组织结构：RDA 由理事会、秘书处、技术指导委员会、组织指导委员会、决策组、工作组、兴趣组等组成。

运行机制：RDA是一个依靠加盟团体驱动的组织，其运行机制的核心是多层次、多角度的广泛合作。这种机制是任何单一的研究领域、学科或者国家都无法创建的。RDA的核心运行机制是提供一个框架，在该框架内通过兴趣组、工作组和论坛来推动研究数据的自由、有效流通和共享服务。

工作组和兴趣组是RDA的基础和核心力量，其组建需要RDA技术委员会审核、RDA理事会批准。工作组成立之前要提交申请报告，描述工作组的目标、预期产出、受益者及具体实现途径。该申请报告首先要经过RDA成员和技术委员会审核，审核通过后，再由理事会复查，确保其与RDA的宗旨及原则相一致。而对于兴趣小组的审核则更为严格，首先要将兴趣小组的申请报告公示，充分汲取各方意见，技术委员会指定一名人员负责帮助兴趣小组复查，同时考量各方在技术方面的意见，确保其与RDA技术发展路线一致。在公示环节至少需要4周以上的时间，由公众评论审核该小组的申请报告。通过后再由理事会经过大约4周的复查，最终才能正式成立兴趣小组[1]。通常RDA给每个工作组或兴趣组的工作时间为一年到一年半。

RDA接纳加盟机构和个人一般通过3种途径：①对于个人可以直接在RDA官网上注册成为成员；②对于机构或个人可以申请加入和组建新的RDA工作组或兴趣组开展工作；③直接注册参加RDA一年两次的全体大会。

加盟RDA的成员享有以下权利：可以与RDA各工作组交互；可以在RDA网站或大会上为人所识并可能成为全球研究数据共享领导者之一；可以为所在的部门、领域或地理区域就数据互操作或RDA发表意见和观点；可以把需求和有关数据交换中的具体问题反映给RDA以得到咨询和建议；有机会作为测试站点使用RDA新制定的标准和协议；可以在工作进程中接受RDA正规的管理与指导。

工作组与兴趣组的职责：RDA的核心工作内容由各工作组和兴趣组实施。RDA的兴趣组和工作组有固定的工作周期，其小组研究主题和小组的数量都是在动态发展变化的。截至2020年7月，RDA成立了45个工作组和60个兴趣组。以下仅针对RDA现有的工作组，简要概述其主要目标和职责。

1) 数据引用工作组（data citation）。该工作组旨在汇集一批专家来讨论目前有效地引用数据子集的科学问题、需求和现存方法的优点和不足。该工作组集中在一个较窄的领域，有利于实现有效的、机器可操作的数据引用，并通过实现参考原型，开展透明化的应用。

2) 数据基础与术语工作组（data foundationand terminology）。这些工作组描述一个基础的、摘要的数据组织模型，用以派生相关参考数据术语。这些数据基础与术语可使各团体和利益相关者更好地推动研究数据的概念同步化，促进团体内部和团体之间更容易理解和交流，促进支持数据服务的模型工具制造。

3) 数据类型注册工作组（data type registries）。为便于自动处理大量的科学数据、优化数据生产者和使用者的沟通方式，需要将不同的数据类型进行定义、注册，并永久关联到其描述数据。该工作组将编译一组代码用于数据类型注册和管理，制定数据类型注册表

---

[1] https://www.rd-alliance.org/.

的数据模型和设计注册表的功能，并提出与现有的数据类型注册表联盟的策略。

4）元数据标准目录工作组（metadatastandards directory）。该工作组主要任务是发展一个协调的、开放式的标准目录，解决科学数据和相关基础设施描述的问题。短期目标是基于维基百科建立一个针对科学数据的元数据标准目录；长期目标是在支持科学数据资源的流通和互操作的情况下，将元数据集实现最小化，形成一个全球认可的元数据标准。

5）永久标识信息类型工作组（PID informationtypes）。在复杂的数据领域，永久标识符PID可用于给每个数字对象赋予身份标识，使其指向数据资源和元数据，此外还能证明其完整性、真实性和其他属性。PID工作组致力于制定一套信息类型和组织结构连续的标识符系统，并且对跨团体的各个学科都适用。

6）实践政策工作组（practical policy）。此处政策表示为计算机可操作的规则，是工作组的研究重点。计算机实践政策被用于加强管理、自动任务维护、验证评估标准和自动科学分析等。本工作组将要组合配置一组生产和研究政策，分析已提交政策的实践作用，促进基于政策的数据管理系统构建。

7）数据分类和编码标准化工作组（standardization of data categories and codes）。该工作组与ISO 639合作，面向数据共享、数据发现及数据库互操作制定分类编码，这将使得跨学科和本领域的研究人员受益，有利于提高数据采集和存储及共享利用能力。预期的产出成果包括：参与ISO 639标准化TC37／SC2；建立TC37澳大利亚镜像委员会等。

8）小麦数据互操作工作组（wheat dataInteroperability）。本工作组致力于提供一个遵从开放标准的，描述、表达和发布小麦数据的通用框架。该框架将持续推动小麦数据共享、重复利用和可操作。预期将研制成为一套"食谱"（cookbook），指导人们如何生产"小麦数据"，使其更容易地被共享、重用和互操作。

2.2 主要国家科学数据管理政策

2.2.1 美国科学数据管理情况

（1）总体情况

美国重视科学数据的积累和重用，在法律、政策等层面提出科学数据管理的原则，在国家科学数据管理总体框架与行业领域科学数据管理等方面形成布局和多样化的运行机制，在开放共享等方面建立数据政策，注重科学数据的开放与重用，取得较为显著的效益和国际影响。

（2）主要特点

1）在立法层面制定国家科学数据管理的基本原则。如何让越来越多的数据信息资源在全社会流动起来，最大限度地发挥数据信息作为资源的作用，同时规范信息数据在管理和社会流动中的行为，是科学数据管理的核心。美国政府首先从制定政策和法律入手，政府以原有的《信息自由法》和《版权法》为法律基础，规定政府应该主动告知禁止公开内容以外的信息。美国联邦政府为了保障国有科学数据"完全与共享"共享机制的有效运转,采取二级法规管理体系加以控制。第一级,针对国家投资产生科学数据过程中所涉及的主体关系的不同制定不同的法规;第二级,在国家法律原则下,针对不同行业数据的特点,由行业和部门制定具体行业数据共享政策和管理办法。

2)国家层面管理和部署科学数据工作。美国已经将科学数据的持续积累和开放利用能力提高到了国家科技战略的高度进行部署,并投入了大量的人力、物力和财力。美国通过多年持续积累,形成了一批权威、长序列、多尺度的科学数据库,这些科学数据库在科研过程中发挥了重要作用。例如,Argo在全球范围内部署海洋浮标,用于大尺度全球气候变化观测;美国国家航空航天局(NASA)、国家大气和海洋局(NOAA)和国立卫生研究院(NIH)等机构支持建立的多个国家数据中心,长期开展基础科学数据的积累和共享服务,为美国及全球航天、大气、海洋和生命科学研究提供了重要的数据资料。

3)围绕科学数据全生命周期加强科学数据管理。科学数据同其他科技资源一样,具有形成、成长、成熟、衰亡的生命过程。宏观的科学数据管理贯穿整个科学数据生命周期,通常包括数据收集、数据归档、数据认证、数据加工、数据保存、数据发布、数据共享等。美国以全生命周期为主要轨迹进行科学数据管理,针对科学数据生命周期各环节制定出台了相关法律制度,以及相应管理细则予以规定和保障。例如,在科学数据收集方面,美国国家自然科学基金会(NSF)要求项目建议书中必须包括"数据管理"计划。

4)分级进行科学数据管理。美国在科学数据管理中,严格区分3种不同的运行机制。①保密性管理机制:美国对于有可能危及国家安全、有可能影响政府政务、有可能涉及个人隐私的数据和信息均纳入保密性运行机制中管理,并对这些内容给以十分严格和明确的规定。②"完全与开放"管理机制:对国家所有和国家投资产生的,不会危及国家安全、影响政府政务,不会涉及个人隐私的全部数据和信息纳入"完全与开放"的运行机制管理。对国家委托大学、医院、非营利性研究院所科学研究项目产生的科学数据和信息的法制管理,美国政府通过白宫管理与预算办公厅通告的方式(OMB—A-110通告)发布管理条例。③市场管理机制:对私营企业投资产生的科学数据,纳入到市场运行的管理体系,国家通过对开发证的批准、税收、反经济垄断等渠道加强管理。

5)多手段保障科学数据生产者、服务者权益。科学数据和信息是一种宝贵的资源,对于这种资源如何利用涉及很多经济学的问题。美国在这个问题上采取的基本原则是在保障国家安全、政府政务和个人隐私的基础上,谁投资谁受益。严格区分投资来源及严格区分数据的产权性质是美国科学数据纳入一种机制运行的最主要的标准。由国家投资产生的数据(由纳税人的钱开发的数据)应该全民受益,由私营公司投资开发的数据,私营公司理所应当获得利益。

6)将国家科学数据中心建设作为科学数据管理的重要手段:美国在国家科学数据中心的建设上具有全球代表性。

7)利用多种机制推进科学数据积累、管理与利用。①积极依靠权威性科学数据中心,持续整合和汇聚全球科学数据资源,并逐渐形成标准化的科学数据收集、管理和存储解决方案。②汇聚全球科学数据资源的模式也从数据中心扩展到学术期刊领域。受大数据影响，不仅数据中心在积极吸纳资源，多本国际学术期刊也正在通过各种方式整合科学数据。③大数据的开发应用模式给传统科研活动带来了新的启示。在大数据创新理念的激发下，利用网络平台推动科学数据开放共享、开发利用，采取"众包众筹"的方式加速科研进程，对传统的科研方式带来了巨大的冲击和影响。

（3）主要成效

美国联邦政府投资建设国家级科学数据中心群，实现了公益性科学数据资源的长期积累、高效管理与广泛应用。如NASA、NOAA、地质调查局（USGS）和NIH，都是在政府政策支持和大量资金的投入下，建成了一批规模化、影响度高的科学数据中心（库）群，不仅为美国的科技、经济、社会发展带来了显著效益，而且面向全世界提供服务。美国通过对科学数据的高效使用，产生了巨大的社会经济效益。有关研究表明，在实施科学数据共享政策的10年间，美国平均年经济增长率后5年比前5年增长了1.1%，其中0.5%是由于数据和信息的流通和应用所产生的。

（4）数据管理法律

为了实现开放政府，美国不仅拥有一套较为完善的法律体系：核心法律诸如《信息自由法》《宪法第一修正案》《电子信息自由法令》《阳光下的政府法》《隐私法》《GPO电子信息获取促进法》；配套法律诸如《文书工作削减法案》《电子政府法》，还通过颁布相关文件（开放政府指令、13526号总统令、信息自由法的备忘录、透明和开放的政府备忘录、13556号总统令、13563号总统令）来保障政府数据的开放。

（5）数据管理标准

包括美国国家标准与技术协会－联邦信息处理标准和开放档案信息系统参考模型（Open Archival Information System，OAIS）。

（6）数据分类分级

NASA的全球变迁总目录资料库（Global Change Master Directory，GCMD）。

（7）数据安全

从克林顿时代的网络基础设施保护，到布什时代的网络反恐，再到奥巴马时代的创建网络司令部，美国的数据安全战略经历了一个"从被动预防到主动出击"的淡化过程。随着数字技术的快速发展，美国先后调整了国家信息安全政策，以巩固其在国际的领先地位，促使数据安全在国家信息安全政策中的地位不断上升。

2.2.2 欧盟科学数据管理情况

（1）总体情况

欧盟对于科学数据管理体系的建设开始较早，并且已建立起相对成熟的管理机制。注重数据管理平台、基础设施建设及科学数据的国际合作与交流，运用立法、政策和实际运作密切结合的管理模式，从政策、法律、技术、标准等多个方面保证数据的正常运行。

欧盟关于科学数据管理的动向对欧洲国家产生了直接影响，也在国际范围内起到了示范和引导作用。由于欧盟在一定程度上具有准政府的职能，因此其制定的关于科学数据管理的法律和政策等都具有直接的执行效力。一方面，欧盟的开放数据政策制定公共信息再利用的法规和国家执行规则及欧盟委员会自身数据再利用规则；另一方面，其支持公共部门信息开放活动，搭建开放数据平台。

（2）主要特点

在科学数据共享的立法和政策制定上，欧盟确定了指导思想和最终目标。2002年发布《布加勒斯特宣言——迈向信息社会：原则、战略和优先行动》（以下简称《布加勒斯特宣言》），该宣言中有关数据共享的内容，为欧盟制定科学数据共享法律规则提供了基本原则和思想基础。

欧盟非常重视数据安全，早在1996年就发布了《欧洲议会与欧盟理事会关于数据库法律保护的指令》（以下简称《数据保护指令》），试图统一数据库的保护。积极开展科学数据管理相关研究，如成立e-IRG，有效地建设欧洲科研基础设施并开展科学数据管理，在政策、咨询和监督层面上提出建议。

欧盟构建科学数据信息化发展愿景，提出"科学数据长期保存计划""2030年发展愿景""欧洲2020战略"等。开展科学数据方面的战略合作，通过基础设施、标准、政策和实践等方面的发展推动全球科学数据的开发与共享。资助"大数据"和"开放数据"领域的研究和创新活动，启动"连接欧洲设施"（connecting Europe facility，CEF）计划，采取权益和债务证券及补助相结合的形式促进数字基础设施的建设。

协调成员国和欧盟的行动战略，促进会员国之间协调和交流经验，以及科学数据管理理念、技术和实践的迅速发展，鼓励跨机构和跨领域的合作，有利于重大工程项目的部署和实施，如第七框架计划等。

欧盟2003年12月成立信息基础设施咨询工作组e-IRG，旨在有效地建设欧洲科研基础设施与开展科研数据管理，其任务是在政策、咨询和监督的层面，包括技术和管理问题，提出相关政策和管理模式的建议，以便在欧洲范围内经济和方便地共享信息化资源。e-IRG发布《数据管理报告》，对数据管理计划、元数据及其质量、数据管理的互操作等进行了分析。

发布《欧洲研究领域开放数据获取政策和策略》，将科学数据开放存取以政策的形式加以保证。2016年欧盟委员会在其更新的地平线2020（Horizon 2020）工作方案中宣布，将从明年开始全面实施科研数据开放制度，并欢迎成员国参照这一制度出台相关政策，以此来进一步推动欧盟"开放科学"（Open Science）战略。

欧盟委员会地平线2020（Horizon 2020）工作组发布的2016—2017年工作计划中把开放获取的领域扩展到了对研究数据的开放，并详细规定了研究数据共享的条件。

（3）主要成效

欧盟的数据管理提供给其成员更好的数据服务，提高数据的研究和加工将有助于欧盟服务业的转型，提供更多创新信息产品和服务；解决社会面临的各种挑战；完善研究，加速创新，提高公共部门效率。如欧盟委员会正在研究制定数据价值链战略计划，以实现数据的最大价值，尤其是"大数据（big data）"，重点是通过一个以数据为核心的连贯性欧盟生态体系，让数据价值链的不同阶段产生价值。数据价值链的概念为数据的生命周期，从数据产生、验证及进一步加工后，以新的创新产品和服务形式出现的利用和再利用。数据价值链战略计划遵循的主要原则是：高质量数据的广泛获得性，包括公共资助数据的免费获得；作为数字化单一市场一部分，欧盟内数据的自由流动；寻求个人潜在隐私问题与其数据再利用潜力之间的适当平衡，同时赋予公民以其希望的形式使用自己数据的权利。

2012年7月17日，欧盟委员会发布开放共享政策，宣布欧盟Horizon 2020计划所资助科研论文全部实行开放共享。2013年12月25日，欧盟委员会宣布启动试点，开放公共资助研究数据。2014年1月15—16日的信息和网络日上，欧盟委员会确定了"地平线2020"连接欧洲设施计划的2014—2015年工作内容。

（4）数据管理法律

欧盟早在1996年就发布了《数据保护指令》，试图统一数据库的保护，但实际上难以实现真正的统一，因此不得不分别确定数据库的版权保护和特殊权利保护的法律规范，即进行版权和特殊权利的双轨制立法，以保障科学数据共享活动的有序开展。

（5）数据安全

欧盟的《数据库保护指令》、英国的《布加勒斯特宣言》和《信息自由法》等，在科学数据的产权归属、共享管理和开发利用等方面均作了明确规定。

欧委会将专门为科研数据开放申请预算，为其提供经费支持，并尽快推出与之相配套的数据管理计划（Data Management Plants，DMP），加强对已公开科研数据的分析，从而更深入地了解科研数据产生的机制、再利用的途径和保存传播的方式等，提高数据的使用效率。

（6）国家级数据中心建设情况

建立欧洲数据中心联盟（European Data Centre Association，EUDCA）、欧盟统计局和欧洲经济数据中心。欧盟开放数据平台利用了来自欧盟统计局（Eurostat）的数据库，提供地理、统计、气象数据及一些来自公共资金研究项目的数据和数字化图书等，该平台是欧盟于2011年12月公布的"开放数据战略"（Open Data Strategy for Europe）的成果。

（7）国际合作

欧盟委员会、美国NSF和美国国家标准与技术研究院（National Institute of Standards and Technology，NIST）、澳大利亚创新部等共同组建了科学数据联盟（RDA）。

2.2.3 澳大利亚科学数据管理情况

（1）数据管理政策

Australian Code for the Responsible Conduct of Research 颁布后，掀起了政策制定的高潮。截至2015年8月底，澳大利亚国家数据服务（Australian National Data Service）网站上共登记了28所大学的数据政策，在这28个政策中除了5个无法获取外，其余23个可获取的数据政策中多数在制定后的3~4年内已修订或有修订的打算，已经修订的有13个。这些数据政策已经在各高校得到了不同程度的实施，在28所制定数据政策的高校中，有25所高校构建了本校的研究数据存储库，21所高校开发或引进了数据管理工具以支持本校的研究人员和学生有效地管理数据，5所高校的图书馆将数据管理纳入图书

馆战略规划。

(2) 数据安全

数据政策对数据安全做出了规定,要求数据必须保持安全,尤其是机密数据的安全性,防止未经授权地访问、破坏、更改或删除,研究人员需要考虑来自伦理、隐私、保密和知识产权的约束,数据的利用、存储、传输、访问控制等要按照相关合同或协议的规定。澳大利亚国立大学要求:①数据所有人利用许可协议进行访问控制,良好的访问控制可以帮助数据所有人遵守隐私和保密政策,限制修改数据的权限有助于保持数据的真实性;②给计算机安装防病毒软件,给数据加密;③对数据进行定期备份,减少由于硬盘故障或意外删除而丢失数据的风险;④敏感数据不要保存在联网的计算机上;⑤对于高度敏感的数据,保存在没联网的计算机上仍然可能受到绕过密码和访问限制的攻击,建议使用外部硬盘驱动器保存。

(3) 国家级数据中心建设情况

澳大利亚各政府部门建设了大量的数据中心,如澳大利亚极地数据中心(Australian Antarctic Data Centre)、气象数据中心(Climate data online)、澳大利亚卫生与福利部的 Data and information 等多个数据中心。

2.2.4 英国科学数据管理情况

(1) 数据管理政策

英国 10 个主要的科研资助机构中有 8 个都要求研究人员提交数据管理计划,但在详细程度上有所差别。数据管理计划内容比较详细的有艺术与人文研究委员会(Arts and Humanities Research Council,AHRC)、生物技术与生物科学研究理事会(Biotechnology and Biological Sciences Research Council,BBSRC)、经济与社会研究理事会(Economic and Social Research Council,ESRC)、医学研究理事会(Medical Research Committee,MRC)、自然环境研究理事会(Natural Environment Research Council,NERC),而和科学与技术设施理事会(Science and Technology Facilities Council,STFC)、工程和自然科学研究理事会(Engineering and Physical Sciences Research Council,EPSRC)、维康信托基金会(WellcomeTrust)等机构描述得较为简单。ESRC 详细说明了其所要求的数据管理与共享计划应该包含的具体内容,包括:①项目的数据来源;②分析现在可能利用的数据与研究项目所需求的数据存在的差距;③研究项目将产生的数据的相关信息,即数据量、数据类型(质化数据或量化数据)、数据质量、数据格式、数据标准、元数据标准、数据收集方法等;④数据质量保证及数据备份计划;⑤数据共享所预期的困难及应采取的措施;⑥数据保密性与数据使用道德;⑦数据版权;⑧研究项目小组成员数据管理职责等内容。此外,MRC 也在 2011 年 12 月发布了关于数据管理计划的指南,为研究项目申请者制定数据管理计划提供指导,并提供数据管理计划的模板。

(2) 数据管理标准

项目资助方一般不会说明希望科研团队使用哪种具体的文件格式、标准和方法。科研人员需要选择和验证所采用的文件格式、标准和方法对于科研团队自身、相关学科和未来的用户来说是最合适的。因此，科研人员所在机构或研究组织应该独自或联合相关研究团体共同制定数据的质量标准，这对促进任何领域数据质量的提高都是有利的。数据及元数据标准的制定可提高科研人员的数据质量意识，使科研人员在提交数据时养成附加相应的背景信息或元数据记录的习惯，增加数据的可访问性。

（3）数据分类分级

科研资助机构的数据管理与共享政策都明确要求研究人员说明其项目将产生的数据类型，包括实验数据、仿真数据、观察数据、原始数据、衍生数据、参考数据等。

（4）数据安全

大部分科研资助机构都要求科研人员确定数据的所有者、数据使用的许可协议、对数据使用的限制、数据保密性或相关隐私问题等的详细处理方案以确保数据安全。但内容描述都比较笼统，仅 ERSC 的数据版权与隐私政策比较具体。ERSC 认为只要在签订数据管理与共享协议时获得了研究人员的同意，并隐藏涉及个人隐私或保密信息的数据，同时强调数据访问的受限性，即可实现敏感与保密数据的共享。

（5）国家级数据中心建设情况

2003 年 4 月英国公共档案馆与历史手稿保管委员会合并，成立了英国国家档案馆（http://www.nationalarchives.gov.uk/），在为社会提供广泛服务的基础上同时为在校大学生、大学毕业生和学术研究人员提供了多种多样专门化的学术服务。其他主要的数据中心还有英国数据档案馆等。

2.2.5 荷兰科学数据管理情况

（1）数据管理政策

荷兰的政府部门内务部与教育文化科学部联合开发"有秩序的信息"项目，其中包括基本的信息管理，定义了信息的全生命周期管理规则，并应用到了所有国家部门。荷兰科研数据服务提供了科研数据与研究领域的关联服务，基本可以满足用户通过研究领域角度对科研数据的浏览和检索需求。

（2）数据管理法律

①《个人数据保护法》。

②《政府信息自由法》规定：组织有义务向与其有关的公民、公共部门和企业提供对信息、文件、数据等的访问权限。但大部分信息需要付费才能得到（无论是基于成本还是商业费用）。提供数据时附加使用限制条件，以保护数据安全、隐私和商业利益，数据所有者保留版权。

③《公共记录法案》为信息（不管是纸质形式还是电子形式）的长期保存提供了法律框架。

（3）数据管理标准

数据归档与网络服务中心（Data Archiving and Networked Services，DANS）为研究数据开发了一个数据认证标准，使得信息生产者、管理者和使用者都能较为容易地确保信息的长期存取。

（4）国家级数据中心建设情况

荷兰主要是依托于人文社科、医学等特定领域的科研数据服务实践，逐步完善面向全国层面的科研数据服务，改善科研数据的应用大环境，与本国基金会建立了密切的联系。

① 荷兰国家统计局与本国国家科研数据服务合作，1899年成立，2004年荷兰统计法规定该机构为自治性政府机构。其提供荷兰官方95%的统计数据，每年经费1.67亿欧元，其中95%来自于中央政府，其他5%由各种委托项目支付。

② 荷兰数据存储中心（CentERdata.）、荷兰计算中心（Netherlands eScience Center）是国家科研服务的重要参与者。

③ 2007年成立荷兰数字保存联盟（NetherlandsCoalition for Digital Preservation，NCDD）是负有数字信息长期存取责任的公共部门的全国性联盟，其宗旨是保证荷兰数字信息的长期存取，共有11个成员，包括国家图书馆、国家档案馆、3TU数据中心（荷兰部分科技大学的合作项目）、DANS（数据归档与网络服务中心）、荷兰音像协会、荷兰科研组织、荷兰皇家艺术与科学学院，以及内务部和统计局等机构。

（5）数据评价与奖惩

荷兰3TU数据中心和DANS联合倡导设立的荷兰数据奖。荷兰数据奖是奖励致力于采集和详细记录科学数据以使其可公开获取的研究人员的一个奖项。

（6）国际合作

DANS与ANDS、RDC等纷纷建立了合作关系，同时还与数据引用机构（DataCite）、国际数据库认证机构（re3data）等国际组织加强合作。国际研究数据联盟（RDA）的成立也为全球的数据共享奠定了基础。

2.3 典型机构科学数据管理政策

2.3.1 美国国家航空航天局（NASA）

（1）汇交政策

NASA的数据共享政策是由日本、欧洲和美国国际地球观测系统（Earth Observation Systems，EOS）的参与者在20世纪90年代和21世纪初共同制定的。该政策规定NASA所有地球科学任务、项目及资助和合作协议都应通过数据管理计划书来落实NASA的数据共享原则。在此，NASA将数据定义为包括观测数据、元数据、数据产品、信息、算法及科学研究源代码、模型、图像和研究结果。

NASA的研究数据政策适用于以下个体：

① 所有的NASA职工，包括全职和兼职员工，以及支持服务合约雇员、顾问、临时与特殊政府雇员。

② 来自非NASA组织的中标者，包括但不限于非营利组织、承包商、合作协议持有者、受让人、政府间组织、大学和其他教育机构。

这项政策适用于所有NASA组织的基础和应用科学研究，该方法实施后提交的所有研究计划或项目方案；所有NASA内外研究项目，无论资助机制如何（赠款、合作协议、合同或内部代理融资），要求所有接受联邦资助的研究人员提交数据管理计划（DMP）；然而，在某些情况下，数据不会公开。

这些数据将包括但不限于以下类别：教育补助金与个别学生的补助金；有专利的工作；结果为人类受试者的研究；受控制的输出数据；非保密的敏感数据；国家安全保密数据；小型企业创新研究和小型企业技术转让合同。

（2）数据管理办法

NASA的数据管理办法扩展了现有的政策，对所有NASA的科学项目及内外部科研人员要求如下：

要求所有向NASA提交的提案或项目计划需包含一份DMP。DMP应该描述通过研究生产的数据是否或怎样共享和存储（包括时间表），或者解释为什么不能进行数据共享和（或）存储。

DMP必须说明在发表或出版后的合理的时间内，在同行评议的出版物中可以对结果和发现进行数字化访问。这包括那些以图表显示的数据，并不包括原始数据、实验笔记、科学论文原稿、研究计划、同行评审报告、同行交流意见和物理对象（如实验室标本）。这一要求可以通过将数据作为补充资料包括在已发表的文章中、NASA的档案或其他机构。此外，已发表的文章中应该说明如何访问这些数据。

DMP将会作为整个NASA研究计划（方案）审核过程中的被审核的一部分。NASA项目管理者将对申请者与中标者提供指导，并监督对DMP的遵守情况。

（3）汇交流程

地球观测系统数据和信息系统（Earth Observing System Data and Information System，EOSDIS）是NASA地球科学数据系统的核心。EOSDIS为分布式系统，由分布在美国各地的分布式活动存档中心的主要设施构成。NASA下属的12个科学数据存档中心分工清晰，具有业务衔接关系，且互相不重复。以下简要列举各数据中心的依托机构和主要归档数据内容。

阿拉斯加卫星设施（Alaska Satellite Facility，ASF）归档极地轨道卫星和机载传感器获取、处理、归档和传播的合成孔径雷达（Synthetic Aperture Radar，SAR）数据。

大气科学数据中心（Atmospheric Science Data Center，ASDC）位于NASA兰利研究中心，负责在辐射预算、云、气溶胶和对流层化学领域的NASA地球科学数据的处理、存档和传播。

地壳动力学数据信息系统（Crustal Dynamics Data Information System，CDDIS），归档和分发主要的全球导航卫星系统（GNSS、GPS和GLONASS）、激光测距、超长基线干涉测量和多普勒轨道成像和无线电定位综合卫星数据，为地球物理学研究提供支撑。

全球水文资源中心（Global Hydrology Resource Center，GHRC）在灾害性天气、管理动力学、物理过程和相关应用方面提供全面的数据与知识增值服务的活动式存档，重点关注雷电、热带气旋和风暴危害。

戈达德地球科学数据和信息服务中心（Goddard Earth Sciences Data and Information Services Center，GES DISC）存档大气组成和动态遥感数据和信息，提供现代回顾性分析研究与应用（Modern Era Retrospective-Analysis for Research and Applications，MERRA）同化数据集、北美土地数据同化系统（North American Land Data Assimilation System，NLDAS）和全球土地数据同化系统（Global Land Data Assimilation System，GLDAS）数据产品。

土地处理分布式活动存档中心（Land Processes DAAC，LP DAAC），采集、处理、归档和分发与两个地球观测系统传感器：高级星载热发射反射辐射计（Advanced Spaceborne Thermal Emission and Reflection Radiometer，ASTER）和中分辨率成像光谱仪（Moderate-resolution Imaging Spectroradiometer，MODIS）收集的土地过程相关的数据产品，以及由特定首席调查员创建的任务衍生产品。

一级与大气档案和分配系统（Level 1 and Atmosphere Archive and Distribution System，LAADS）DAAC为全球NASA Terra和Aqua MODIS和国家极地轨道伴随卫星（Suomi national polar-orbiting partnership，Suomi NPP）可见红外成像辐射计套件（Visible Infrared Imaging Radiometer Suite，VIIRS）的科学及应用提供服务。

国家冰雪数据中心（National Snow and Ice Data Center，NSIDC）DAAC归档和发布数字和模拟冰雪数据，保存关于积雪、雪崩、冰川、冰盖、淡水冰、海冰、地面冰、多年冻土、大气冰、古冰川学和冰芯的信息。

橡树岭国家实验室（Oak Ridge National Laboratory，ORNL）DAAC存储包括与生物地球化学和生态系统过程相关的地面和遥感测量数据，数据源于NASA赞助的野外调查、通量塔、地球观测系统卫星、相关模型输入和输出、模型源代码，以及其他对全球变化研究领域有价值的生物地球化学和生态动力学数据。

海洋生物学分布式活动存档中心（Ocean Biology DAAC，OB.DAAC），负责归档卫星海洋生物学数据产品或由EOSDIS收集的数据。

物理海洋学分布式活动存档中心（Physical Oceanography DAAC，PO.DAAC）归档、发布和提供NASA卫星海洋学的科学信息服务，包括天气预报、气候研究和海洋数据管理，提供关于全球海洋的物理过程和状况的数据（如海洋风、温度、地形、盐度和海洋环流等）。

社会经济数据和应用数据中心（Socioeconomic Data and Applications Data Center，SEDAC），主要收集地球科学和社会经济数据和信息，目标是帮助科学家、决策者和公众更好地了解人与环境之间变化的关系。

（4）实施现状

2014年NASA实施"增加对科研成果的访问计划"。该计划扩大了NASA开放获取文化的广度，包括为所有科研机构提供数据和出版物。经统计，NASA每年在基础和应用研究和技术开发上投资30亿美元，涉及范围广泛，包括空间和地球科学、生命和物理科学、人类健康、航空和技术。促进与研究社区、私人工业、学术界和公众共享数据的充分和公开，是NASA长期以来的核心价值观之一。例如，NASA的太空和亚轨道任务人员处理、归档和分发他们的数据给全球的研究人员。

2.3.2 美国大气海洋局（NOAA）

（1）汇交政策

美国白宫科学和技术政策办公室于2013年2月22日发布了一份备忘录——*Increasing Access to the Results of Federally Funded Research*（*OSTP PARR Memo*），指导每个联邦机构每年从事研究和开发支出要超过1亿美元，以制定计划支持公众更多地获取该研究的成果。*OSTP PARR Memo*的目标是增加由联邦研究人员或联邦基金资助制作的出版物和数字数据的公众可访问性。为了响应*OSTP PARR Memo*，NOAA研究委员会于2015年2月发布了*NOAA Plan for Increasing Public Access to Research Results*（*NOAA PARR Plan*）。除其他要求外，*NOAA PARR Plan*还指示NOAA环境数据管理委员会重新修订*NOAA Data Sharing Policy for Grants and Cooperative Agreements*，目前为版本3。

具体要求：

1）针对受联邦资金资助的人员。

需要资金的科学家在申请NOAA项目时，需提供数据管理计划和数据共享计划，描述他们将如何及在何处向公众提供他们的数据，并明确描述他们将如何制作使科学出版物可用于发现、检索和分析的数据。要求及时（2年内）将结果数据以可显示的、可访问的和可独立理解的形式（使用结构化元数据详细记录）呈现给用户。NOAA计划可根据自己的判断，决定是否要求使用NOAA资金开发的数据提交给NOAA国家数据中心（除非被认为没必要，或者根据受资助者数据管理计划进行存档更划算，或者与另一家数据中心进行协商）或资助计划批准的可公开访问的数据存储库。

2）针对基于环境数据的出版物。

根据*OSTP PARR Memo*的要求：代理机构必须"确保公众可以在适合每种类型研究或赞助的时间范围内以数字形式阅读、下载和分析最终同行评审手稿或最终发表的文件"，NOAA建立一个NOAA机构存储库（NOAA Institutional Repository，NOAA IR，网址为http://library.noaa.gov/Research-Tools/IR），提供搜索、访问和归档研究手稿。内部和外部研究人员需要在论文发表后，将他们最终的出版前的稿件交给NOAA IR。NOAA中央图书馆应确保所有提交的以NOAA资金出版的出版前手稿在禁止访问期（不超过一年）后免费公开获取。

当论文提交出版时，要求使用FundRef（http://crossref.org/fundref/）机制来指定资金来源。一旦接受发表且最终出版前副本可用，受资助者应该提交最终出版前手稿给NOAA IR。受资助者被要求在适当的存储库中免费共享其同行评议学术出版物中的数据。

提交的手稿应被要求采用无障碍格式（如Adobe Portable的文档格式"PDF"）。每篇论文的完整标准书目元数据将在该杂志发表文章时公开发布。书目元数据将包括发布版本的数字对象标识符（DOI）或其他链接（如果尚未分配DOI），从而允许用户检索文章（可能需要在禁止访问期间进行付款）。禁止访问期结束后，NOAA将自动公开和免费提供手稿本身。图书馆工作人员将把这些"提交包"（元数据+手稿+附加文件）加载到知识库中。每篇文章的元数据将包含已发布版本文章的DOI及禁止访问结束日期。在禁止访问结束日期之前，系统将阻止对手稿的访问，但允许访问已发布的版本。

NOAA机构存储库是由NOAA中央图书馆和疾病控制中心（Centers for Disease Control and Prevention，CDC）联合构建的一个科学文献或研究的数字图书馆，由NOAA中央图书馆维护，无限期地为研究人员、学者和公众提供服务。存储库包含自1970年NOAA成立至今的NOAA出版物，以及自2015年起由NOAA署名和资助的期刊论文，界面如图2-2所示。

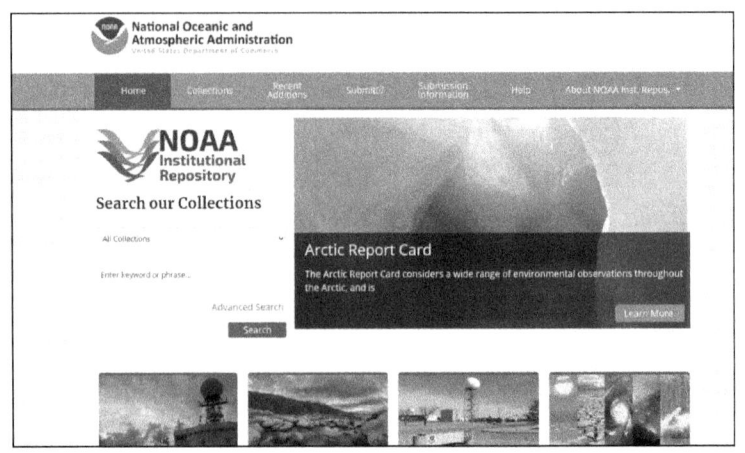

图2-2　NOAA机构存储库界面

（2）汇聚政策

所有NOAA作者必须在出版物发表后一年之内向NOAA IR提交PDF格式的出版物，包括描述出版物的元数据记录，NOAA中央图书馆将为出版物指定一个DOI。NOAA出版物包括技术备忘录、技术报告、地图集、专业论文；期刊论文必须是发表于2015年10月1日之后的；NOAA IR不接收数据集，数据集应提交给NCEI S2N。

1）提交方式。

材料提交有两种方式：提交表格方式和邮件方式。提交表格方式分为两步：首先，提交者将附上符合要求的PDF文件；其次，提交者需要填写表单部分，以指示文档类型、作者姓名、文章标题和项目的DOI（如果可用）。如果是批量提交，采用邮件方式则是最好的。

2）版权问题。

存储库中由NOAA创建或为NOAA创建的信息属于公共领域，可以免费分发和复制，但要求在使用时给予NOAA适当的承认。如果存储库中的信息不是由NOAA创建或为NOAA创建的，则复制、再分配和重用的权利由各自的版权持有人保留。版权法律的合理使用原则下受保护材料的传播、复制或再利用需要版权所有人的书面许可。

3）针对环境数据。

NOAA计划要求由NOAA资助的赠款，合作协议或合同产生的环境数据及时（通常在2年内）免费或不超过复制的费用。NOAA要求内部数据制作者制定全面的数据管理（DM）计划，使用元数据记录其数据，将被认可的数据提交给国家数据中心进行长期保存，并使其数据可公开访问。EDMC于2011年发布了"数据管理计划程序指令"（https://

www.nosc.noaa.gov/EDMC/PD.DMP.php）该指令适用于 NOAA 员工和承包商，并声明环境数据的制作者必须提前计划他们将如何提供数据访问、他们将如何记录其数据及将如何确保其长期保存。该指令提供了一个 DM 计划模板，其中包含一系列关于如何管理项目数据的问题。修订版本于 2015 年底发布。

EDMC 于 2011 年发布了数据文档程序指令（https://www.nosc.noaa.gov/EDMC/documents/NOAA_Procedure_document_final_12-16-1.pdf），要求使用基于国际标准化组织（ISO）19115 和 19139 标准（称为"ISO 元数据"）的结构化元数据来全面描述环境数据。这些元数据对于正确地将数据纳入并通过目录或清单进行发现至关重要，以便正确理解和使用公开提供的数据（对尚不熟悉数据的用户），用于保存数据及创建数据集登录页面。

在 NOAA 之外，期刊出版商表示他们将通过美国开放研究信息交换机构（CHORUS），在禁止访问期约 12 个月后免费提供已发表论文的副本。此外，大学社区正计划通过共享访问研究生态系统（SHARE）提供文章和研究数据集的最终稿件。

4）依托数据中心。

NOAA 国家数据中心包括国家气候数据中心（National Climatic Data Center，NCDC）(https://www.ncdc.noaa.gov/)、国家地球物理数据中心（National Geophysical Data Center，NGDC）(https://ngdc.noaa.gov/) 和国家海洋数据中心（National Oceanographic Data Center，NODC）(https://www.nodc.noaa.gov/)。2015 年"综合和进一步持续拨款法"（第 113~235 号公告）(the Consolidated and Further Continuing Appropriations Act，2015，Public Law 113~235) 批准将 NOAA 现有的 3 个国家数据中心纳入国家环境信息中心（NCEI，https://www.ncei.noaa.gov/）。

NOAA IR 是由 NOAA 中央图书馆和疾病控制中心联合构建、NOAA 中央图书馆维护、NOAA 制作和资助的科学文献数字图书馆。

（3）汇交流程

汇交流程包括：存档请求→存档评估→数据文档→数据传输→数据归档。

为了确保内部研究人员遵守数据管理政策，NOAA 将每年评估其各个观测记录系统是否提交了 DM 计划、建立了数据访问机制，并将数据发送到档案数据中心进行长期保存。这种评估首先在 2013 财年进行，当时大约三分之一的观测系统有 DM 计划。这些指标将向 NOAA 观测系统委员会报告，以鼓励制定 DM 计划，并向首席信息官（CIO）理事会提交 DM 计划，以请求为产生数据的项目的 IT 成本提供资金，之后在 NOAA EDMC 的网站（https://www.nosc.noaa.gov/EDMC/）上公开披露。

对于内部或通过合同产生的 NOAA 研究结果，计划条款的执行应由 NOAA 计划对其生产或资助的研究结果负责。相关计划管理人员或其指定人员的绩效计划应根据需要进行修改，以明确分配责任，并将执行作为年度绩效评估的一部分。

对于由一个 NOAA 经营机构资助但由另一个单位生产的研究结果（如出资方没有直接监督控制），提供资金的单位的计划经理（或指定人员）应负责收集符合数据可访问性和资助接受者提交的最终稿件，以及确定不遵守调查者是否将被禁止未来资助或受到其他处罚。

对于外部拨款资助的研究结果，拨款管理部门应负责收集受助人合规指标，并确定是否禁止不符合规定的调查人员接收未来资金或受到其他处罚。

审查新资金资助项时应考虑过去关于数据共享和提交原稿的表现。NOAA 计划可能会向审核人员提供具体指示，说明在提案审核过程中如何考虑和量化数据共享和稿件提交过去的表现。在受资助方未遵守的情况下，NOAA 计划可能会使用现有的法律手段（如商业部拨款和合作协议手册中的定义）。

（4）评估指标

生成数据所收到的提案数量，以及其中包含数据管理计划的提案数量。目标：100%的相关提案包括数据管理计划。

获得数据生成资助奖励数量，以及 NOAA 资助数据可访问的数量。目标：100%的资助提案可及时共享数据。

资助对象向 NOAA Institutional Repository 提交的稿件数量。目标：提交 100%或相关手稿。

确认支持使用 FundRef 的已提交稿件数量。目标：100%。

提交的手稿数量明确引用了用于支持论文结论的数据集。目标：100%。

2.3.3 美国国家科学基金会（NSF）

美国国家科学基金会（NSF）于 2011 年发布数据汇交政策。2011 年修订的《资助与管理指南》中明确提出了 NSF 对研究者公开共享项目数据的期望。NSF 要求凡是在 2011 年 1 月 18 日及其以后申请 NSF 资助的项目申请书必须附带一个两页的《数据管理计划》来说明数据管理的内容，详细描述如何遵守 NSF 的"传播与分享研究成果"政策，大致内容包括数据类型、数据与元数据形式及内容标准、获取与分享政策、再利用规定、存储数据计划等，而且这份数据管理计划同样接受同行评审。一份有效的《数据管理计划》可以只包含没有详细计划的声明，但声明必须有明确的理由。如果提交者认为数据管理计划不能在两页内详尽说明，可采用一份 15 页的项目描述对额外的数据管理信息进行阐述。

数据汇交的地点是指定的数据平台（Dyrad，https://datadryad.org//）。NSF 强调数据汇交的及时性，要求在数据完成后即可汇交，多年的研究项目鼓励逐年汇交。NSF 下属的各个学部，也根据 NSF 的章程细化了本学部的数据汇交政策。例如，地球科学学部要求数据在产生后的 2 年内必须汇交；那些基于 NSF 自身的观测和实验设施（如美国地球探测计划）所产生的数据要即时汇交。社会、行为和经济学部则要求相关项目在结题后 1 年内完成数据汇交；有关项目在申请项目时，就需要指出其希望可能汇交的数据交到哪个公开的数据汇交中心，如美国密歇根大学的政治和社会研究大学联盟（the Inter-university Consortium for Political and Social Research，ICPSR）等。

《数据管理计划》包括：① 提出项目预期将共享的数据（可包括样本、实物资料等）；② 说明数据格式（包括数据和元数据的格式和标准）；③ 提出关于"隐私信息、保密或安全信息，知识产权及其他要求和权利保护"的数据访问和共享限制；④ 提出数据再利用、传播和衍生使用的要求；⑤ 提出数据、样本及其他研究产出存档和保存的计划。

2.3.4 美国国立卫生研究院（NIH）

（1）数据汇交政策

美国国立卫生研究院（NIH）根据OSTP 2013年2月22日发布的 *Increasing Access to the Results of Federally Funded Scientific Research*，于2015年2月制定了 *National Institutes of Health Plan for Increasing Access to Scientific Publications and Digital Scientific Data from NIH Funded Scientific Research*。其中，对于数据汇交有以下要求。

对于科学出版物：

自2008年以来，NIH公共访问政策（http://publicaccess.nih.gov/policy.htm）已经成为所有NIH资金资助者的要求，其执行PL 110-161（《综合拨款法案》，2008）第218章第2部分第2章。NIH公共访问政策确保公众可以访问NIH资助研究的公布结果。其要求科学家在接受出版后将由NIH资金产生的最终同行评审期刊稿件提交给数字档案馆PubMed Central（PMC，https://www.ncbi.nlm.nih.gov/pmc/）。科学家还可以通过NIH与出版商建立的合作关系存储论文。为了帮助推动科学发展和改善人类健康，该政策要求NIH支持的论文在PMC发布后应于12个月内向公众开放。

该政策适用于以下手稿：①同行评审；② 2008年4月7日或之后被接受在期刊上发表；③产生于2008年或以后的NIH赠款或合作协议的任何直接资助；④ 2008年4月7日或之后签署的NIH合同的任何直接资助；⑤NIH内部计划的任何直接资助；⑥NIH员工。

对于数字科学数据：

接受联邦资助和科学研究合同的外部研究人员和内部研究人员酌情制订数据管理计划，说明他们将如何为由联邦资助研究产生的数字格式的科学数据提供长期保存和获取或者解释为什么长期保存和访问是不合理的。

NIH认识到支持数据管理应被视为研究成本。2003年的数据共享政策允许申请人请求资金在其申请和提案中进行数据共享和存档，同时期望研究人员在共享价值和保存数据与相关成本之间找到平衡。

NIH 2014年基因组数据共享政策期望研究人员接受NIH基因组研究资助，以制订数据共享计划并将其数据提交至中央资料库（http://gds.nih.gov/）以促进共享。

美国国家老年研究所（National Institute on Aging，NIA）是NIH的一个部门。根据NIA的政策，所有来自NIA资助的迟发性阿尔茨海默病遗传学研究的遗传数据都应存放在美国老年痴呆症遗传学研究所（National Institute on Aging Genetics of Alzheimer's Disease Data Storage Site，NIAGADS）或另一个NIA批准的网站或二者都存放。NIAGADS及其他NIA批准的网站将把这些遗传数据和相关表型数据提供给科学界合格的研究人员进行二次分析。

在临床数据领域，NIH提出了增加NIH资助临床试验数据透明度和公众获取的步骤。公开传播有关NIH资助的临床试验的信息尤为重要，因为这些发现来自可能承担风险的人类志愿者，以促进普遍的医学知识并最终促进公共健康。随时获得临床试验注册信息和结果可以为未来的研究提供指导，改进研究设计，防止不安全试验的重复，并提高公众对临床研究的信任度。为此，NIH从事监管和政策制定，以促进所有NIH资助的临床试验的注册及将这些试验的结果提交至ClinicalTrials.gov。

NIH计划将公众获取数字科学数据作为所有NIH资助研究的标准。在通过最终计划后，NIH将：

① 探索需要数据共享的步骤。NIH将研究制定政策，要求NIH资助的研究人员在首次发布机器可读格式时，可以在公共存储库免费提供同行评审科研出版物的结论数据。NIH将确保数据管理计划包含共享研究数据的明确计划。

② 确保所有由NIH资助的研究人员准备数据管理计划，并在同行评审期间对计划进行评估。NIH将确保为所有由赠款、合作协议、合同或内部资金支持的研究活动制订数据管理计划。数据管理计划将包括诸如拟议研究中要生成的数据、使用的任何数据标准、提供访问和共享数据的机制（包括保护隐私、保密、安全、知识产权或其他权利）、数据重用和重新分配的规定及数据归档和长期保存的计划。所有外部研究的数据管理计划将在申请或提案的同行评审中得到适当评估，所有内部研究的数据管理计划将由负责每个NIH研究所或中心科学领导的高级官员审查，即科学主任或其指定人员。

③ 制定更多的数据管理政策，以增加公众对指定类型的生物医学研究数据的访问。美国国立卫生研究院将继续与生物医学研究界协商，确定研究领域，为此应开发更具体的数据管理和共享政策，就像基因组数据、自闭症研究和其他科学领域所做的那样。在这些领域，NIH可能会制定更具体的数据管理政策，如规定应该保存并使其他人可以访问的数据类型；酌情提供诸如保护隐私、保密、安全、知识产权和其他权利等规定；指定的存储库，用于归档这些数据；提交研究数据并使其可供其他研究人员访问的时间表；应该用来收集数据的通用数据元素（CDE）和所需的数据格式，符合其他适用要求。数据管理计划将成为更具体的数据管理政策的基础。

④ 鼓励使用既定的公共存储库和基于社区的标准。NIH将鼓励受资助的研究人员将数据存储在已建立的公共存储库中（如果适用），以进行存档和保存。在某些情况下，NIH的数据管理政策可能会规定特定的标准和储存库供资助的研究人员使用。然而，在其他情况下，适当的相关标准和存储库可能还不存在。此外，鉴于NIH在随后的数据使用中的重要性，NIH将鼓励所有资助的研究人员利用与其研究团体相关的现有数据标准，如收集和表示描述数据集的数据和信息的标准（即元数据）。NIH还将推动公共数据库中数字数据的互操作性。必要时，NIH将采取措施支持选定的基于社区的数据存储库和标准的开发。

⑤ 制定方法以确保由NIH资助的研究所产生的数据集的可发现性，以使其可被发现、可被访问和可引用。NIH将探索创新方法来提高NIH资助的研究所产生的数据集的可发现性，即易于定位的能力。NIH正在资助数据发现指数的发展，以提供一种机制来提高可发现性并促进对数据集负责人的适当归因并将引用链接到相关出版物。此外，NIH将探索通过数据引用和其他方式推进数据作为合法形式的奖学金的方式。

⑥ 促进由NIH生成或管理的数字科学数据的互操作性和开放性。由合同、内部研究或存放在NIH数据库中供使用和分发的科学数字数据将被要求满足某些支持信息处理和传

播的标准。NIH将确保针对此类数据的新政策在适当的情况下符合白宫在其开放数据政策备忘录M-13-13中的总体要求。用于提供数字科学数据访问的新NIH信息系统也将考虑到对可发现性、互操作性和可访问性的要求。

⑦ 探索数据共享的发展。NIH将探索开发一个共同点、共享基础和临床研究输出的空间，包括数据、软件和叙述，遵循FAIR的查找、访问、互操作性和重用原则。这项努力的一个特别重点将是在出版时免费提供由联邦资助的科学研究所产生的同行评议的科学出版物的结论数据。在这项努力中，NIH将欢迎与其他部门和机构合作的机会。

（2）汇交数据中心

NIH目前支持各种研究领域和数据类型的众多数据存储库，NIH的许多政策（如GDS政策）为研究人员存储其数据（dbGaP）指定了一个中央存储库。许多NIH程序级数据共享政策期望在现有存储库中存储数据。NIH预计资助研究人员将数据存入适当的、现有的可公开访问的存储库，然后再考虑其他数据提供方式。预计研究人员将在他们的数据管理计划中描述任何数据存储库的使用。NIH将努力确保NIH的资料库旨在最大限度地减少提交数据的负担，并将考虑是否需要对现有档案进行增强以适应附加数据的存放。此外，NIH将确保新档案支持互操作性和信息可访问性，以支持符合M-13-13开放数据政策要求的信息处理和传播活动。如果研究人员的数据管理计划建议使用NIH以外的组织支持的储存库或其他资源，研究人员将被期望通知组织他们的意图。为了帮助研究人员找到一个合适的数据库来接受他们的数据，NIH将扩大现有数据库的数据库列表（https://www.nlm.nih.gov/NIHbmic/nih_data_sharing_repositories.html），截至2020年5月，列表中共有包含dbGaP、PDB、GenBank等在内的97个数据中心。

NIH计划制定指导和标准，以帮助研究人员确定不是由NIH资助的可接受存储库。此外，NIH打算利用BD2K数据发现指标倡议来确定公共存储库缺乏和可能需要的数据类型。

PMC是NIH提供的一项服务，用于保存和公开全文期刊文章。其成立于2000年，由NIH的国家医学图书馆（The National Library of Medicine，NLM）运营。数以千计的期刊自愿向PMC提交同行评审的作者手稿，协助作者遵守公众访问流程。数百家期刊出版商还自愿为作者自动提交最终发表的文章版本，免除他们直接提交论文的需要。最后，代表约1200种期刊的出版商自愿将他们期刊的全部内容提交给PMC，而不管其内容是否包含受NIH公共访问政策约束的文章。

阿尔茨海默病遗传学数据存储站（http://www.niagads.org/）是一个国家遗传学数据库，其有助于为合格的研究人员提供基因型数据，用于研究迟发型阿尔茨海默病遗传学。根据NIA的政策，所有来自NIA资助的迟发性阿尔茨海默病遗传学研究的遗传数据都应存放在NIAGADS、另一个NIA批准的网站或二者都存放。NIAGADS及其他NIA批准的网站将把这些遗传数据和相关表型数据提供给科学界合格的研究人员进行二次分析。

（3）汇交流程

对于科学出版物：有4种方法可确保根据NIH公共访问策略向PMC提交适用的论文。作者可以使用最适合他们的方法，并与其出版协议保持一致。①提交方法A和方法B：方法A和B是发布者同意在发布时将最终发布的文章直接发布到PMC（采用XML）的地方。

大约有1900种期刊与NIH签署协议，按照政策定期发布内容。此外，代表数千种期刊的20多家出版商已经与NIH签署协议，根据作者的要求发布最终发表的文章（通常收取费用，可从NIH的资助中获得补偿）。②提交方法C和方法D：方法C和D要求最终的同行评审稿件在接受出版后存入NIH手稿提交系统（NIHMS）。NIHMS接收这些手稿并将其从原始格式转换为PMC的XML标准。在方法C下，作者通过存放最终的同行评审手稿来启动提交过程。根据方法D，出版商为作者存放手稿。方法D的出版商包括大部分主要商业出版商并代表数千种期刊。

（4）激励措施

根据2003年NIH的数据共享政策，NIH通过行政审查评估受赠方提出的数据共享计划的适当性和充分性，尽管这些评估并未计入应用程序的评分中。对于合同，根据其要求，计划人员要确保在评估提案过程中考虑数据共享计划。NHI内研究项目行为指南指出，数据管理是首席研究员的责任，并且应该共享支持已发表分析的数据（http://sourcebook.od.nih.gov/ethic-conduct/Conduct%20Research%206-11-07.pdf）。在大量数据库共享的内部政策（http://sourcebook.od.nih.gov/ethic-conduct/large-db-sharing.htm）下，当科学顾问委员会和其他外部咨询机构在NIH IC-IDC审查项目时，应考虑数据共享的适当性及共享和存档数据的机制。

NIH将确定额外的步骤，以确保在同行评审过程中考虑数字化数据管理计划的优点，用于外部研究资助和合同。NIH还计划确保所有内部研究的数据管理计划由负责每个NIH研究所或中心的科学领导的高级官员（科学主任）审查。此外，NIH将评估数据管理计划在长期保存和获取的相对收益与相关成本和管理负担之间是否达到了适当的平衡。NIH计划制定指导方针，与科学界协商确定哪些数据应优先进行长期保存和获取。NIH目前对数据共享的期望通过大量的指导性文件（http://grants.nih.gov/grants/policy/data_sharing/data_sharing_guidance.htm）和外展活动传达给校内外的研究人员，并通过颁发通知或合同奖向研究人员重申。NIH工作人员负责监督并采取措施确保遵守奖励的条款和条件。数据共享计划在批准通知或合同奖中得到批准并成为条款和条件。

第三章 国际科学数据中心建设模式

3.1 DataFirst

3.1.1 数据中心总体情况与数据资源状况

（1）数据中心总体情况

DataFirst是南非开普敦大学的一个科学数据服务中心，位于南非开普敦市。数据中心主要为科学研究者和政策分析师提供非洲的调查和基本经济行政数据，研究人员可在线访问所需数据，并且数据中心还提供数据使用在线帮助。DataFirst主要提供非洲数据服务，国际合作对象包括ICPSR、WDS、IHSN。DataFirst参与从数据获取、存储、管理和分发共享的整个生命周期来为科学研究提供有力保证[1]。

（2）数据资源状况

分析DataFirst数据中心的主要数据资源情况，见表3-1。

表3-1 DataFirst数据中心的主要数据资源情况

一级指标	二级指标	指标类型	指标说明
数据库类型	隶属学科分类	定性指标	社会经济数据
	隶属机构类型	定性指标	南非开普敦大学
数据库数量	主体数据库数量	定量指标	1个
	主体数据库数据量	定量指标	306个数据集
数据库质量	权威性或知名度	定量指标	通过http://www.alexa.com/查询：全球排名7803（2020年7月31日）
	数据规范性	定性指标	包括元数据描述、数据文档描述和数据实体
	结构化科学数据占比	定量指标	—
	要素完整性	定性指标	—

---

[1] DataFirst [EB/OL]. [2015-09-07]. http://www.datafirst.uct.ac.za/.

续表

一级指标	二级指标	指标类型	指标说明
数据库质量	时间序列性	定量指标	—
	空间精确性	定量指标	—
	数据库更新频率	定量指标	—
	遵从的数据标准	定性指标	文件命名和版本控制严格按照数据文档倡议（DDI）标准
数据库利用	数据库利用政策或制度	定性指标	—
	科学数据开放率	定量指标	—
	用户数量	定量指标	—
	科学数据服务量	定量指标	—
数据库效益	科学数据引用量	定量指标	—
	典型应用案例	定性指标	—
	同行科学家评价	定性指标	—
	用户评价	定性指标	—

3.1.2 数据中心运行管理状况

（1）数据中心组织体系和运行机制

DataFirst属于非营利性机构，数据免费对外开放，中心主要靠基金会、政府部门资助维持运行。数据中心的资金支持来源于基金会、政府部门，开普敦大学。DataFirst以开普敦大学为载体，接受开普敦大学的管理，数据共享工作需要遵守与资助机构所签订的资助协议。数据的收集、存储和发布要按照中心的服务流程进行。

1）收集数据。

收集政策：DataFirst主要接收人口普查、调查研究和行政区划记录的数据。

数据格式：DataFirst接收的数据主要是ASCII格式和所有的专用格式的数据，如Excel，Stata。

数据文档：数据背景文档用于支持数据重用，与研究相关的任何文档（包括问卷调查、数据质量报告等）都应该存放在数据文件中。

数据所有权：数据提供者必须保证自己拥有该数据的所有权并且有权利把数据提交到DataFirst数据服务中心进行共享。

2）核查数据。

信息披露控制：一旦数据被提交到DataFirst服务中心，工作人员将会对数据进行披露控制，保证最后共享的数据文件中不包含用以识别身份的个人信息。

数据质量检查：DataFirst数据服务中心会对所有提交的数据集进行数据质量检查，保证数据的准确性和可用性，异常的数据文件将会通知数据提供者进行修改纠正，错误和修改记录将会作为数据质量注释保存在每个数据集的元数据中。

版本控制：数据质量变化导致数据文件不断更新，文件命名和版本控制严格按照数据文档倡议（DDI）标准，DataFirst数据集包含大量数据文件，但这些数据文件随着更新可能具有不同的版本号，数据集的版本号随着包含数据文件的更新而不断更新，这样做的好处是研究人员每次只需下载有更新的数据文件而不用下载整个数据集。

3）元数据描述。

DataFirst服务中心会对收集到的每个数据集记录完整的来源和使用信息，用以创建数据集的元数据信息。

4）数据归档。

DataFirst保存了每个数据集的所有归档版本，包括新版迭代信息，随着时间的变化，不断更新已归档数据的副本以确保数据的实时获取。

（2）数据中心开放共享政策与知识产权保护

1）数据公共存取。

研究人员可以通过网站注册并完成在线申请表，即可免费下载所需的数据集。公用数据可以立即访问，对于授权数据，用户会收到一封包含数据下载链接的电子邮件，可以链接到数据源站点进行下载，但是元数据和文档则由DataFirst提供。

2）数据安全。

对于敏感的、存在潜在泄密风险的数据，研究人员可以向开普敦大学经济学系的数据安全管理机构申请使用。DataFirst安全数据服务程序见图3-1。

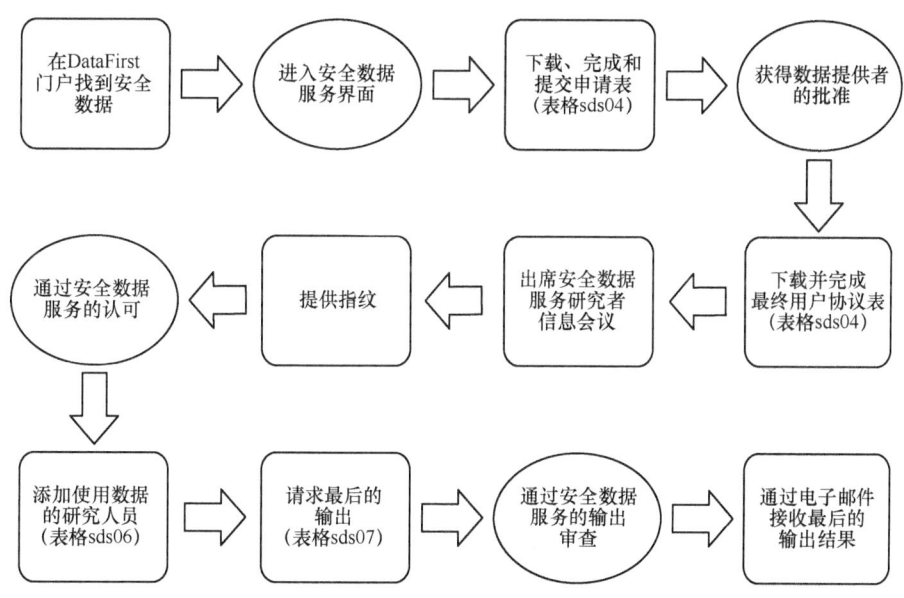

图3-1　DataFirst安全数据服务程序

（3）数据中心全生命周期科学数据管理模式

DataFirst全生命周期科学数据管理模式见图3-2。

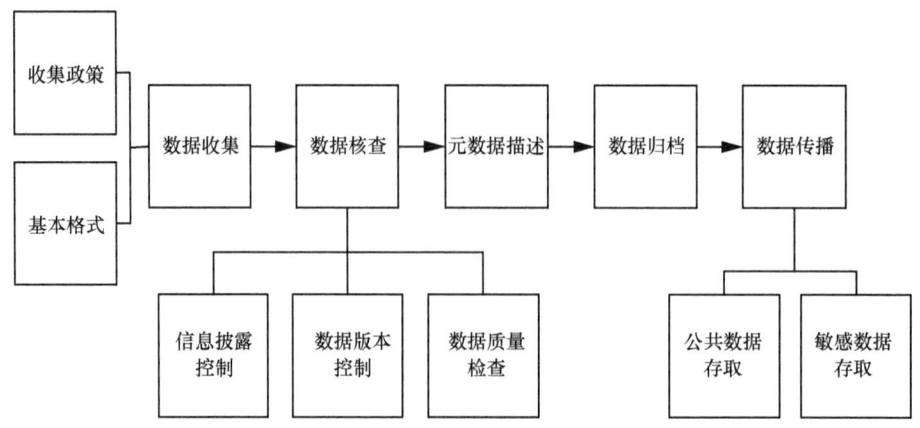

图 3-2 DataFirst 全生命周期科学数据管理模式

（4）数据中心特色设施和主要成就

DataFirst 数据服务中心的特色：具有严格的安全数据服务机制，用户需要经过复杂的申请流程才能获得所需数据。

在数据集和数据文件版本控制方面采用 DDI 标准，确保更新数据的有效管理。

3.2 Dryad 数据库

3.2.1 数据中心总体情况与数据资源状况

（1）数据中心总体情况

Dryad 数据库（Dryad Repository）是 2008 年在美国成立的数据中心，隶属于美国 NSF，是一个非营利性会员制组织，由董事会管理。Dryad 数据库属于生态学、医学、环境科学、自然科学领域，旨在实现对进化生物学领域期刊论文的支持数据的保存、发现、复用和管理的科学数据仓储（黄如花 等，2014），使科学出版物背后的数据可被发现、可重复使用、可引用。截至 2018 年，与 Dryad 数据库合作的期刊超过 600 种，数据文件有 60 000 件，下载次数多达 230 万次。在国际合作方面，与 TreeBase、KNB、NCBI 结成合作伙伴，相互之间可以进行数据交换。

Dryad 的数据提交覆盖生物学和生态学文章的附加数据、软件或其他重要文件，对数据格式没有限制。收集的所有资料都和相关学术出版物和其他数据仓储（如 GenBank）关联，并且大多数出版物是同行评议文章，将数据与文章无缝整合。作者还能提供并更新数据描述文件，以便数据的复用。用户可对内容进行索引、查寻和检索，从而提高数据的能见度（余文婷，2014）。

（2）数据资源状况

分析 Dryad 数据库的主要数据资源情况，见表 3-2。

表 3-2 Dryad数据库的主要数据资源情况

一级指标	二级指标	指标类型	指标说明
数据库类型	隶属学科分类	定性指标	生态学、医学、环境科学、物质科学
	隶属机构类型	定性指标	NSF
数据库数量	主体数据库数量	定量指标	4个
	主体数据库数据量	定量指标	数据库的数据存储量，以TB计算
数据库质量	权威性或知名度	定量指标	通过http://www.alexa.com/查询： 全球排名1126 971（2020年7月31日）
	数据规范性	定性指标	数据格式不限，但必须要有完整的元数据描述
	结构化科学数据占比	定性指标	—
	要素完整性	定性指标	—
	时间序列性	定性指标	—
	空间精确性	定性指标	—
	数据库更新频率	定量指标	不定时更新
	遵从的数据标准	定性指标	Dryad以都柏林核心（Dublin Core，DC）元数据的元素和应用规范为基础，并增加其他相关领域元数据的元素，从而形成了Dryad的元数据标准体系
数据库利用	数据库利用政策或制度	定性指标	遵循OAI-PMH仓储互操作机制
	科学数据开放率	定量指标	—
	用户数量	定量指标	超过3万
	科学数据服务量	定量指标	26 252个文件
数据库效益	科学数据引用量	定量指标	—
	典型应用案例	定性指标	—
	同行科学家评价	定性指标	—
	用户评价	定性指标	—

3.2.2 数据中心运行管理状况

（1）数据中心组织体系和运行机制

Dryad数据库由NSF、罗切斯特大学图书馆、荷兰生态研究所、Canadian Healthy Oceans Network提供资金来源支持。

Dryad数据库是非营利性机构，经费最初源自基金资助。

Dryad是由董事会管理的非营利性会员制组织，由期刊出版社、科研团体、杂志、资助机构和其他利益相关者共同管理，以确保数据仓储库的可持续性。Dryad由成员提供战略规划、财政监督，组织的章程修正也需要经过成员批准。

1）数据收集：Dryad数据仓储的数据来源可分为合作期刊上发表的数据、非合作期刊上发表的数据及存储在其他数据仓储中的数据。Dryad不接受未发表的数据，除非是由国家进化综合中心（NESCent）的科学家创造的数据。

对于存储在其他数据仓储中的数据，Dryad的策略是拷贝数据并保存到辅助库中使数据可用，或提供链接给研究人员使研究人员能够在辅助库中找到数据。对于合作期刊数据，Dryad数据仓储的收集政策是尽可能收集出现在其合作期刊上论文的所有数据。非合作期刊的数据须经Dryad管理委员会同意才能发表。在数据被收集过来后，如被认为缺乏足够的科学价值，Dryad则将数据从资源库中删除。Dryad数据仓库中的数据用DOI进行唯一标识。

2）数据发布。

① 内容必须与已发布的科学、医疗或其他学术研究论文相关联；

② 数据仓储中的大多数数据包主要包含同行评议的文档，来源于学术论文或图书但无同行评议文件的相关数据也可接受；

③ 保证发布者是数据的创作者或有足够的权限对数据进行发布；

④ 内容发布符合期刊出版商政策；

⑤ 符合期刊出版商要求的报告准则和格式；

⑥ 数据包的容量不超过10 M，超过则要收费；

⑦ 语言要求是英语。

Dryad数据仓储是集成一体化的，提交到Dryad中的相关数据默认情况下要与论文同时发表。但如果作者不同意将数据和论文同时公开出版，可选在论文出版后的一年内公开数据。若被出版商编辑部批准，可一年后再公开数据，但要有明确的数据发布日期，且最长不超过10年。

3）数据保存机制：在数据备份方面，Dryad备份发表和未发表的内容，内容被备份到独立的远程服务器进行长期存储。在数据存储位置方面，当Dryad判断其保存的数据被访问的可能性提高时，Dryad将自行对文件进行迁移，添加到已发布的数据包中。在数据维护和故障方面，Dryad是以一个参与出版商的身份与CLOCKSS进行合作，如果Dryad数据仓储出现故障不能维持其服务，在Dryad上注册过的数据将会被更新，以使其备份在CLOCKSS的数据可以使用。

（2）数据中心开放共享政策与知识产权保护

为维持数据仓储管理和保存数据的基本成本及数据仓储的长期发展，Dryad数据仓储于2013年制定数据发布收费政策（DPCs），对数据提交者收费，实现非营利性和数据公开收费融合。目前Dryad数据仓储收费政策分为3个方面：

① 免费：研究者、教育工作者、学生可免费下载和使用数据；

② 基本收费：除豁免者外，对内容被接受且符合内容标准的数据提交者实行收费。豁免者是按世界银行划分的低收入或中低收入国家的研究者；

③ 额外收费：对文件容量超过10 GB或使用外部传输服务将外部大文件转移至Dryad

中或论文和数据再次提交的情况要额外收费[1]。

（3）数据中心全生命周期科学数据管理模式

Dryad数据库全生命周期科学数据管理模式见图3-3。

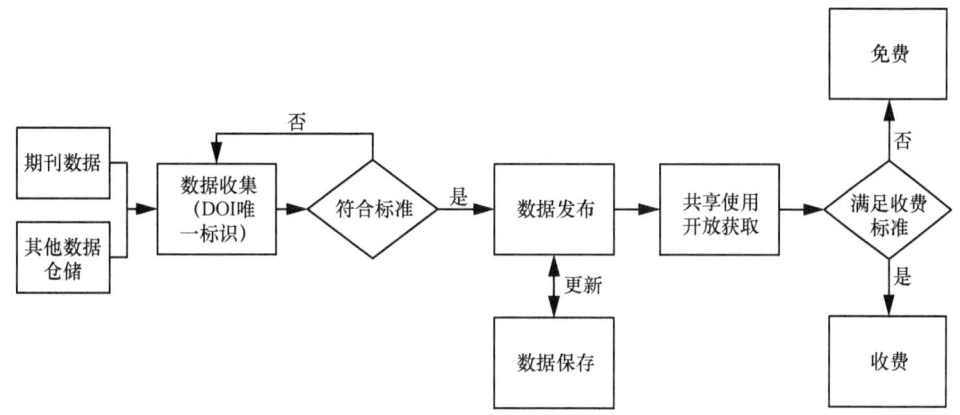

图3-3　Dryad数据库全生命周期科学数据管理模式

（4）数据中心特色设施和主要成就

Dryad数据仓储是一个会员制组织，会员资格开放给所有利益相关机构，其中包括但不仅仅局限于杂志、期刊出版商、研究机构、图书馆和资助机构。

Dryad数据库与CLOCKSS合作实现数据的长期保存。

3.3 蛋白质数据库

3.3.1 数据中心总体情况与数据资源状况

（1）数据中心总体情况

蛋白质数据库（The Protein Data Bank，PDB）是1971年在美国纽约建立的数据中心，隶属于布鲁克海文国家实验室。PDB主要是用于生物大分子晶体结构的数据归档。Tom Koetzle在1973年开始领导PDB，Joel Sussman在1994年接手PDB。从1998年开始，结构生物信息学研究合作实验室（RCSB）开始负责PDB的管理。在2003年，wwPDB成立，主要向全球各社会团体提供开放的生物大分子结构数据，其由数据存储组织、数据处理中心和数据配送中心组成。此外，PDB提供的网站，可以供用户查询简单或复杂的数据，支持数据分析和结果可视化（Helen等，2000）。

图3-4为PDB数据库界面。

---

[1] Dryad [EB/OL]. [2015-09-07]. http://datadryad.org/.

国际科学数据资源管理概述

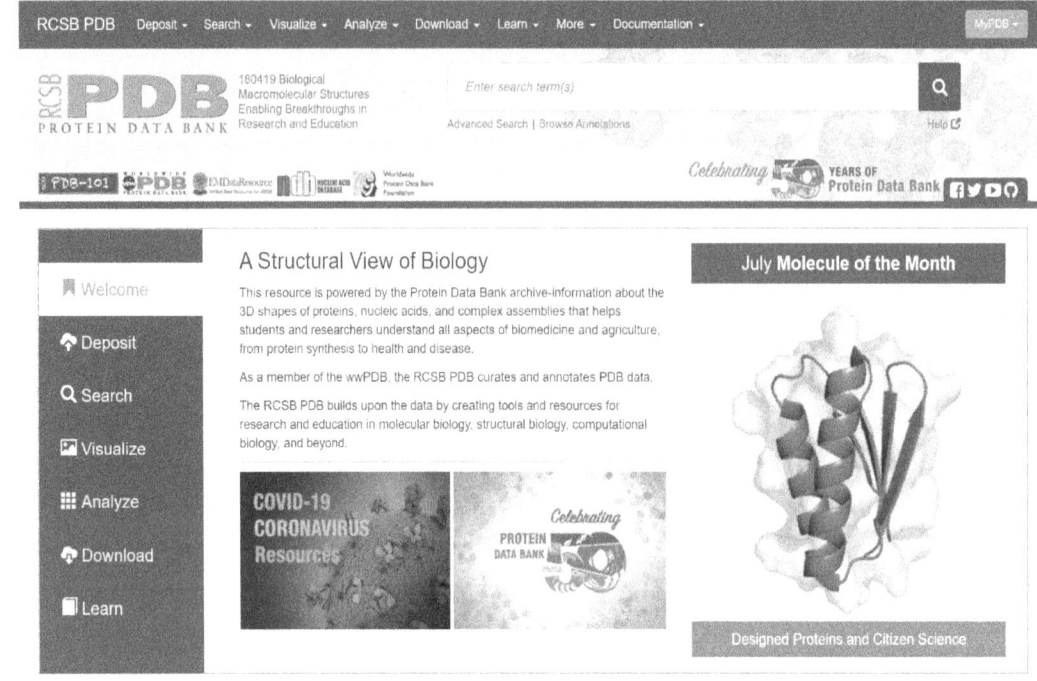

图 3-4 PDB 数据库界面

（2）数据资源状况

分析蛋白质数据库的主要数据资源情况，见表 3-3。

表 3-3 蛋白质数据库数据的主要资源情况

一级指标	二级指标	指标类型	指标说明
数据库类型	隶属学科分类	定性指标	生物学
	隶属机构类型	定性指标	Brookhaven National Laboratory 布鲁克海文国家实验室
数据库数量	主体数据库数量	定量指标	1个
	主体数据库数据量	定量指标	数据库的数据存储量，以TB计算
数据库质量	权威性或知名度	定量指标	通过http://www.alexa.com/查询： 全球排名274 516（2020年7月31日）
	数据规范性	定性指标	—
	结构化科学数据占比	定量指标	—
	要素完整性	定性指标	—
	时间序列性	定量指标	1971年至今
	空间精确性	定量指标	—
	数据库更新频率	定量指标	每周更新ftp://ftp.wwpdb.org
	遵从的数据标准	定性指标	—

续表

一级指标	二级指标	指标类型	指标说明
数据库利用	数据库利用政策或制度	定性指标	对外开放，免费使用
	科学数据开放率	定量指标	—
	用户数量	定量指标	286 000
	科学数据服务量	定量指标	每月大约1.3 TB
数据库效益	科学数据引用量	定量指标	—
	典型应用案例	定性指标	—
	同行科学家评价	定性指标	—
	用户评价	定性指标	—

3.3.2 数据中心运行管理状况

（1）数据中心组织体系和运行机制

蛋白质数据库由NSF、NIH的国家普通医学科学研究所和国家癌症研究所、美国能源部（DBI）等提供资助。PDB中的数据文件是免费的，不向用户收取费用。PDB支持国际用户社区，包括生物学家（在结构生物学、生物化学、遗传学、药理学等领域）、其他科学家（在生物信息学领域、数据分析和可视化软件开发人员等领域）、学生和教育工作者（各级）、媒体作家、插图画家、教科书作者、普通大众。

PDB数据中心的组织体系及运行机制见图3-5。

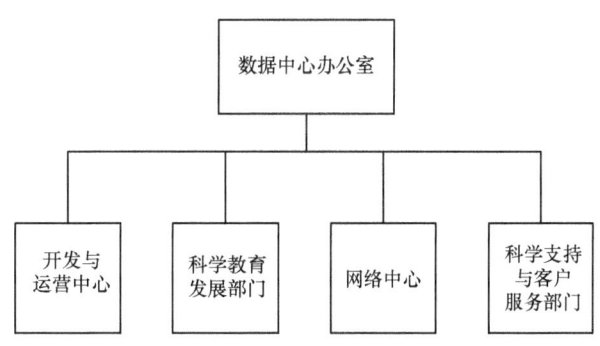

图3-5 PDB数据中心的组织体系及运行机制

（2）数据中心开放共享政策与知识产权保护

PDB中的数据文件是免费的，无版权限制，无论是用于商业或非商业用途都可自由使用。PDB中的归档数据属于原始作者，使用者需要遵循规定条款才可以使用，条款如下：

① PDB中的归档数据文件是免费提供给所有用户的，数据文件在归档时会以原始形式无限制重新分配，再分配的修改数据文件禁止使用原服务器的文件名称。

② PDB中的数据文件可能包含PDB 4个字母的条目名称（如1、abc）这并不阻止交

叉引用，其指的是PDB存档。

③ 用户要承担所有责任，必须要保护数据文件原始作者的知识产权，虽然PDB只有在涉及专利时才有知识产权声明。

④ 在数据文件中发表的任何意见、发现和结论属于作者，不代表PDB的立场。

⑤ PDB只是提供数据文件，对在使用中造成的直接或间接的利润损失，PDB概不负责。

⑥ 此网站上的数据文件没有任何声明，但网站上的资源不会侵犯任何专利。

（3）数据中心全生命周期科学数据管理模式

蛋白质数据库的数据来源于国际组织或个人提交，但需要对数据进行详尽说明，创建PDB存储工具OneDep，提高数据的质量和完整性，数据存储前需进行格式转换等一系列准备，数据上传后会生成更详细的存储报告，PDB中的数据是免费对外开放的，档案每周都会进行更新。蛋白质数据库全生命周期科学数据管理模式见图3-6。

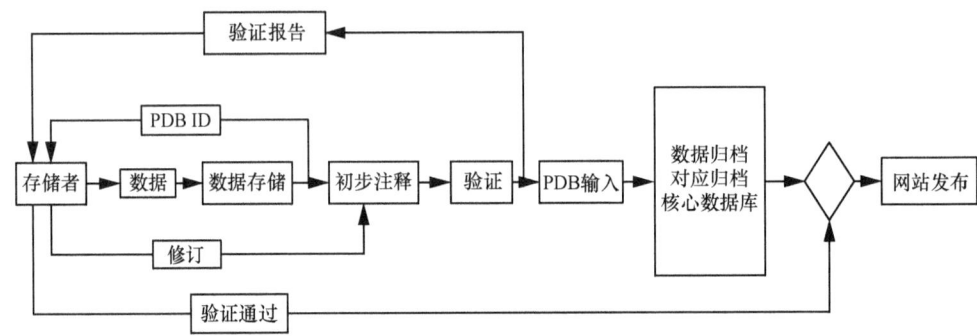

图3-6　蛋白质数据库全生命周期科学数据管理模式

（4）数据中心特色设施和主要成就

PDB Curricula，这是由PDB主办的一门课程，旨在通过科学家、课程设计专家、教育工作者和教师的参与和合作来创造真实的实践教学材料，对个人和团体提供评估意见。课程还包括从现有的公共资源中就相关主题找寻材料和沟通交流。这门课程对数据中心下一步的发展有促进作用，有利于数据共享。

3.4　英国国家档案馆

3.4.1　数据中心总体情况与数据资源状况

（1）数据中心总体情况

英国国家档案馆（the National Archives）[1]是2003年在英国伦敦建立的数据中心，隶属于英国政府司法部。数据中心属于历史、公共资源、政府文件领域。英国国家档案馆是英

---

[1] The National Archives [EB/OL]. [2015-09-04]. http://www.nationalarchives.gov.uk/.

国政府的官方档案馆和出版商，同时也是英格兰和威尔士的官方档案馆，给政府部门及公共机构在档案管理方面提供切实有效的帮助，并挑选出具有永久历史价值的公共文件永久保存，在为社会提供广泛服务的基础上为在校大学生、大学毕业生和学术研究人员提供了多种多样专门化的学术服务。

2003年4月，英国公共档案馆与历史手稿保管委员会合并成立了英国国家档案馆，其是英国政府司法部的一个行政机关，也是一个政府部门，有自己的权利。国家档案馆维护着国家的重要文件，有些文件的历史甚至可以追溯到1000年以前。英国国家档案馆是世界上最大的档案馆之一，馆藏档案丰富，保存有从公元1086年的《英国土地志》到最近向公众开放的政府文件。用户可以在Kew（西伦敦的郊区）查看这些档案，或者通过网络在线查阅。档案被移交之后都将是开放的，除非该档案中包含的信息受到某种约束。如果用户所查阅的档案尚未开放，用户可以根据《信息自由法》提交一份查阅该文档的请求。档案馆将用户所提交的请求，与移交该档案的政府部门进行协商。如果该档案不再受到《信息自由法》的限制，那么该档案将提供给用户利用。按照《信息自由法》的规定，世界上的任何人都可以申请查阅保存在国家档案馆的档案。国家档案馆还起到了一个信息交换中心的作用。信息包括保存在英国及世界各地关于英国历史的非公共档案及原稿。英国国家档案馆给政府部门及公共机构在档案管理方面提供切实有效的帮助，并挑选出具有永久历史价值的公共文件永久保存。同时也会向公共及私有部门的管理者提供历史档案管理的建议（单晨，2011）。英国国家档案馆的门户网站设计十分简洁、直接，完全按照用户需求定位服务项目。其主要的公共服务功能有以下4种。

1）教育（education），具体包括：

① 分阶段的国家历史介绍：从中世纪至今。

② 针对教师的服务：包括档案在线访问、网站使用指南、专业发展、教辅材料等。

③ 针对学生的服务：包括复习考试、学习技巧、活动和游戏等。这些服务十分贴近教学实际，信息量大且富有趣味性，更有公共课程、研讨会等多种方式供选择，协助教师整合多种教学材料，提高学生学习历史的热情。一些互动环节的设置将档案与日常生活联系起来，打破了档案的神秘感和距离感，起到了宣传推广档案工作的作用。

2）文献（records），这一专栏以跨越千年历史的数以百万计的文件、档案、图像材料为基础，运用指南、教学指导、播客等手段，为学者的研究提供帮助。具体分类按主题设计，体现了用户的不同需求，主要包括：按人名检索；按地点检索；按事件检索；联机目录和档案数据库检索；付费信息服务；深入了解档案信息；快速使用指南。

3）信息管理（information management），这一专栏方便文件形成者或档案管理人员就档案从产生到长期保存过程中的相关问题进行咨询，包括档案信息管理标准和指南。而档案信息管理工作的相关服务则包括对归档文件检查提供帮助，对日常公共部门档案工作给予指导等、关键性的法规、政策和措施、短期业务培训。

4）在线购书（shopping online），为了让用户更好地获得档案信息，档案馆网站提供了付费获取文件副本的方式。用户在此页面可点击获得文件、图书、图像、文献的购买信息，这些资源具有数字、纸质、声像等多种形式（单晨，2011）。

（2）数据资源状况

分析英国国家档案馆数据中心的主要数据资源情况，见表3-4。

表3-4　英国国家档案馆数据中心数据资源调研

一级指标	二级指标	指标类型	指标说明
数据库类型	隶属学科分类	定性指标	历史，公共资源，政府文件
	隶属机构类型	定性指标	英国政府
数据库数量	主体数据库数量	定量指标	2个
	主体数据库数据量	定量指标	—
数据库质量	权威性或知名度	定量指标	通过http://www.alexa.com查询：网站的世界排名45 417（2020年7月31日）
	数据规范性	定性指标	
	结构化科学数据占比	定量指标	
	要素完整性	定性指标	
	时间序列性	定量指标	公元900年至今
	空间精确性	定量指标	
	数据库更新频率	定量指标	
	遵从的数据标准	定性指标	
数据库利用	数据库利用政策或制度	定性指标	面向公众完全开放，但有些档案需向政府进行申请
	科学数据开放率	定量指标	
	用户数量	定量指标	—
	科学数据服务量	定量指标	公共资源全部公开，一些非公开政府文件可向英国政府申请
数据库效益	科学数据引用量	定量指标	—
	典型应用案例	定性指标	
	同行科学家评价	定性指标	
	用户评价	定性指标	

3.4.2 数据中心运行管理状况

（1）数据中心组织体系和运行机制

英国国家档案馆的运营模式为国家投资和数据买卖。其资金支持来自于由议会每年批准英国统一基金和数据买卖得到的部分资金。英国国家档案馆是英国政府司法部的一个行政机关，档案馆设有管理委员会，委员会对行政长官和负责人制订国家档案的计划和战略方向提供建议和检查。该委员会有首席执行官员（主持），5位执行董事和4位非执行董事。所有非执行董事都来自国家档案馆审核委员会、薪酬委员会及监督委员会。同时档案馆还设有执行团队，确保国家档案馆达到制定的目标及商业计划。

英国国家档案馆数据中心依托在线公文（Documents Online）、在线电子文件（Electronic Online）、英国政府网站档案（UK Government WebArchive）等十大专业化的数据库，通过在线联机目录（Online catalogue）为用户提供了多种检索途径。检索结果显示相关档案的名称、目录编号、范围内容和涵盖日期。点选档案名称，检索画面出现该档案的描述资料，分别以 Quick Reference 和 FullDetails 两种格式显示。为提升数字档案的获取及多元化的使用需求，英国国家档案馆网站整合档案馆、博物馆、图书馆等相关领域的 22 个档案系统，建立有档案目录的单一入口查询平台 A2A（Access to Archives），以跨数据库查询的方式，为使用者提供便捷的检索服务，其中 14 个档案系统可提供直接查询的功能（毛建军，2014）。

（2）数据中心开放共享政策与知识产权保护

公众可以在线搜索，大多数搜索较多的记录都可以在线查询。搜索这些记录是免费的，但下载记录有可能收费。英国国家档案馆十分重视数字档案的授权应用服务。为促使珍贵档案得以更有效率地对外提供应用，同时争取到更多资助经费，英国国家档案馆对外提供各种数字档案授权应用机制。一般出版商或机构付费取得该局授权后，可以利用其档案内容进行各式应用，包含将档案内容扫描制成 DVD、通过网站发行或是增值出版等。授权费用依使用方式采取不同营收比例计算，7%~15% 不等。自 2004 年起，英国国家档案馆在网络上推动商业化的授权合作机制。英国国家档案馆在网站上公布现阶段优先被规划扫描的档案类目，公开征求有兴趣的厂商的提案进行合作。经公开竞标方式决定竞标厂商后，该局以提供 10 年非专属授权的方式，授权其进行档案扫描、增值及网络营销应用，竞标厂商在取得授权期间，可以自由运用档案内容，但其扫描后的电子文件必须无偿提供给英国国家档案馆，授权期间内必须依照营业收入按比例回收授权金。英国国家档案馆与授权公司的合作时间原则上为 10 年，且授权并非独占，不论以光盘、网络或出版品增值利用，均属于其授权范围。此项合作机制相当成功，应用这些网络增值服务的多属海外人士，其收益约可补充英国国家档案馆 17%~40% 的经费，同时又完成了该馆的档案数字化工作。

（3）数据中心全生命周期科学数据管理模式

英国国家档案馆是英国唯一的国家档案馆，与英国各郡档案馆并无上下隶属关系。国家档案系统之外的档案机构不受国家档案馆的统辖和领导，各类档案馆之间也没有法定的业务联系。为了更好地实施英联合王国网络档案馆的计划，英国国家档案馆馆长牵头成立了一个由各政府主要机关信息技术部门负责人参加的领导小组，并下设工作小组负责项目的具体实施。同时，为了更加准确地从政府机关的全部文件中鉴定出可以永久保存的文件，并将半现行的文件移交给英国国家档案馆，2003 年 1 月，英国国家档案馆制定并在其网站上公布了《电子文件管理、鉴定和保护指南》，该指南规定了政府机关电子文件向国家档案馆在线和离线移交的办法。英国国家档案馆工作小组还研究制定了电子文件接收和利用的长期战略，制定一项通用标准规范各部门向英国国家档案馆移交电子文件的格式，同时提供给软件开发商和各部委使用，最大限度地减少管理费用和重复劳动。另外，为了更好地实施英国数字档案馆计划，1995 年英国国家档案馆与伦敦大学签订了 7 年合同，内容是由伦敦大学代为接收和保存政府部门和档案馆挑选的具有保存价值的数据，并通过为英国数字档案馆建立的编目向公众提供远程检索服务。英国国家档案馆全生命周期科学数据管理模式见图 3-7。

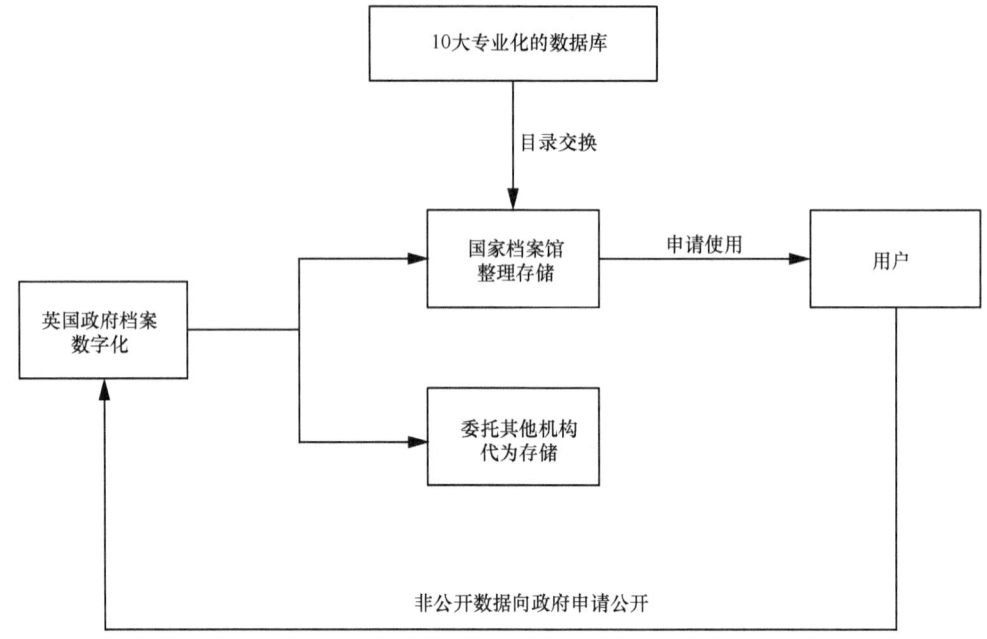

图 3-7 英国国家档案馆全生命周期科学数据管理模式

3.5 DNA 序列数据库

3.5.1 数据中心总体情况与数据资源状况

（1）数据中心总体情况

DNA 序列数据库（GenBank）是美国国家生物技术信息中心（National Center for Biotechnology Information，NCBI）建立的数据中心，成立于 1983 年，位于美国马里兰州的贝塞斯达，是美国国立卫生研究院的基因序列数据库。GenBank 面向的领域是生物学信息，其收集了所有公开的 DNA 序列，以及与之相关的生物学信息和参考文献，是国际上的权威序列数据库。

作为国际核酸序列数据库协会的一部分，为保证数据尽可能的完全，GenBank 与其他两个基因数据库——欧洲的欧洲分子生物学实验室（European Molecular Biology Laboratory，EMBL）和日本的日本 DNA 数据库（DNA Data Bank of Japan，DDBJ）建立了相互交换数据的合作关系，3 个数据库每天都进行数据交换（田耕 等，2000）。

每个版本的 DNA 序列数据库系统，都可以在 NCBI 网站免费获取完整的发行说明和版本注释，并每两个月发布一个新版本。

（2）数据资源状况

分析 DNA 序列数据库的主要数据资源情况，见表 3-5。

表 3-5　DNA序列数据库的主要数据资源情况

一级指标	二级指标	指标类型	指标说明
数据库类型	隶属学科分类	定性指标	生物基因数据库
	隶属机构类型	定性指标	NCBI
数据库数量	主体数据库数量	定量指标	1个
	主体数据库数据量	定量指标	187 066 846个序列
数据库质量	权威性或知名度	定量指标	通过http://www.alexa.com/查询：全球排名134（2020年7月31日）
	数据规范性	定性指标	数据实体和关键字描述
	结构化科学数据占比	定量指标	—
	要素完整性	定性指标	—
	时间序列性	定量指标	1982年12月至今
	空间精确性	定性指标	—
	数据库更新频率	定量指标	不定期更新，官网每两个月进行一次汇总统计
	遵从的数据标准	定性指标	要求提供全面的关键字，质量控制
数据库利用	数据库利用政策或制度	定性指标	开放获取，免费下载
	科学数据开放率	定量指标	100%
	用户数量	定量指标	通过compete网站（http://www.compete.com/）查到2015年4月访问量最高为：10 217 050
	科学数据服务量	定量指标	—
数据库效益	科学数据引用量	定量指标	—
	典型应用案例	定性指标	—
	同行科学家评价	定性指标	—
	用户评价	定性指标	—

3.5.2　数据中心运行管理状况

（1）数据中心组织体系和运行机制

DNA序列数据库受美国国立卫生研究院、美国国家生物技术信息中心、基金会支持，其隶属于美国国立卫生研究院，提供免费的数据上传、使用和下载服务。DNA序列数据库由NCBI建立并进行管理，设有专门的部门承担政策研究、知识产权管理、批准和监督等职能，与其他政府机构和生物学的信息资源协调共同促进NCBI数据库的发展。

1）数据来源。

DNA序列数据库从公共资源中获取序列数据，主要是科研人员提供或来源于大规模基因组测序计划。数据的一个主要来源是作者直接递交，而且目前许多期刊也希望刊登文章中的DNA或者氨基酸序列能在发表前输入数据库。NCBI为此设计了方便、快捷的数据递交方式：BankIt和Sequin。

BankIt：直接通过NCBI提供的www形式的表格进行简便、快捷的递交，适合于少量和短序列的递交。

Sequin：可供Mac、Windows、UNIX用户使用的递交软件，在输入有关数据的详细资料后通过E-mail发送到NCBI，这种方式十分便于大量序列及长序列的输入。数据递交后，作者将收到一个数据存取号，表明递交的数据已被接收，此存取号可作为以后向数据库查询时的凭证，作者可将其列入发表的文章中。

NCBI也允许作者通过BankIt、Sequin或E-mail等方式，对已被收入数据库的数据进行修改、添加或删除。

2）数据结构。

DNA序列数据库每条数据都包含对序列的精确描述、序列来源、物种的学名、树状分类及特征数据栏，并且提供序列的蛋白编码区和具有特殊生物学意义的位点，如转录单位、突变或修饰位点及重复序列，还提供特定序列编码的蛋白质序列。其用序列标识作为唯一数据标识符。

DNA序列数据库序列文件由单个的序列条目组成。序列条目由字段组成，每个字段由关键字起始，后面则为该字段的具体说明。有些字段又分若干次子字段，以次关键字或特性表说明符开始。每个序列条目以双斜杠"//"作结束标记。序列条目的格式非常重要，关键字从第①列开始，次关键字从第③列开始，特性表说明符从第⑤列开始。每个字段可以占一行，也可以占若干行。若一行中写不下时，继续行以空格开始。

序列条目的关键字包括locus（代码）、definition（说明）、accession（编号）、nid符（核酸标识）、keywords（关键词）、source（数据来源）、reference（文献）、features（特性表）、base count（碱基组成）及origin（碱基排列顺序）。

① locus（代码）：是该序列条目的标记，或者说是标识符，蕴含这个序列的功能，序列代码具有唯一性和永久性。该字段还包括其他相关内容，如序列长度、类型、种属来源及录入日期等。

② definition（说明）：是有关这一序列的简单描述。

③ keywords（关键词）：由该序列的提交者提供，包括该序列的基因产物及其他相关信息。

④ source（数据来源）：说明该序列是从什么生物体、什么组织得到的。

⑤ organism（次关键字种属）：指出该生物体的分类学地位。

⑥ reference（文献）：说明该序列中的相关文献，包括作者（authors），题目（title）及杂志名（journal）等，以次关键词列出。该字段中还列出了医学文献摘要数据库MEDLINE的代码。该代码实际上是个网络链接指针，点击其可以直接调用上述文献摘要。一个序列可以有多篇文献，以不同序号表示，并给出该序列中的哪一部分与文献有关。

⑦ features（特性表）：是具有自己的一套结构，用来详细描述序列特性的一个表格。在这个表格内，带有"/db-xref/"标志的字符可以连接到其他数据库内。

⑧ base count（碱基组成）：计算出不同碱基在整个序列中出现的次数。

⑨ origin（碱基排列顺序）：指出了序列第一个碱基在基因组中可能的位置。

3）数据记录检索查询。

用户可以通过NCBI的主页使用DNA序列数据库。如果在文献中看到过自己感兴趣的基因，而且文中还提到了该基因在DNA序列数据库中的ID，进入NCBI，在Search后的下拉框中选择Nucleotide，把DNA序列数据库的ID输入到"GO"前面的文本框中，点"GO"即可以检索到所需序列。

DNA序列数据库的宗旨是鼓励科研团体对DNA序列的获取，从而促进数据库中DNA序列的丰富和更新，所以NCBI对GenBank的数据使用与发送没有任何限制。用户可从GenBank主页上下载Banklt、Sequin及VecScreen（带菌污染物的筛选工具）等便于提交和更新研究成果的应用软件。其页面上的简单检索界面提供19种相关检索选项，分别是：PubMed、Protein（蛋白质）、Nucleotide（核苷）、Structure（结构）、Genome（基因组）、PMC、LocusLink、PopSet、OMIM、Taxonomy（分类学）、Books（图书）、ProbeSet、3D Domains（三维区域）、UniSTS、Domains、SNP、Journals（期刊）、UniGene、NCBI Web Site（NCBI站点）。

DNA序列数据库可以与DNA Star软件结合使用，进行基因序列分析和比对。

DNA序列数据库数据可用文本检索系统和ENTREZ高级检索系统进行检索。其中ENTREZ系统是由NCBI开发的一个数据库检索系统，其包括核酸、蛋白质、基因组、MMDB分子结构模型及Medline文摘数据库，并在数据库之间建立了非常完善的联系。因此，可以从一个DNA序列查询到蛋白产物及相关文献，而且每个条目均有一个类邻信息，能给出与查询条目接近的信息。

DNA序列数据库最常用的查询是序列局部相似性查询（BLAST）系统，包括一系列查询程序，将未知序列与数据库中的所有序列进行比较，以寻找与待查序列有足够相似性的序列，提供功能相似的评估，是十分方便、强大的查询工具，可通过www或E-mail途径进行。

（2）数据中心开放共享政策与知识产权保护

1）数据使用机制。

DNA序列数据库设计的目的是为了提供一个基因数据共享的渠道，并且鼓励科学界共享最新和广泛的DNA序列信息，所以DNA序列数据库对数据的使用和分配没有太多限制，由于有些数据提供者会要求版权或者专利，DNA序列数据库明确提出由于NCBI不是处在评估索赔的位置，因此不能提供评论和数据的无限制复制、使用。在长期保存政策方面，DNA序列数据库是自己负责长期保存，并没有与故障服务提供商合作。

2）保密机制。

由于一些作者担心数据库中一些等待出版的数据可能会给他们的工作带来影响，因此数据库会被要求将新提交的数据保留一段时间后再出版，但必须是一个具体的时间，DNA序列数据库不会无限期持有数据但不出版。如果有引用了该数据的文章先于指定的数据发表时间发表，则DNA序列数据也将会提前发布出来。为了减少因数据呈现方式而带来的数据出版延迟，DNA序列数据库会督促作者将所要发布的数据的呈现方式提前告知，一旦可以发布，就会通过邮件把完整的发布数据发给"update@ncbi.nlm.nih.gov"，包括作者、标题、期刊卷、页码和日期。

3）隐私机制。

如果要提交人类基因序列数据到DNA序列数据库，请确保数据不包含任何泄露个人隐私的信息，DNA序列数据库假定所有数据提交者在提交序列之前收到了必要的知情同意授权材料[1]。

（3）数据中心全生命周期科学数据管理模式

DNA序列数据库全生命周期科学数据管理模式见图3-8。

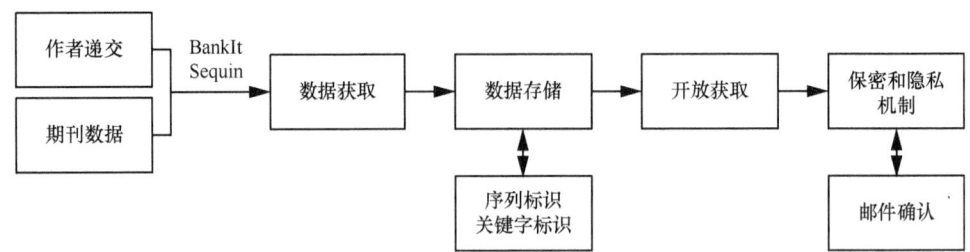

图3-8　DNA序列数据库全生命周期科学数据管理模式

（4）数据中心特色设施和主要成就

① 全球科研学者主动提交自己的研究数据。

② 建成了全球最大的生物基因数据库。

3.6　世界土壤数据中心

3.6.1　数据中心总体情况与数据资源状况

（1）数据中心总体情况

世界土壤数据中心是一个独立的、基于基础科学的组织。该中心主要任务是为国际社会提供有关世界土壤资源的信息，以帮助解决重大的全球问题。世界土壤数据中心于1989年加入国际科学理事会世界数据中心，具有土壤巨石采集识别、制图及有关土壤地理报告等相关资源。世界土壤数据中心最初被命名为世界土壤地理分类数据中心，后来改名为世界土壤数据中心以反映其长期的土壤数据管理。2011年8月，该中心被认定为世界数据系统（WDS）的正式成员，为世界数据系统提供数据管理和数据分析服务。WDS支持理事会的任务和目标，确保长期的管理和提供质量评估的数据及数据服务的国际科学界和其他利益相关者的利益。WDS是为参与地球观测组织（GEO）国际集团。

世界土壤中心提供一个集中的与土壤相关的信息收集和服务，同时为全球土壤信息进行管理。一个重要的方面是为WDS提供数据救援方案，维护时间较早的风险数据，并把旧的数据集/材料进行整理。该中心对模拟和数字数据进行整理、维护和分析。其具有地理信息网络设施的主机和土壤相关的元数据，并开发和实施了一系列的网络地图和流程服务。

---

[1] National Center for Biotechnology InformationSearch database [EB/OL]. [2015-09-07]. http://www.ncbi.nlm.nih.gov/.

世界土壤中心有 3 个优先领域，分别是：土壤数据与土壤制图；土壤数据在全球开发中的应用；培训教育。

（2）数据资源状况

分析世界土壤数据中心的主要数据资源情况，见表 3-6。

表 3-6　世界土壤数据中心的主要数据资源情况

一级指标	二级指标	指标类型	指标说明
数据库类型	隶属学科分类	定性指标	土壤
	隶属机构类型	定性指标	荷兰政府
数据库数量	主体数据库数量	定量指标	1个
	主体数据库数据量	定量指标	—
数据库质量	权威性或知名度	定量指标	通过http://www.alexa.com查询：世界排名1383 301（2020年7月31日）
	数据规范性	定性指标	—
	结构化科学数据占比	定量指标	—
	要素完整性	定性指标	—
	时间序列性	定量指标	—
	空间精确性	定量指标	—
	数据库更新频率	定量指标	不定期更新
	遵从的数据标准	定性指标	—
数据库利用	数据库利用政策或制度	定性指标	预期完全公开共享
	科学数据开放率	定量指标	—
	用户数量	定量指标	—
	科学数据服务量	定量指标	—
数据库效益	科学数据引用量	定量指标	—
	典型应用案例	定性指标	—
	同行科学家评价	定性指标	—
	用户评价	定性指标	—

3.6.2　数据中心运行管理状况

（1）数据中心组织体系和运行机制

世界土壤数据中心组织体系和运行机制见图 3-9。

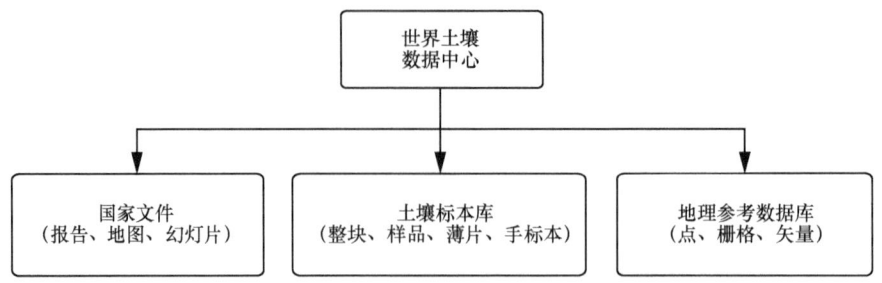

图 3-9　世界土壤数据中心组织体系和运行机制

（2）数据中心开放共享政策与知识产权保护

为尊重和承认科学家或机构所提供的资料或产品，所有使用其数据的出版物应当注明引用，至少应包括：作者、出版、产品名称、出版商等。

数据中心尊重数据提供者，共享提供者同意公开的数据，对不同意公开的数据则只存储不直接共享。

（3）数据中心全生命周期科学数据管理模式

该数据中心旨在全部数据交换和开放，所有的元数据可以被任何人访问。数据提供者或者数据提供商将数据提交，同时与数据中心签署协议，数据中心对数据进行标准化并存储。数据中心将数据拥有者同意共享部分的数据进行共享，数据使用者必须遵守相应的共享原则。

3.7　美国政府数据中心

3.7.1　数据中心总体情况与数据资源状况

（1）数据中心总体情况

2009 年 5 月，美国联邦政府正式启用了 Data.gov（美国政府数据中心）网站，该网站是美国官方的公共数据资源分享网站。美国联邦政府指出，Data.gov 网站启用的首要目的是改善公众对联邦政府相关数据资料的收集与利用能力，增强信息民主化建设并促进政府效能的提高。Data.gov 网站的内容涵盖了所有美国联邦政府行政部门在运营管理过程中采集、生产或转换而来的、有潜在价值的、可供再次开发利用的数据集。Data.gov 网站中所呈现的数据集对于用户来说不具有私有性，是免费并且可再次使用的。具体说来，有如下表现：①公开的合法性：数据由官方许可公开，并符合法律对信息公开的规定；②数据第一，界面第二：首先要求政府各机构发布高质量的数据集，数据的整合和界面的好看放在第二位；③数据格式多样性：如 RAW，CSV，RDF，XLS，JSON 等；④尽可能重用现存的结构：如云存储、"http://ckan.net" 等；⑤在系统中提供反馈环节：从开发者、提供者处获得信息，网站为公众提供了建议更多数据集的 E-mail 格式，目录的使用者也可以通过排列目前数据集的有效性来反馈情况[1]。

---

[1] Data.gov [EB/OL]. [2015-10-15]. http://catalog.data.gov.

（2）数据资源状况

分析美国政府数据中心的主要数据资源情况，见表3-7。

表3-7 美国政府数据中心的主要数据资源情况

一级指标	二级指标	指标类型	指标说明
数据库类型	隶属学科分类	定性指标	政府数据，农业，能源等
	隶属机构类型	定性指标	美国政府
数据库数量	主体数据库数量	定量指标	1个
	主体数据库数据量	定量指标	数据库的数据存储量，以TB计算
数据库质量	权威性或知名度	定量指标	通过http://www.alexa.com查询：网站的世界排名39 195（2020年7月31日）
	数据规范性	定性指标	—
	结构化科学数据占比	定量指标	—
	要素完整性	定性指标	—
	时间序列性	定量指标	—
	空间精确性	定量指标	—
	数据库更新频率	定量指标	不定期更新数据
	遵从的数据标准	定性指标	网站上的所有信息都要符合联邦信息处理标准199号文件
数据库利用	数据库利用政策或制度	定性指标	—
	科学数据开放率	定量指标	—
	用户数量	定量指标	—
	科学数据服务量	定量指标	—
数据库效益	科学数据引用量	定量指标	—
	典型应用案例	定性指标	—
	同行科学家评价	定性指标	—
	用户评价	定性指标	—

3.7.2 数据中心运行管理状况

（1）数据中心组织体系和运行机制

美国政府数据中心数据服务的交流机制包括两个方面：一是用户间的交流，用户之间通过数据资源的评论功能实现对数据质量的评价交流；二是用户与网站之间的交流，这是一种双向的对话交流，不仅政府部门可以在网站上发布草案让公众审查、发布特殊的议题获得公众的反馈和建议，而且一般公众用户也可以通过"对话交流"（dialogue）子系统模块来提出需求和建议，以完善网站的建设。在对话交流模块中，用户不仅可以发表新的建议，还可以为其他已存在的建议投票和评论，获投票支持最多的建议会出现在网页的首位。通过这个方法，热点问题和众望所归的建议都会得到突出强调，网站在修改完善的过程中也将会得到大多数用户的倾力支持。

（2）数据中心开放共享政策与知识产权保护

美国联邦数据可通过美国政府数据中心无限制免费使用。数据和内容由政府雇员使用时在其工作范围不受国内版权保护。非联邦数据通过美国政府数据中心可能会有不同的许可。

(3) 数据中心全生命周期科学数据管理模式

数据收集：美国政府数据中心数据集来源有两个方面：①纵向数据链，主要是联邦政府所辖的司法部、财政部、教育部、能源部等部门发布的数据集；②横向数据链，通过链接导航的方式将美国的州、城市和部落，还有一些其他国家政府数据资源的入口进行整合，并统一呈现给用户。此外，除政府部门提供的数据集以外，在网站运行的过程中，由用户产生的一些描述信息，如资源评价、评级、需求发布信息及由系统自动生成的统计信息也是整个网站数据集合中的一部分。

美国政府数据中心通过一套完整的元数据分类体系为网站中的数据资源提供了集成的管理功能，其将采集的多种格式数据资源按3个分类编制成一级目录，包括：原始数据目录（"Raw" data catalog）、工具目录（tools catalog）和地理数据目录（geodata catalog）。

(4) 数据中心特色设施和主要成就

Data.gov网站不仅能够提供规范统一的高质量数据和服务，而且通过各种网络技术手段能够让公众更为快捷地发现、下载、分享和使用各类型数据资源。其在设计思路和技术方法上符合当前互联网技术发展的方向，既可以实现政府信息的高效公开和深层开发，又可以实现数据资源的便捷获取和对公众需求的有效引导。Data.gov网站不仅提高了政府运转的效率，而且将政府的透明和开放程度提高到史无前例的水平，大大地提高了政府的影响力和公信力。

3.8 世界遥感大气数据中心

3.8.1 数据中心总体情况与数据资源状况

(1) 数据中心总体情况

世界遥感大气数据中心（the World Data Center for Remote Sensing of the Atmosphere，WDC-RSAT）是2003年依托于国际科学理事会（ICSU）所建立的数据中心，隶属于德国航空航天中心（DLR）的德国遥感数据中心（DFD）。其位于德国奥博珀法芬霍芬和诺伊斯特雷利茨，数据中心的资金支持来源于德国遥感数据中心，数据收费。所属的领域为遥感、地球科学领域。

世界遥感大气数据中心（WDC-RSAT）为科学家和公众免费提供了和大气相关的遥感卫星数据，从某种意义上做到了对这些不断增长的数据集、信息产品和服务的一站式获取。这些数据主要涉及大气污染气体、气溶胶、大气动力学、大气辐射和云物理参数，同时也包括一些说明性信息和地表参数数据，如植被指数、地表温度等。用户可以通过数据中心的存储链接或者门户网站的数据提供者链接获得这些数据。

(2) 数据资源状况

分析世界遥感大气数据中心的主要数据资源情况，见表3-8。

表 3-8　世界遥感大气数据中心的主要数据资源情况

一级指标	二级指标	指标类型	指标说明
数据库类型	隶属学科分类	定性指标	遥感大气科学
	隶属机构类型	定性指标	ICSU
数据库数量	主体数据库数量	定量指标	1个
	主体数据库数据量	定量指标	—
数据库质量	权威性或知名度	定量指标	通过http://www.alexa.com/查询排名：世界排名49 557（2020年7月31日）
	数据规范性	定性指标	—
	结构化科学数据占比	定量指标	—
	要素完整性	定性指标	—
	时间序列性	定量指标	2003年至今
	空间精确性	定量指标	—
	数据库更新频率	定量指标	不定期更新
	遵从的数据标准	定性指标	—
数据库利用	数据库利用政策或制度	定性指标	注重产权保护，按数据生产成本收费
	科学数据开放率	定量指标	100%
	用户数量	定量指标	—
	科学数据服务量	定量指标	—
数据库效益	科学数据引用量	定量指标	—
	典型应用案例	定性指标	—
	同行科学家评价	定性指标	—
	用户评价	定性指标	—

3.8.2　数据中心运营管理状况

（1）数据中心组织体系和运行机制

WDC遥感大气数据中心通过和其他机构合作建立和使用现代信息技术（如格网）来促进网络分析，如今已经成为一个数据出版机构，给每个遥感大气数据集赋予一个DOI号来进行唯一标识，保证了数据集可以被同行出版物所引用。

WDC遥感大气数据中心为中气层顶变化监测国际网络提供了交流和数据管理的平台。2006年其成立了一个对外咨询委员会，包含了来自太空机构、气象服务和科学设施等各大领域的代表。

数据和产品概况：WDC-RSAT所提供的数据和产品种类丰富，能够涉及各个学科。数据的加工程度从最为简单的1b等级到更先进、更复杂的技术等级，通过这种特殊的技术，卫星数据能够被复杂的模型所同化，从而获取实时（NRT）数据产品。

（2）数据中心开放共享政策与知识产权保护

数据费用：WDC-RSAT内的所有数据对世界各国的科学家都开放。无法进行直接下载的数据可能会收取一定的复制和分发费用。这些费用会依据数据来源、分发媒介及生成所需数据所必需的生成过程的不同而改变。

数据使用条件：如果从WDC-RSAT获取的数据是被用于已发表、出版或者会被进一步传播的研究中，那么在其数据说明中应该致谢并添加WDC-RSAT的引用。对于WDC-RSAT网页上已给出具有明确引用的数据、产品或者服务在任何包含这些内容的出版物中都必须给出引用。

WDC-RSAT的个人数据：包含卫星及非卫星数据在内所有涉及WDC-RSAT任务的数据和产品都有资格被选入WDC-RSAT数据目录。这些数据的接纳指标包括对用户团体的重要性、数据质量和条件和WDC-RSAT为获得、编目及分发这些数据所需要付出的成本费用等[1]。

（3）数据中心全生命周期科学数据管理模式

世界遥感大气数据中心全生命周期科学数据管理模式见图3-10。

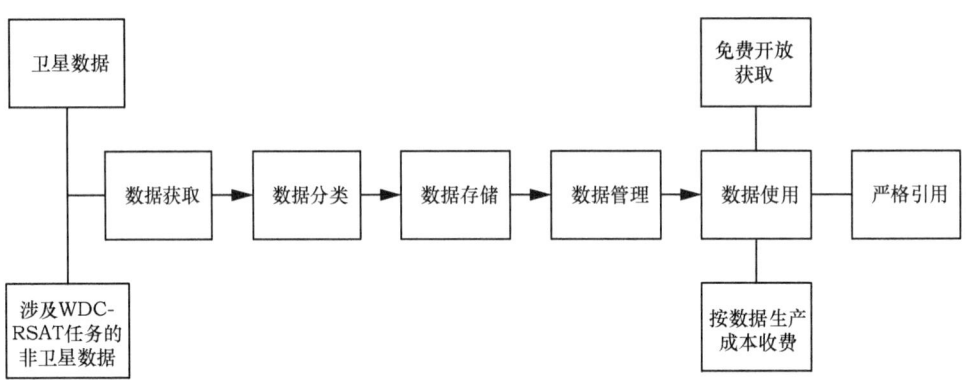

图3-10 世界遥感大气数据中心全生命周期科学数据管理模式

（4）数据中心特色设施和主要成就

① WDC-RSAT的所有数据对全世界的科学家都开放获取。

② WDC-RSAT不但提供基础遥感科学数据和大气数据，而且提供植被指数等再加工参数数据信息。

3.9 世界温室气体数据中心

3.9.1 数据中心总体情况与数据资源状况

（1）数据中心总体情况

世界温室气体数据中心（the World Data Centre for Greenhouse Gases，WDCGG）[2]是1990年在日本东京建立的数据中心，数据中心依托机构为日本气象厅，隶属于世界气象组织。WDCGG是全球大气监测项目的数据中心之一，属于气象、温室气体领域，旨在收集、保存和提供温

---

[1] he World Data Center for Remote Sensing of the Atmosphere [EB/OL]. [2015-09-14]. http://wdc.dlr.de/sensors/seviri/.

[2] WDCGG （World Data Centre for Greenhouse Gases） [EB/OL]. [2021-03-30]. https://gaw.kishou.go.jp/.

室气体（二氧化碳、甲烷、氟氯碳化物、氧化亚氮、臭氧等）及相关气体（一氧化碳、氮氧化物、二氧化硫、挥发性有机物等）的数据。世界温室数据中心未参加Data Seal认证。

世界温室气体数据中心自1990年10月份开始在日本气象厅运行。2002年10月，世界温室气体数据中心从挪威空气研究所接管了世界地表臭氧数据中心。此外，WDCGG还负责世界气象组织全球大气观测系统/全球大气监测网的数据管理和传播，生产数据的增值产品，以提供更可靠的监测和数据分析。

世界温室气体数据中心的目标是支持诸如全球变暖等环境问题的科学研究、评估和制定政策，最终减少环境风险，并满足相关环境公约的要求。

自1990年成立以来，世界温室气体数据中心一直在努力实现其目标。目前，WDCGG业务主要有以下4个功能：

① 收集测量数据和相关的温室气体种类及元数据，跟踪各种平台的全球大气监测网观测网络和相关的国际研究计划；

② 存档长期使用已知质量的数据；

③ 通过互联网向用户提供存档的数据；

④ 传播增值产品和用户的支持信息，以方便更可靠地监测和分析数据。

世界温室气体数据中心档案存有大气和海洋有关的气体的测量数据。这些数据根据观测平台或使用方法可分为6个类别：

① 固定平台空气观测；

② 移动平台（如飞机、船舶等）的空中观测；

③ 空中垂直剖面观测（如用一个塔的多高度观测）；

④ 水文采样观测船；

⑤ 冰芯观测；

⑥ 表层海水及上覆空气的观测。

（2）数据资源状况

分析世界温室气体数据中心的主要数据资源情况，见表3-9。

表3-9 世界温室气体数据中心的主要资源情况

一级指标	二级指标	指标类型	指标说明
数据库类型	隶属学科分类	定性指标	气象，温室气体
	隶属机构类型	定性指标	日本气象厅，世界气象组织
数据库数量	主体数据库数量	定量指标	1个
	主体数据库数据量	定量指标	—
数据库质量	权威性或知名度	定量指标	通过http://www.alexa.com查询：网站的世界排名4054（2020年7月31日）
	数据规范性	定性指标	—
	结构化科学数据占比	定量指标	100%
	要素完整性	定性指标	—
	时间序列性	定量指标	1991年至今

续表

一级指标	二级指标	指标类型	指标说明
数据库质量	空间精确性	定量指标	—
	数据库更新频率	定量指标	不定期
	遵从的数据标准	定性指标	—
数据库利用	数据库利用政策或制度	定性指标	完全开放
	科学数据开放率	定量指标	—
	用户数量	定量指标	—
	科学数据服务量	定量指标	—
数据库效益	科学数据引用量	定量指标	—
	典型应用案例	定性指标	—
	同行科学家评价	定性指标	—
	用户评价	定性指标	—

3.9.2 数据中心运行管理状况

（1）数据中心组织体系和运行机制

世界温室气体数据中心（WDCGG）是世界气象组织全球大气观测网络的数据中心之一，由日本气象厅负责协助运营。全球大气观测网络的科学活动中心对WDCGG的数据进行质量监督，其世界校准中心提供一系列的数据标准。该中心与全球观测网络的其他5个数据中心互相之间密切合作。数据中心的资金支持来源于日本气象厅、世界气象组织全球大气观测网络。世界温室气体数据中心运营模式见图3-11。

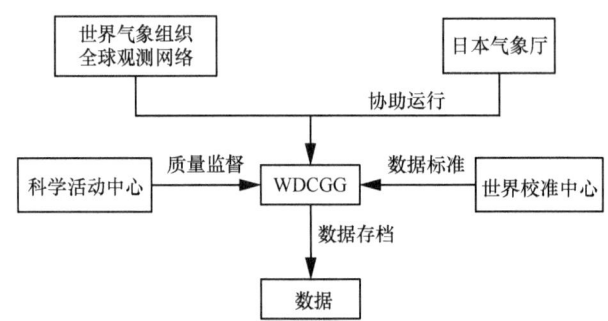

图3-11 世界温室气体数据中心运营模式

（2）数据中心开放共享政策与知识产权保护

① 数据开放共享政策：完全开放共享。

② 知识产权保护：数据提供者所提供数据被世界温室气体数据中心接收后将会收到一张收据。数据使用者因为科学目的获得这些数据是没有限制并且是免费的。通过他们的使用，若在出版物中出现相关数据，必须告知数据提供者或所有者及相关数据中心并获得许可。

（3）数据中心全生命周期科学数据管理模式

WDCGG从GAW观测网、研究机构及美国NOAA计划的取样站获取数据。WDCGG

定期发布WMO 的WDCGG 数据报告、光盘、数据目录和数据辑录（章郁仲 等，2002）。数据所有者也可以将数据提交给WDCGG，数据中心对数据进行审核和存档等。

世界温室气体数据中心数据共享管理流程见图3-12。

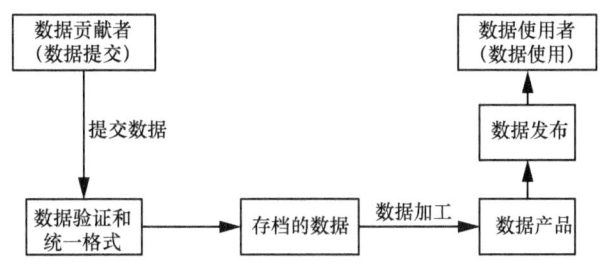

图3-12　世界温室气体数据中心数据共享管理流程

（4）数据中心特色设施和主要成就

世界温室气体数据中心位于日本，是全球大气观测网络的数据中心之一。该中心与其他数据中心合作密切。世界温室气体数据中心的数据从GAW 观测网、研究机构及美国NOAA 计划的取样站获取数据，个人或其他机构也可以提交数据进行数据存档。世界温室气体数据中心的数据因科学目的获取是免费的。

3.10　澳大利亚国家数据服务中心

3.10.1　数据中心总体情况与数据资源状况

（1）数据中心总体情况

澳大利亚国家数据服务中心（The Australian National Data Service，ANDS）是由莫纳什大学主导，协同澳大利亚国立大学（ANU）及澳大利亚联邦科学与工业研究组织（CSIRO）为一体的科学数据中心，2008 年在澳大利亚堪培拉和墨尔本建立。ANDS通过促进管理、相互联系、快速获取、数据的多重利用等能力来使数据集发挥更大的价值和作用，通过更深入的研究来高效利用科研数据，并不断完善数据共享政策。数据中心未参加Data Seal 认证。澳大利亚国家数据服务中心合作或参与了以下国际组织：国际科技数据委员会（CODATA）、英国数字监控中心（DigitalCuration Centre，DCC）、国际科技信息协会（ICSTI）、英国联合信息系统委员会（JISC）、新西兰商业创新与就业部（MBIE）、荷兰数据存储和网络服务中心（DANS）。

研究产生了大量复杂的数据，有效地管理和共享这些数据产品变得尤为重要。好的数据意味着有完整的描述信息、有效的关联信息、有效地组织和集成、方便获取、容易使用。澳大利亚国家数据服务中心倡导了一个广泛的国家数据集群，提供了一个丰富的数据环境能帮助研究者更好地利用澳大利亚研究成果，保证其能快速出版、发掘、存取和使用数据，促进更新的、更高效的研究进展。

为了使澳大利亚的研究数据能被有效使用，澳大利亚国家数据服务中心做了以下工作：①通过和科研及数据处理机构签订基金工程和合作协议来创建合作伙伴关系；②传递国家服务，如 Research Data Australia API 和 Cite My Data 服务；③提供数据管理、生产和重用过程中的指导和建议；④建立实践委员会；⑤建立澳大利亚科研数据公共资源中心。

澳大利亚国家数据服务中心的职责：①收集数据和相关的元数据；②存储和传播元数据；③为紧急救援提供已经存在数据的详细描述；④负责科研数据管理政策的提出和实施；⑤为科研数据和公有企业数据管理提供专业知识和咨询服务；⑥为在澳大利亚国家服务中心集资过程中发展起来的软件产品的使用提供支持和建议；⑦更好地满足科研机构的需求；⑧鼓励领域内的团体的出现。

（2）数据资源状况

分析澳大利亚国家数据服务中心的主要数据资源情况，见表3-10。

表3-10 澳大利亚国家数据服务中心的主要数据资源情况

一级指标	二级指标	指标类型	指标说明
数据库类型	隶属学科分类	定性指标	综合学科
	隶属机构类型	定性指标	莫纳什大学
数据库数量	主体数据库数量	定量指标	1个
	主体数据库数据量	定量指标	—
数据库质量	权威性或知名度	定量指标	通过http://www.alexa.com/查询的排名：全球排名601 100（2020年7月31日）
	数据规范性	定性指标	
	结构化科学数据占比	定量指标	—
	要素完整性	定性指标	
	时间序列性	定量指标	
	空间精确性	定量指标	
	数据库更新频率	定量指标	
	遵从的数据标准	定性指标	
数据库利用	数据库利用政策或制度	定性指标	数据许可遵从澳大利亚政府开放获取和许可框架（AusGOAL）
	科学数据开放率	定量指标	—
	用户数量	定量指标	—
	科学数据服务量	定量指标	—
数据库效益	科学数据引用量	定量指标	—
	典型应用案例	定性指标	—
	同行科学家评价	定性指标	—
	用户评价	定性指标	—

3.10.2 数据中心运行管理状况

（1）数据中心组织体系和运行机制

ANDS创建了澳大利亚科研数据公共资源中心，其作为科研工作者和数据拥有者开会的地方，提供了一整套可共享的数据集，把支撑中心运行的各种基础设施，把数据、研究者、科学研究、仪器设施和科研单位联系起来。

澳大利亚国家数据服务中心组织体系和运行机制见图3-13。

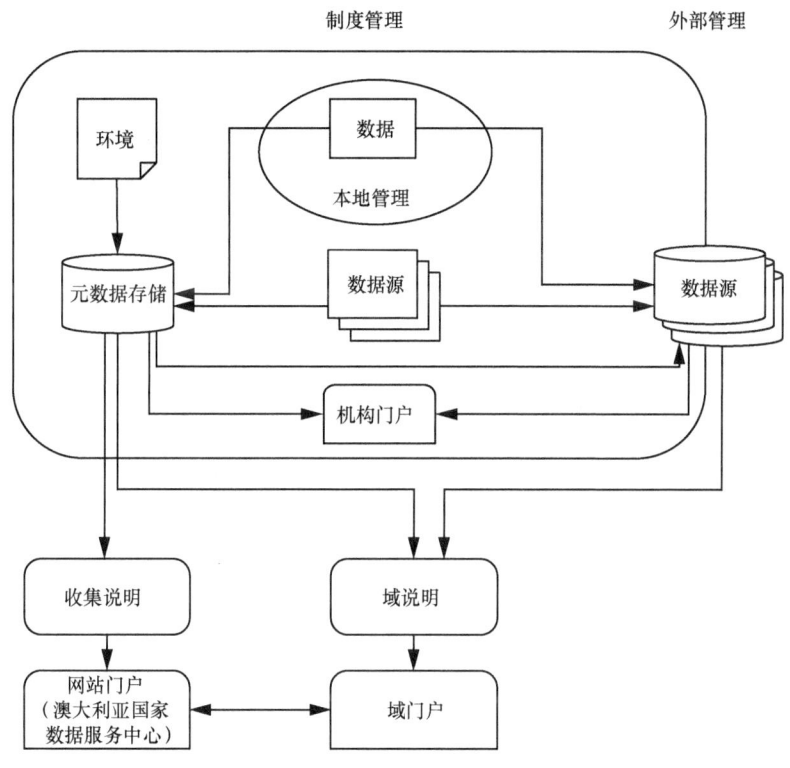

图3-13 澳大利亚国家数据服务中心组织体系和运行机制

和数据汇集一样，一个丰富的公共数据资源中心包括：①澳大利亚科研数据；②数据收集工具；③元数据管理工具；④学科和科研机构的门户网站；⑤数据出版工具；⑥数据开发工具；⑦数据引用工具；⑧丰富的数据关联。

澳大利亚国家数据服务中心的资金：澳大利亚国家数据服务中心由澳大利亚联邦政府通过国家联合科研基础设施战略提供资金，在2009年，教育投资资金（EIF）为了在超级科学项目下面建设澳大利亚公共数据资源中心又投入了更多的资金。

澳大利亚国家数据服务中心管理：澳大利亚国家数据服务中心成立了指导委员会用于确定其战略方向、政策导向和重大决策。指导委员会包含：

① 主席：Dr Ron Sandland；

② Ms Cathrine Harboe-Ree（莫纳什大学）；
③ Ms Roxanne Missingham（澳大利亚国立大学）；
④ Mr Euan Sangster（澳大利亚联邦科学与工业研究组织）；
⑤ Professor Mark Ragan（昆士兰大学）；
⑥ Mr Paul Sherlock（南澳大学）；
⑦ Professor Craig Johnson（塔斯马尼亚大学）；
⑧ Dr Siu-Ming Tam（澳大利亚统计局）；
⑨ Professor Brian Yates（澳大利亚研究理事会）；
⑩ 执行理事：Dr Ross Wilkinson（澳大利亚国家数据服务）。

数据管理：促进科研数据有效管理是澳大利亚国家数据服务中心的核心事务，澳大利亚国家数据服务中心基金项目建成的基础设施为数据管理提供了保障，使得数据管理政策和计划、收集和共享专业知识等方面有所改善。

一个好的科研数据管理措施保证了研究者和研究机构能明确他们作为资助者的责任，从而促进科学研究的高效开展，实现数据共享、检验和重用。为了实现这个目标，从一开始就应该制定一个完善的数据管理制度，规范从数据规划、数据收集、分析、出版、汇交和后面的重复使用等各个环节。

数据重用和许可框架：澳大利亚政府开放获取和许可框架（AusGOAL）是澳大利亚国家数据服务中心合作伙伴中用的较多的许可系统。AusGOAL用来协助管理者为要授权的许可证选择最少的限制条件，以保证数据集能够完成出版。

2013年11月，AusGOAL获得了澳大利亚图书馆联盟（CAUL）的官方支持，意味着现在研究机构和政府之间有了共用的数据许可渠道，促进了下一步创新和研究中数据的使用和重用。澳大利亚图书馆联盟的新闻稿中从咨询、材料和指导等方面肯定了ANDS的支撑地位。

软件许可：AusGOAL在软件许可上提供指导，宣布BSD 3是其最偏爱的开源软件许可。

数据使用许可：研究机构一般在最后才对数据附上许可或者重用通知，主要的工作有起草组织政策、建立数据管理性能指标和程序、明确数据的出处与所有者和管理人员在组织中的职位。

3.10.3 数据中心开放共享政策与知识产权保护

政策：指导方针、协议标准等的政策规章和相关法则对一个好的研究数据管理机构是必不可少的。为了响应各大科研机构的提议，澳大利亚国家数据服务中心制定了一个研究数据管理政策大纲，目的是建立一个参考体系，用来规范数据管理。

澳大利亚研究机构的数据管理政策：
① 昆士兰科技大学：http://www.mopp.qut.edu.au/D/D_02_08.jsp；
② 莫纳什大学：http://www.researchdata.monash.edu/policies.html；
③ 墨尔本大学：研究数据和记录的管理政策 [PDF 388 KB]；
④ 纽卡斯尔大学：http://www.newcastle.edu.au/policy/000869.html；

⑤ 伍伦贡大学：http://www.uow.edu.au/about/policy/UOW116802.html。

许多澳大利亚研究机构的数据管理政策也可以通过ANDS工程注册表获取。高质量的数据需要被合理地管理，大多数研究机构都出台了广泛的数据管理政策和程序来支撑科研学者的工作。

权益保护：和人有关的研究数据的共享通常通过要获得数据提供者的同意，匿名化数据并且规范数据的存取流程。

许可：澳大利亚国家数据服务中心的基本宗旨就是希望更多的数据被重用，其中一个最基本的要求就是要明确数据重用的权限、条款和条件。预期的数据重用者需要准确地知道他们能用数据做什么，这些使用条件和权限都应当被明确规定。在澳大利亚，关于数据重用的权限和条件信息可以通过通知、许可文件、合同等形式伴随着数据一起存储。不清楚重用权限的数据和禁止重用的数据没什么区别，因为这种不确定性会影响潜在的数据重用者。

数据获取：数据获取工程在研究机构中建立了基础设施来收集和管理数据，并且促进了元数据管理的方式。

数据存储：数据存储虽然不包含在澳大利亚国家数据服务中心活动之内，但其对澳大利亚国家数据服务中心的轻易访问研究数据的目标来说必不可少，不同的数据存储方式蕴含着不一样的元数据管理方式和数据获取方式，这些是包含在澳大利亚国家数据服务中心的范围之内的[1]。

3.10.4 数据中心管理模式与特色设施

澳大利亚国家数据服务中心全生命周期科学数据管理模式见图3-14。该中心注重数据重用和数据许可，建立了澳大利亚政府开放获取和许可框架；已经形成一个数据管理政策大纲，以规范数据管理的各个流程。

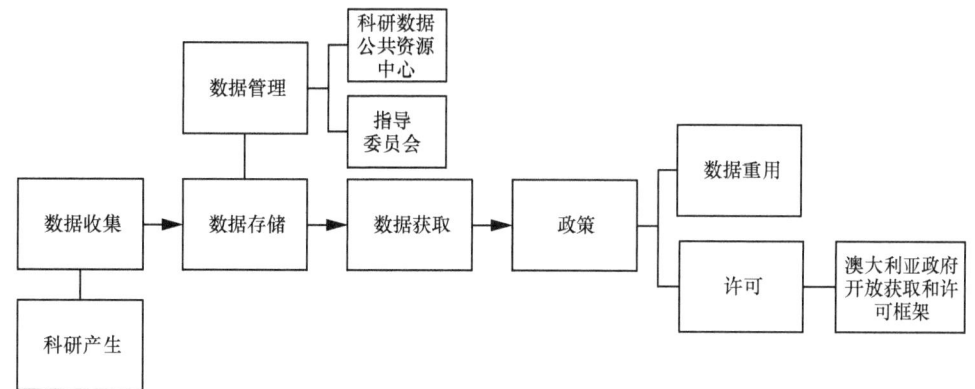

图3-14 澳大利亚国家数据服务中心全生命周期科学数据管理模式

---

[1] Australian National Data Service [EB/OL]. [2015-09-15]. http://ands.org.au/.

3.11 法国斯特拉斯堡天文数据中心

3.11.1 数据中心总体情况与数据资源状况

（1）数据中心总体情况

法国斯特拉斯堡天文数据中心（Strasbourg astronomical Data Center，CDS）成立于 1972 年，最初为恒星数据中心，于 1983 年更名为斯特拉斯堡天文数据中心。斯特拉斯堡天文数据中心是增值数字化科学数据传播的一个先锋。主要里程碑包括在 20 世纪 90 年代的 Web 技术革命和从 2000 年开始的国际虚拟天文台发展。其还是 ICSU WDS 的成员之一。

斯特拉斯堡天文数据中心的使命是收集关于天体有用的计算机形式信息，通过评估和比较来升级这些数据，将数据结果分配给天文界，再使用这些数据进行研究。该中心承担着数据管理和服务的责任，其通过组织研发活动来确保在领域技术发展迅速的情况下提供长期可持续性的数据服务基础。研发领域包括信息、大数据和开发虚拟天文台（VO）。斯特拉斯堡天文数据中心作为 VO 的主要成员，在欧盟 VO 项目、法国虚拟天文台和国际虚拟天文台中发挥着领导作用。有许多组织支持斯特拉斯堡天文数据中心的工作，尤其是国家空间研究中心、欧洲航天局和欧洲南方天文台。

斯特拉斯堡天文数据中心致力于天文数据的收集和相关信息的面向全球化发布。斯特拉斯堡天文数据中心的 SIMBAD 天文数据库，是世界天文物体识别的参考数据库；VizieR 是一个天文目录和发表在学术期刊上数据服务引用的集合；Aladin 是一个集访问、可视化和天文图像的分析、调查、目录、数据库及相关数据于一体的交互工具。

（2）数据资源状况

法国斯特拉斯堡天文数据中心的主要数据资源情况，见表 3-11。

表 3-11 法国斯特拉斯堡天文数据中心的主要数据资源情况

一级指标	二级指标	指标类型	指标说明
数据库类型	隶属学科分类	定性指标	天文学
	隶属机构类型	定性指标	法国斯特拉斯堡大学（University of Strasbourg）
数据库数量	主体数据库数量	定量指标	1个
	主体数据库数据量	定量指标	—
数据库质量	权威性或知名度	定量指标	通过http://www.alexa.com/查询：全球排名 57 833；法国排名 4649
	数据规范性	定性指标	
	结构化科学数据占比	定量指标	
	要素完整性	定性指标	
	时间序列性	定量指标	1972年至今
	空间精确性	定量指标	—
	数据库更新频率	定量指标	实时更新
	遵从的数据标准	定性指标	—

续表

一级指标	二级指标	指标类型	指标说明
数据库利用	数据库利用政策或制度	定性指标	大部分免费开放,部分数据收费(SIMBAD)
	科学数据开放率	定量指标	—
	用户数量	定量指标	—
	科学数据服务量	定量指标	—
数据库效益	科学数据引用量	定量指标	—
	典型应用案例	定性指标	—
	同行科学家评价	定性指标	—
	用户评价	定性指标	—

3.11.2 数据中心运行管理状况

(1)数据中心组织体系和运行机制

法国斯特拉斯堡天文数据中心组织体系见图 3-15。

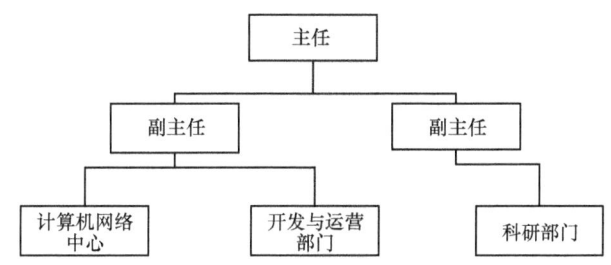

图 3-15 法国斯特拉斯堡天文数据中心组织体系

(2)数据中心开放共享政策与知识产权保护

法国斯特拉斯堡天文数据中心的部分数据收费,大部分数据开放免费。数据作者在向斯特拉斯堡天文数据中心提交数据时,需要经过一个数据验证程序,作者需要填一些材料,比如 Readme Description Files,在文件中需要填好自己数据的访问限制和引用要求等,这主要是出于知识产权保护的考虑。

用户下载使用数据文件时,也需要仔细阅读每个数据集关联的元数据说明,根据数据作者和斯特拉斯堡天文数据中心的要求使用数据。

(3)数据中心全生命周期科学数据管理模式

法国斯特拉斯堡天文数据中心全生命周期科学数据管理模式见图 3-16。

(4)数据中心特色设施和主要成就

斯特拉斯堡天文数据中心已经获得了 Data Seal of Approval(DSA,www.datasealofapproval.org/en)的数据批准印章。

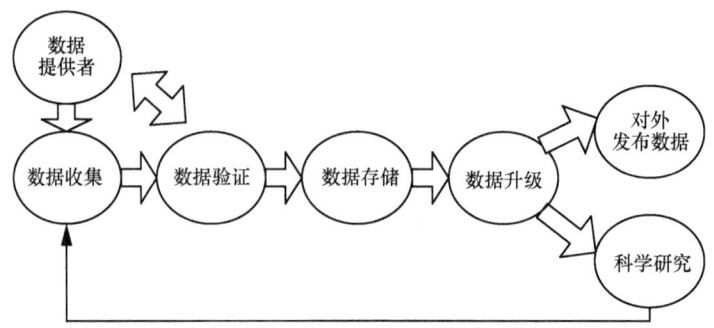

图 3-16　法国斯特拉斯堡天文数据中心全生命周期科学数据管理模式

DSA 是一个致力于研究数据的长期存档的机构。通过分配印章，DSA 不但能保证数据的持久性，而且还能促进目标归档的持久。DSA 是致力于归档和以可持续的方式提供学术研究的授予库。

DSA 认证依靠 16 项审核标准确定数字研究数据是否有资格成为可持续存档。研究数据的确定的标准在互联网上，是可访问、可用、可靠和可引用的。随着"开放数据"范式的发展，可持续和可信赖的数据存储库的角色/服务的研究变得越来越重要。DSA 批准的印章为研究人员提供保障，他们的研究结果将存储在一个可靠的方式，可以重用；为研究赞助商提供了保证，研究结果仍然可以重用；以可靠的方式，使研究者评估存储库研究数据；允许数据存储库归档和分发有效地研究数据。

3.12　荷兰数据存储和网络服务中心

3.12.1　数据中心总体情况与数据资源状况

（1）数据中心总体情况

荷兰数据存储和网络服务中心（Data Archiving and Networked Service，DANS）是 2005 年建立在荷兰海牙的数据中心，依托机构为荷兰数字资源研究所（Netherlands Institute for Permanent Access to Digital Research Resources），隶属于荷兰皇家科学院（KNAW）和荷兰科学研究组织（NWO）。国际上与 Dataverse-community、DataCite、Data Seal of Approval、EuroCRIS、GreyNet、ICPSR、ICSU World Data System、Mendeley、Research Data Alliance（RDA）9 家机构合作。

荷兰数据存储和网络服务中心促进持续获取数字化研究信息的举措，为此鼓励科研人员通过在线档案系统 EASY（easy.dans.knaw.nl）和 DataverseNL（dataverse.nl）将他们的数据存档和再利用。此外，DANS（dans.knaw.nl）通过 NARCIS（narcis.nl）在荷兰境内提供了成千上万的科学数据集、出版物及其他研究信息。

荷兰数据存储和网络服务中心参与了 Data Seal of Approval（DSA）认证、WDS

(2015年)、NestorSeal认证(2015年)。

DANS的服务主要围绕3个核心服务：数据存档、数据再利用和培训与咨询，旨在促进数字研究数据文件的持续获得，并且鼓励科研人员归档和再利用数据。科研数据的共享和再利用能促进科学研究。研究数据的可用性最终促进了科学研究，这是科学研究的一个重要条件。此外，通过结合数据集，往往可以获得新见解，这也是大数据挖掘分析的重要应用之一。

（2）数据资源状况

分析荷兰数据存储和网络服务中心的主要数据资源情况，见表3-12。

表3-12 荷兰数据存储和网络服务中心数据资源调研

一级指标	二级指标	指标类型	指标说明
数据库类型	隶属学科分类	定性指标	—
	隶属机构类型	定性指标	荷兰皇家科学院和荷兰科学研究组织
数据库数量	主体数据库数量	定量指标	1个
	主体数据库数据量	定量指标	—
数据库质量	权威性或知名度	定量指标	通过http://www.alexa.com/查询： 全球排名 255 738（2020年7月31日）
	数据规范性	定性指标	—
	结构化科学数据占比	定量指标	—
	要素完整性	定性指标	—
	时间序列性	定量指标	—
	空间精确性	定量指标	—
	数据库更新频率	定量指标	—
	遵从的数据标准	定性指标	—
数据库利用	数据库利用政策或制度	定性指标	大部分开放，开放权掌握在数据所有者手中
	科学数据开放率	定量指标	—
	用户数量	定量指标	—
	科学数据服务量	定量指标	—
数据库效益	科学数据引用量	定量指标	—
	典型应用案例	定性指标	—
	同行科学家评价	定性指标	—
	用户评价	定性指标	—

3.12.2 数据中心运行管理状况

（1）数据中心组织体系和运行机制

DANS的服务主要围绕3个核心服务：数据存档、数据再利用和培训与咨询，3个部门通力合作，共同完成数据的共享。荷兰数据存储和网络服务中心组织结构见图3-17。

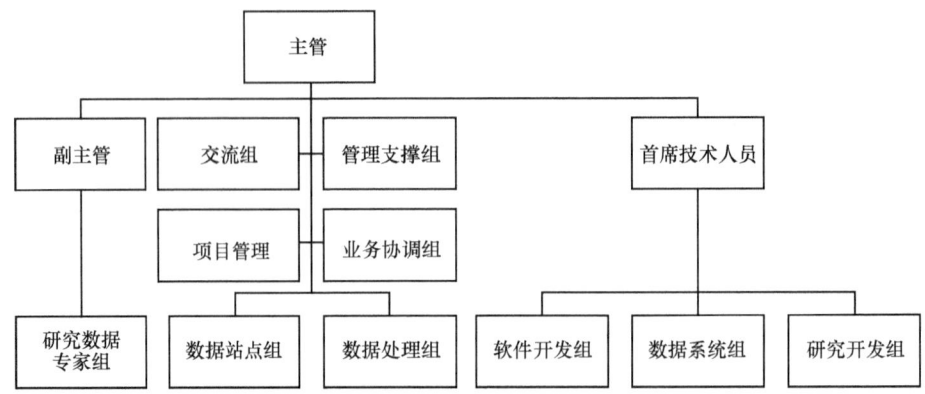

图 3-17　荷兰数据存储和网络服务中心组织结构
（https://dans.knaw.nl/nl/over/organisatie-beleid/Organogram）

（2）数据中心开放共享政策与知识产权保护

存储开放数据：DANS 鼓励科研人员将自己的数据开放访问。开放存储数据会得到一个共同的国际标准 CC0 的许可证。这就意味着当数据存储者将自己的数据开放访问时，就放弃了自己对于数据的所有权利，然后这些数据就进入了公共访问的领域。

再利用开放数据：利害关系方可以自由地再利用开放存取的数据集，但 DANS 确实需要用户按照科学实践来引用数据。

如何开放数据集：如果用户能同意的话，DANS 计划将开放更多的数据集。如果用户想开放自己的数据集，可以通过 info@dans.knaw.nl 来联系数据管理员。在用户上传数据时，根据系统提示设定数据的访问限制，可以选择开放或者是有访问限制，以此来保护数据的版权，从而保护作者的知识产权。

（3）数据中心全生命周期科学数据管理模式

荷兰数据存储和网络服务中心全生命周期科学数据管理模式见图 3-18。

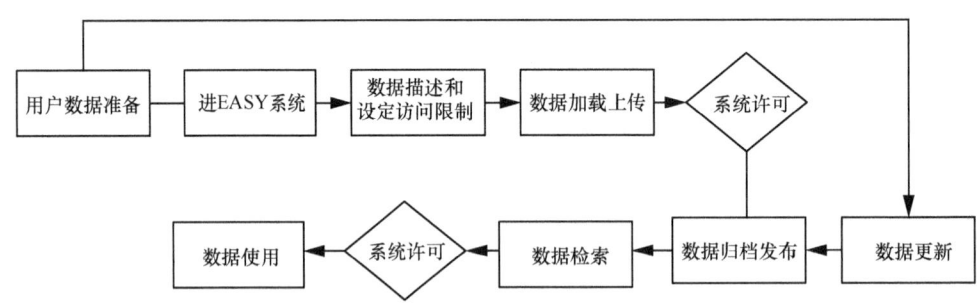

图 3-18　荷兰数据存储和网络服务中心全生命周期科学数据管理模式

（4）数据中心特色设施和主要成就

荷兰数据存储和网络服务中心有 3 个系统，分别可以上传研究中的数据资料、研究结束的资料数据和关于研究信息的数据，这样既保证了数据中心中数据的及时更新，也为数据多样性提供了可能。

3.13 欧盟空间信息基础设施数据中心

3.13.1 数据中心总体情况与数据资源状况

（1）数据中心总体情况

欧洲委员会于2007年发布了欧洲空间信息基础设施（INSPIRE）指令，简称"INSPIRE指令"[1]。INSPIRE指令的目的在于创建欧盟（EU）空间数据基础设施，使各级公共部门都能够共享和访问标准格式的、可互操作的环境信息。同时还希望通过其来设立一个立法框架，指导欧洲各个团体建立、运行空间信息基础设施，制定、执行、监督和评估欧盟政策，以及欧洲及其各个国家和地方公共部门开展的可能对环境产生直接或间接影响的各项活动。

INSPIRE以欧盟成员国建立和维护且正在使用的空间信息基础设施为基础，其主要构成包括元数据、空间数据集与空间数据服务间的互操作、网络服务与网络技术（如查找、浏览、转换、下载和调用）、数据与服务共享（政策）及跟踪与报告程序等。

INSPIRE的基本原则：只对数据采集一次，并将其保存在能给予最有效维护的地方；对来自欧洲不同信息源的空间进行无缝整合，并在多种应用中与广大用户共享这些信息；在一层或一种比例尺上采集的信息能被多层或多种比例尺共享；供各级政府部门使用的地理信息应透明并易于使用；能方便查找已有的地理信息，并知道如何使这些信息满足特定需求及在何种条件下可以获取和使用这些信息。

INSPIRE的特点：为面向欧洲环境政策及对环境可能产生影响的政策或活动的空间数据基础设施（SDI）提供一个总体框架；以欧盟成员国建立运行的空间信息基础设施为基础；不要求采集新空间数据；不影响现行的知识产权；已转化为成员国的法律条令，所有工作将于2019年全部结束；数据互操作和数据共享是其根本目标；规定的各项工作主要限于公共部门。

2007年4月发布INSPIRE指令，同年5月15日起正式实施。自6月26日起，INSPIRE委员会便开始启动各项工作，到2009年底，已将该指令转化为大部分成员国的法律条令。在2008至2012年期间，要求按照工作安排分阶段采纳所制定的实施规则（implementation rules, IR），并在2010至2019年期间采纳这些实施规则，计划在2019年底完成全部工作计划。其实施规则的制定分2个步骤进行，第一步是开发概念框架和规范方法，即开发通用概念模型（GCM）和规范制定方法，第二步是根据概念框架、规范方法和INSPIRE计划安排制定每一个数据专题的数据规范。

（2）数据资源状况

欧盟空间信息基础设施数据中心的主要数据资源情况，见表3-13。

---

[1] INSPIRE [EB/OL]. [2015-10-15]. http://inspire.ec.europa.eu/.

表 3-13　欧盟空间信息基础设施数据中心的主要数据资源情况

一级指标	二级指标	指标类型	指标说明
数据库类型	隶属学科分类	定性指标	地理、地球物理、交通运输等
	隶属机构类型	定性指标	欧洲委员会
数据库数量	主体数据库数量	定量指标	1个
	主体数据库数据量	定量指标	—
数据库质量	权威性或知名度	定量指标	通过http://www.alexa.com查询：全球排名678（2020年7月31日）
	数据规范性	定性指标	—
	结构化科学数据占比	定量指标	—
	要素完整性	定性指标	—
	时间序列性	定性指标	—
	空间精确性	定性指标	—
	数据库更新频率	定量指标	不定期更新
	遵从的数据标准	定性指标	INSPIRE元数据规范（2008年12月3日）；INSPIRE元数据规范补遗（2009年12月15日）；INSPIRE协调和报告的委员会决议（2009年6月5日）；INSPIRE网络服务规范（2009年10月19日）；INSPIRE数据和服务共享规范（2010年3月29日）
数据库利用	数据库利用政策或制度	定性指标	—
	科学数据开放率	定量指标	—
	用户数量	定量指标	—
	科学数据服务量	定量指标	—
数据库效益	科学数据引用量	定量指标	—
	典型应用案例	定性指标	—
	同行科学家评价	定性指标	—
	用户评价	定性指标	—

3.13.2　数据中心运行管理状况

（1）数据中心组织体系和运行机制

INSPIRE组织构成：顾问组，包括INSPIRE专家组、地理信息协调委员会和环境安全全球监测委员会；法律需求建设的平行工作组，包括INSPIRE框架立法工作组及其子立法工作组；环境专题工作组，如水资源和森林工作组等。

INSPIRE本质上不是关于技术的基础设施，而是要在政府部门、私营企业、用户之间形成一个明确的框架协议，使公共信息、地理信息能最大限度地为所有用户服务。在欧盟理事会下设立INSPIRE委员会（IC），委员会下设协调组和执行组，并在各参与国设立联络处，以促进各国之间的沟通。INSPIRE委员会负责处理及向参与国代表传达欧盟委员会法令、执行规则，对欧盟委员会的执行规则草案等提出意见建议。INSPIRE协调组（CT）由欧盟环境司、欧盟统计局和欧盟联合研究中心组成。欧盟环境司负责INSPIRE所有的法律和政策协调、带头起草相关法律文件，参照欧盟环境署的环境保护政策法规，提供法律框架和依据。欧盟联合研究中心负责技术协调工作，与欧洲和其他国际研究机构保持密切联系，负责INSPIRE与国际化标准协会和其他相关国际项目的技术合作。欧盟统计局在2007—2013年担任整个计划的协调者，与欧盟联合研究中心一同编制工作方案，协调欧盟联合研究中心提出的技术实施和解决方案、欧盟环境理事会的政策要求、欧盟委员会内部地理信息组制定的整个欧盟的地理信息政策法规之间的关系。INSPIRE执行组（IOCTF）帮助各参与国开展工作，保证与委员会的协调工作，主要人员是各国负责设计和搭建国家信息共享平台的人员。各参与国的联络处（MSCP）按照INSPIRE规定，通常是一个国家的公共机构，负责协调委员会和INSPIRE的关系，提交各国INSPIER法令转化的情况，同时负责日常的信息汇报和INSPIRE在本国的执行情况。

（2）数据中心开放共享政策与知识产权保护

INSPIRE适用于持有空间数据的公共机构或能代表公共服务机构的组织履行其公共职责，提供数据和服务共享。在符合一定条件时，也适用于公共机构以外的自然人或法人所持的空间数据共享。欧盟不同级别的公共机构之间的数据共享必须提供网络服务，通过网络服务提供空间数据的发现、转换、浏览和下载服务，支持空间数据或电子商务服务的调用。为保证不同参与国空间信息基础设施的互操作性，网络服务需要与数据集的标准要求一致，并满足最低性能要求，保证其技术的可实现性，使得公共机构能够实现其数据集和服务。部分与环境政策有关的空间数据和服务由第三方机构持有和实施，有关参与国应提供第三方机构参与基础设施建设的机会，提供易于使用这些基础设施的空间数据和空间数据服务。

为实现各参与国空间基础设施与INSPIRE的整合，通过INSPIRE门户网站或其他途径可访问本国的空间基础设施，清除不同层次公众机构数据应用的障碍。公众机构为公共事务提供便捷的数据服务渠道，避免每次都需要通过谈判来获取相关数据或服务，各参与国应该采取必要的措施消除数据共享过程中存在的障碍。相应的网络服务应遵守欧盟会议关于个人资料保护的相关法律。

（3）数据中心全生命周期科学数据管理模式

数据管理包括以下原则：①空间数据应一次收集，并维持在最有效的实施水平；②必须能够在整个欧盟内顺畅地结合不同来源的空间数据，并在多用户之间共享和应用；③一个层次上收集的空间数据能够在各个层次间共享；④为在所有层次上更好地管理，空间信息应该可以随时利用；⑤空间信息应该易于发现和方便了解其使用条件，以便用户评估其适应性。

（4）数据中心特色设施和主要成就

统一架构的顶层设计是INSPIRE的一大特点。在经过多方讨论后确定的统一架构，能大大降低系统、数据的异构性，极大地缩小系统整合、数据融合的难度，促进系统之间和数据的互联互通。在丰富数据内容、增强数据可用性的同时又降低了系统的建设成本，增强了可维护性和扩展性。标准建设在空间信息管理、转换、共享、应用等方面起着举足轻重的作用。INSPIRE自实现立法以来，其核心工作为标准化建设。INSPIRE空间信息标准设置与规划是自上而下的过程，凌驾于所有应用专业或领域，最高级别的INSPIRE委员会提出标准的框架体系，分头组织相关领域的专家进行标准建设，对所有相关内容进行衔接统一与应用测试，从而保证所建立的标准的绝对权威性和实用性。其标准涵盖元数据、空间数据集、数据服务、网络服务和技术、数据共享、访问和使用协议、协调和监测机制，以及按照法令建立和使用的相关流程，同时INSPIRE标准采用实时更新发布的模式，一旦标准有变化，在委员会审核通过后，立即将新标准和说明文件同时以电子文档形式发布，使标准的应用者能够很快地通过信息技术手段导入，大大地增强了标准的易用性和实时性。

3.14 美国地质调查局全球可视化查看器

3.14.1 数据中心总体情况与数据资源状况

（1）数据中心总体情况

美国地质调查局全球可视化查看器（USGS GloVis）是1879年依托于美国地质调查局（United States Geological Survey，USGS）建立的数据中心（http://glovis.usgs.gov/），也隶属于美国地质调查局。美国地质调查局全球可视化查看器数据中心位于美国弗吉尼亚州雷斯敦。属于地理学、地质学和水文学领域。美国地质调查局全球可视化查看器未参加Data Seal认证。

GloVis（全球可视化查看器）是一个由美国地质调查局为了促进与陆地卫星和相关的图像搜索而设计的在线工具。GloVis主要为USGS的卫星用户进行数据归档，提供了各种方便检索的功能，大部分访问者使用这一工具来找到并下载他们想要的相关影像资料。

GloVis是一个与众不同的浏览器，如果用户在访问过程中遇到困难也不用担心，因为GloVis中提供了很多常见问题的详细解决方案。打开GloVis时，首先会看到一个基本的主窗口，很快就会加载出来第二个窗口，这是用来方便用户访问的窗口。尽管用户一般都是用第二个窗口访问GloVis，但也不要关闭主窗口。

GloVis提供了一个视窗，方便用户选择想要的遥感影像，用户只需要设定好参数，就会很容易找到影像并下载使用（Campbell，2008）。

GloVis是一个基于浏览器的网络访问工具，允许用户搜索和下载国家航空摄影项目（NAPP）、国家高空摄影（NHAP）、先进星载热发射和反射辐射仪（ASTER）、地球观测1号（eo-1）和TerraLook等影像和数据（Campbell，2008）。

（2）数据资源状况

分析美国地质调查局全球可视化查看器数据中心的主要数据资源情况，见表3-14。

表3-14　美国地质调查局全球可视化查看器数据中心主要数据资源情况

一级指标	二级指标	指标类型	指标说明
数据库类型	隶属学科分类	定性指标	地理学、地质学和水文学
	隶属机构类型	定性指标	美国地质调查局（USGS）
数据库数量	主体数据库数量	定量指标	1个
	主体数据库数据量	定量指标	—
数据库质量	权威性或知名度	定量指标	通过http://www.alexa.com/查询：全球排名3798（2020年7月31日）
	数据规范性	定性指标	—
	结构化科学数据占比	定量指标	—
	要素完整性	定性指标	—
	时间序列性	定量指标	—
	空间精确性	定性指标	—
	数据库更新频率	定量指标	—
	遵从的数据标准	定性指标	—
数据库利用	数据库利用政策或制度	定性指标	大部分免费开放
	科学数据开放率	定量指标	—
	用户数量	定量指标	—
	科学数据服务量	定量指标	—
数据库效益	科学数据引用量	定量指标	—
	典型应用案例	定性指标	—
	同行科学家评价	定性指标	—
	用户评价	定性指标	—

3.14.2 数据中心运行管理状况

（1）数据中心组织体系和运行机制

美国地质调查局全球可视化查看器数据中心资金来源于NSF，其组织体系见图3-19。

（2）数据中心开放共享政策与知识产权保护

USGS GloVis生产的数据和信息在美国被认为是公开的。虽然大多数美国地质调查局的Web页面的内容是公开允许的，但也并非所有的信息都是如此。一些出现在美国地质调查局网站的非美国地质调查局的照片、图片由美国地质调查局使用著作权人的许可，这些材料通常标有版权。如果想要使用这些受版权保护的材料，用户必须获得版权所有者的许可。

GloVis的数据是可以直接下载的，大部分数据都可以直接在线获取。如果窗口中没有出现downloadable这一选项，说明网站中没有相关数据的链接，可以通过免费订购的方式获取数据。

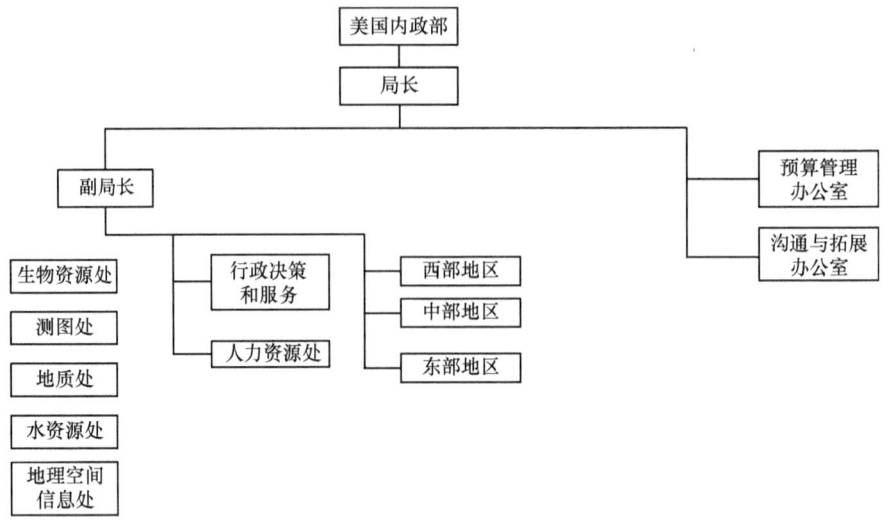

图 3-19　美国地质调查局全球可视化查看器数据中心组织体系

（3）数据中心全生命周期科学数据管理模式

美国地质调查局全球可视化查看器数据中心数据共享管理流程见图 3-20；数据中心的影像下载机制见图 3-21。

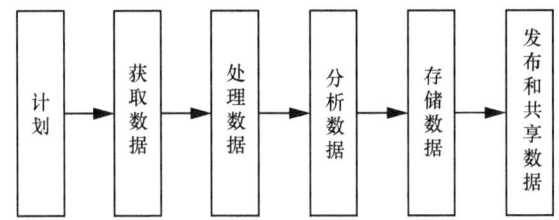

图 3-20　美国地质调查局全球可视化查看器数据中心数据共享管理流程

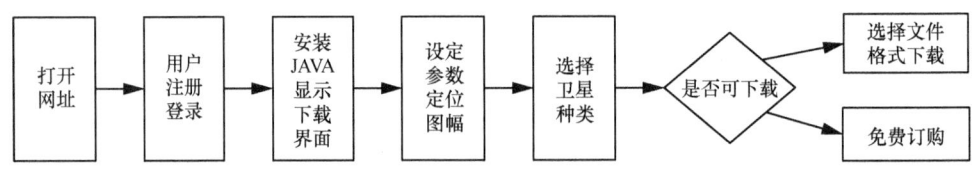

图 3-21　数据中心影像下载机制

（4）数据中心特色设施和主要成就

视觉识别系统（Visual Identity System）：为了加强用户视觉上对 USGS 的了解，美国地质调查局使用视觉识别系统，为其信息产品提供规划和设计解决方案。视觉识别系统的一个关键组件是美国地质调查局标识符。这个标识符是商标，要遵守视觉识别系统的规则。视觉识别系统需要负责美国地质调查局科学、信息、通信、和识别产品的规划、设计和生产。

3.15 橡树岭国家实验室分布式存档中心

3.15.1 数据中心总体情况与数据资源状况

（1）数据中心总体情况

橡树岭国家实验室分布式存档中心（the Oak Ridge National Laboratory Distributed Active Archive Center，ORNL DAAC）是 1993 年依托 NASA 地球观测系统数据和信息系统（EOSDIS）分布式主动归档中心所建立的数据中心（http://www.daac.ornl.gov/）。数据中心位于美国田纳西，为 NASA 地球科学事业 ESE 项目环境科学分部 ESD（Oak Ridge）提供生物学、生物地球化学动力学、生态学、地质学和化学相互作用等方面的动态资料，用于研究生物体及其周围的土壤、地质沉积物、水和空气等自然环境等的相互影响。橡树岭国家实验室分布式存档中心是 NASA 的地球观测系统数据和信息系统数据中心，也是其 9 个分布式数据存档中心之一。橡树岭国家实验室分布式存档中心的主要任务是数据的收集、发布及为综合档案馆的陆地生物地球化学和生态动力学的观察和模型研究，教育决策提供数据服务，并为美国宇航局的地球科学研究提供支持。

1）橡树岭国家实验室分布式存档中心的数据和数据服务应用：①了解陆地生物地球化学过程；②评估遥感产品的准确性和不确定性；③在遥感观测中整合过程的理解；④开发、评估和驱动生物地球化学模型；⑤教育未来的地球科学家；⑥为决策活动提供信息；⑦决策支持 NASA 的地球科学。

2）橡树岭国家实验室分布式存档中心的目标：①作为来自 NASA 的主要的生物地球化学动力学数据，为实地宣传活动提供现场数据，以评估 NASA 的遥感产品的精度和不确定性；②与 NASA 合作，开发最佳实践、工具和培训数据提供者，以产生地面生态和生物地球化学动力学数据共享和归档；③存档和传播区域和全球数据产品的建模和分析；④存档和传播模型的源代码，使合成的结果应用于建模研究；⑤与 NASA 合作，开发和使用最好的技术来组织和提供给用户的数据；⑥提供集成需要解决的不同数据进行跨学科的综合（在多个尺度上模型数据的比对等）；⑦支持美国宇航局的地球科学研究决策[1]。

（2）数据资源状况

分析橡树岭国家实验室分布式存档中心的主要数据资源情况，见表 3-15。

表 3-15 橡树岭国家实验室分布式存档中心的主要数据资源情况

一级指标	二级指标	指标类型	指标说明
数据库类型	隶属学科分类	定性指标	陆地生物地球化学，生态动力学
	隶属机构类型	定性指标	NASA
数据库数量	主体数据库数量	定量指标	2 个
	主体数据库数据量	定量指标	—

---

[1] ORNL DAAC for Biogeochemical Dynamics [EB/OL]. [2015-09-04]. https://daac.ornl.gov/.

续表

一级指标	二级指标	指标类型	指标说明
数据库质量	权威性或知名度	定量指标	通过http://www.alexa.com查询：网站的世界排名78 541（2020年7月31日）
	数据规范性	定性指标	—
	结构化科学数据占比	定量指标	—
	要素完整性	定性指标	—
	时间序列性	定量指标	—
	空间精确性	定量指标	—
	数据库更新频率	定量指标	半年更新一次
	遵从的数据标准	定性指标	
数据库利用	数据库利用政策或制度	定性指标	完全开放共享
	科学数据开放率	定量指标	100%
	用户数量	定量指标	—
	科学数据服务量	定量指标	—
数据库效益	科学数据引用量	定量指标	
	典型应用案例	定性指标	
	同行科学家评价	定性指标	
	用户评价	定性指标	—

3.15.2 数据中心运行管理状况

（1）数据中心组织体系和运行机制

橡树岭国家实验室分布式存档中心是NASA在全国优选的9个数据中心之一，这些数据中心组成了国家级分布式数据中心群。橡树岭国家实验室分布式主动归档中心的资金支持来源于DAAC，数据中心的运营模式为国家投资、赞助商赞助。

运行机制：国家事业性、公益性运行模式（刘闯 等，2002）。

（2）数据中心开放共享政策与知识产权保护

数据开放政策：全部和部分开放政策。

数据产品引文政策：该数据中心要求所有被引用的数据均被标注，以感谢那些提供数据的科学家。

数据产品引用的内容应包括如下信息：①参与的调查者/作者；②发布年份；③产品名称；④出版商和发行商的位置（ORNL DAAC，橡树岭，田纳西州，美国）；⑤访问日期；⑥时间和空间的子集（适当的）；⑦数字对象标识符。

（3）数据中心全生命周期科学数据管理模式

1）数据收集。利用NASA地球观测系统数据信息系统EOSDIS（data and information system）对数据获取、保存、处理、分发，负责信息管理、网络建设、算法交换、产品发布等。数据的接收建立在数据产品记录明细表PDR（product delivery record）基础上。这个表是指数据提供方（如数据研制小组）所做的对数据产品的基本说明。数据产品明细表，包括数据量、文件名、数据文件存放的位置。基于此表，分布于不同地点的科学数据存档中心进行各类数据的接收、核查、归档、相关文档建立等工作。数据质量由数据提供方负责，一般情况下通过设定质量控制码、相对误差或提供评估报告进行说明。

2）数据存储。NASA地球观测系统数据信息系统EOSDIS的科学数据共有3类，即产品、辅助数据和元数据。产品指是所有EOS卫星的产品；辅助数据指产品的属性数据，用作产品描述和加工；元数据是关于数据的数据，在此用于产品和辅助数据的目录、清单描述。各数据存档中心遵从统一的元数据标准，进行元数据交换和管理。数据提供方按所签订的合同将元数据提交到基于网络的分级数据定购系统WHOM、元数据信息交换站ECHO、全球变化主目录GCMD等子系统中，实现美国甚至全球资料的共享。各类产品和辅助数据存放于不同地理位置的分布式数据存档中心，橡树岭国家实验室分布式存档中心也遵循这一标准。

3）数据共享模式。用户通过以下5种服务方式获得数据和相关服务：

① Mirador搜索，使用Mirador网站的搜索工具输入关键字来获得所需的数据产品；

② 在线匿名FTP服务器搜索，通过对在线产品进行数据导航，向用户提供数据定制或直接下载的服务；

③ 已存档产品匿名FTP服务器搜索；

④ OPeNDAP搜索；

⑤ 开放地理空间协会OGC网站服务。

（4）数据中心特色设施和主要成就

橡树岭国家实验室分布式存档中心是NASA在全国优选的9个数据中心之一，这些数据中心组成国家级分布式数据中心群。这9个数据中心数据管理相对集中，使用相同的共享体系、数据标准，又将不同学科类型数据分开存储，避免混乱和冗杂，提高了效率。

3.16 美国国家冰雪数据分布式主动归档中心

3.16.1 数据中心总体情况与数据资源状况

（1）数据中心总体情况

美国国家冰雪数据分布式主动归档中心（National Snow and Ice Data Center Distributed Active Archive Center，NSIDC DAAC）是2005年依托科罗拉多大学建立的数据中心，属于美国国家航空航天局（NASA）所建立的对地观测系统的一部分。数据中心还未参加过相关认证。其位于美国的科罗拉多州，属于环境科学领域。NSIDC提供美国及全世界包括南北极冰川在内的地理信息方面的资料，研究冰川、冻土和气候之间相互作用的冰冻圈，NSIDC管理和分配冰雪科学数据，为数据访问创建工具、支持数据库检索、为进行科研和教育的公众提供数据。

美国国家冰雪数据分布式主动归档中心主要负责处理、归档、存储和分发来自美国宇航局过去和当前的地球观测系统（EOS）卫星及现场测量程序的数据，NSIDC DAAC 关注冰雪圈的研究。

NSIDC DAAC 是 NASA 地球观测系统的数据和信息系统（EOSDIS）数据中心之一，每个数据中心服务于一个或多个特定地球科学学科，并提供给用户社区与数据有关的产品、数据信息、用户服务和特定的科学工具。每个数据中心也由用户工作组（UWG）识别和生成这些所需的数据产品。

（2）数据资源状况

分析美国国家冰雪数据分布式主动归档中心的主要数据资源情况，见表 3-16。

表 3-16 美国国家冰雪数据分布式主动归档中心的主要数据资源情况

一级指标	二级指标	指标类型	指标说明
数据库类型	隶属学科分类	定性指标	环境科学
	隶属机构类型	定性指标	科罗拉多大学
数据库数量	主体数据库数量	定量指标	1个
	主体数据库数据量	定量指标	—
数据库质量	权威性或知名度	定量指标	通过http://www.alexa.com/查询：全球排名 99 975（2020年7月31日）
	数据规范性	定性指标	—
	结构化科学数据占比	定量指标	—
	要素完整性	定性指标	—
	时间序列性	定量指标	—
	空间精确性	定量指标	—
	数据库更新频率	定量指标	—
	遵从的数据标准	定性指标	—
数据库利用	数据库利用政策或制度	定性指标	大部分免费开放
	科学数据开放率	定量指标	有370多个免费对外开放的数据集
	用户数量	定量指标	—
	科学数据服务量	定量指标	—
数据库效益	科学数据引用量	定量指标	—
	典型应用案例	定性指标	—
	同行科学家评价	定性指标	—
	用户评价	定性指标	—

3.16.2 数据中心运行管理状况

（1）数据中心组织体系和运行机制

NSIDC NAAC 的研究和科学数据管理活动是由 NASA、NSF、NOAA 和其他联邦机构通过竞争性赠款和合同来支持的。

（2）数据中心开放共享政策与知识产权保护

通过美国国家冰雪数据分布式主动归档中心引用数据真实可靠，用户可以从数据中心的网站上下载和使用任何图像或文本，除非是特别指出限制使用的信息。

如果引用本数据中心的数据，需要用一个正式的引用形式列举出数据用途，引文不仅要承认数据中心的数据贡献者地位，还需要允许数据中心追踪数据的使用及影响。

如果引用本数据中心的数据，还需在出版物的参考资料部分增加一个对本数据中心的引用，以便于数据中心能够更好地跟踪了解数据集的使用情况。关于引文格式要求，如果需要帮助，可联系国家冰雪数据中心的用户服务部门。

（3）数据中心全生命周期科学数据管理模式

1）数据摄取：冰雪数据的产品是基于冰雪项目全局映射算法。NSIDC通过其产品评估和测试流程在算法开发过程中发挥着积极的作用。通过算法集成到MODAPS生产流，最后MODAPS-generated冰雪数据的产品包装与产品交付记录（PDR），并放在一个专门的PDR服务器元数据文件里。NSIDC软件定期调用PDR服务器可用的数据并通过FTP传输数据处理服务器，将相应的元数据更新到数据库中，进入数据存档阶段。在大多数情况下，这是可靠的自动化过程，只有少数异常需要人工处置。

2）数据归档：数据归档系统正在经历一个渐进的变化。目前，NSIDC EOS数据存档在StorageTek Powderhorn磁带库，拥有5000种StorageTek 9940磁带，每一种都有一个大约120 GB的存储容量。积累软件维护一个数据库的所有文件和他们的地址。Powderhorn通过驱动机械臂读取或写入任何磁带驱动器。每个磁带都有一个独一无二的条形码，机械臂视觉感官学习磁带被处理的细节。积聚和Powderhorn之间的通信是通过StorageTek acsl处理的。

3）数据分布：NSIDC DAAC通过各种方法向用户分发数据，包括非常简单的适合用户偶尔请求数据，简单的搜索需求接口和支持用户定期直接下载没有干预的自动化系统提供的数据。NSIDC DAAC产品可以通过以下机制处理：

① ECHO-WIST（https://wist.echo.nasa.gov/~wist/api/imswelcome/）；

② Data Pool（http://nsidc.org/data/data_pool/index.html）；

③ Search'N Order Web Interface（SNOWI）（http://nsidc.org/data/snowi/）；

④ Via subscriptions（contact NSIDC User Services: nsidc@nsidc.org）；

⑤ Machine-to-Machine Gateway（contact NSIDC User Services: nsidc@nsidc.org）。

（4）数据中心特色设施和主要成就

每个NASA DAAC都有一个用户工作组（UWG），工作组的科学家都从事DAAC服务领域的研究。每个工作组包括DAAC科学家、部分NASA项目科学家和地球观测系统数据和信息系统（EOSDIS）项目的科学家。

根据科学家的参考，每个用户工作组不仅可以为控股DAAC有关数据、系统功能、文档、数据格式和通信程序及科学界需要的服务提供持续的指导，还可以建议和实施支持DAAC提供给用户社区优先级的数据资产和水平的策略、试验场评估程序和协议的有效性和测量DAAC数据控股和排序,以有效的方式获取数据集。

3.17 世界海洋环境科学数据中心

3.17.1 数据中心总体情况与数据资源状况

(1) 数据中心总体情况

世界海洋环境科学数据中心(WDC-MARE/PANGAEA)隶属于阿尔弗雷德韦格纳极地和海洋研究所(AWI)和不来梅大学海洋环境科学中心(MARUM)。PANGAEA位于德国不来梅,数据中心属于地球科学、生命科学领域。PANGAEA是一个旨在归档、发布和分发与气候变化、海洋环境和固体地球有关数据的信息系统。这个系统是一个公共数据图书馆,通过网络向科研团体分发各种类型的数据。数据遵循国际标准,以与相关元信息一致的格式存储在关系数据库里。任何形式的信息、数据和文件都可以存储。系统的运行由阿尔弗雷德韦格纳极地和海洋研究所(AWI)和海洋环境科学中心(MARUM)来长期保证。这两个机构为项目的数据管理和科学家提供技术基础设施、系统管理和支持。

1990年,PANGAEA的前任SEPAN信息系统建立,旨在管理存档在"Polarstern"核心存储库的地质样本。在1994年,系统由于要归档古气候研究数据而重组。在每一个单值都包含一个完整的时空地理参照后,该系统能够处理各种类型的地理数据。自从1998年以来,该系统在网络上可以通过www.pangaea.de.来访问。在过去的几年里,该系统已经被23个重大项目和许多科学家用来进行数据归档。截至2005年,系统已有大约250 000个数据集(Grobe 等,2006)。

在国际合作方面,世界数据中心PANGEA是国际科学理事会(ICSU)的世界数据系统(WDS)的成员。其还主办了基线表面辐射网络(BSRN)的世界辐射监测中心(WRMC),并被认为是世界气象组织(WMO)信息系统(WIS)的"数据收集和处理中心"(DCPC)。

(2) 数据资源状况

分析世界海洋环境科学数据中心的主要数据资源情况,见表3-17。

表3-17 世界海洋环境科学数据中心的主要数据资源情况

一级指标	二级指标	指标类型	指标说明
数据库类型	隶属学科分类	定性指标	地理科学、环境科学
	隶属机构类型	定性指标	阿尔弗雷德韦格纳极地和海洋研究所(AWI)和不来梅海洋环境科学中心(MARUM)
数据库数量	主体数据库数量	定量指标	1个
	主体数据库数据量	定量指标	—

续表

一级指标	二级指标	指标类型	指标说明
数据库质量	权威性或知名度	定量指标	通过http://www.alexa.com/查询： 全球排名 807 920（2020年7月31日）
	数据规范性	定性指标	—
	结构化科学数据占比	定量指标	—
	要素完整性	定性指标	—
	时间序列性	定量指标	1990年至今
	空间精确性	定量指标	—
	数据库更新频率	定量指标	—
	遵从的数据标准	定性指标	—
数据库利用	数据库利用政策或制度	定性指标	—
	科学数据开放率	定量指标	—
	用户数量	定量指标	—
	科学数据服务量	定量指标	—
数据库效益	科学数据引用量	定量指标	—
	典型应用案例	定性指标	—
	同行科学家评价	定性指标	—
	用户评价	定性指标	—

3.17.2 数据中心运行管理状况

（1）数据中心组织体系和运行机制

PANGAEA 数据中心的资金支持来源于欧盟委员会、德国联邦教育及研究部（BMBF）、德国科学基金会（DFG）和国际海洋发现项目（IODP）。部分数据的公布需要向数据储存者索要 300 欧元的财政捐款；部分数据的获取是要收费的。团队人员和分工如下：

① Dr. Hannes Grobe（AWI），主编和媒体关系；
② Dr. Stefanie Schumacher（AWI），数据馆员；
③ Dr. Rainer Sieger（AWI），用户服务、工具和数据产品；
④ Dr. Christian Schäfer-Neth（AWI），关系数据库操作；
⑤ Dr. Michael Diepenbroek（MARUM），系统的概念和发展；
⑥ Uwe Schindler（MARUM），web服务和搜索引擎。

（2）数据中心开放共享政策与知识产权保护

PANGAEA 对归档和发布数据的任何项目或个人科学家都实行开放政策，接受任何有关地球和生命科学的数据。其公布的数据是完全可引用且可以和期刊文章相互参照的。

数据准备和质量控制：有专门的人员联系用户来准备和归档数据。

成本：数据可以免费使用，但也希望能得到来自任何其他机构的财政支持。

问题跟踪器：当开始数据提交过程时，用户将被重定向到问题跟踪器，这个问题跟踪器将帮助用户提供元数据和上传数据文件。同时，与编辑的沟通也会通过这个问题跟踪器。

（3）数据中心全生命周期科学数据管理模式

PANGAEA数据中心全生命周期科学数据管理模式见图3-22。

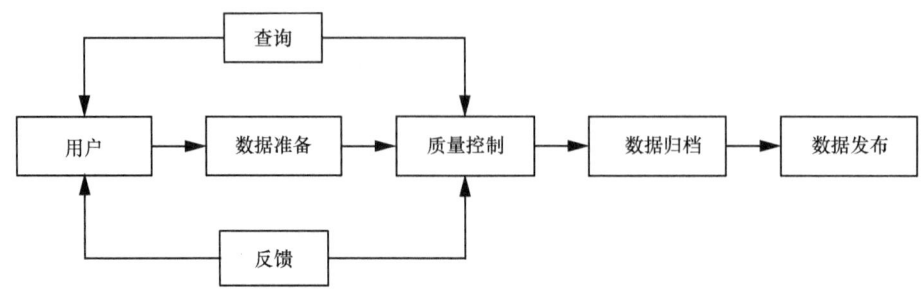

图3-22　PANGAEA数据中心全生命周期科学数据管理模式

（4）数据中心特色设施和主要成就

PANGAEA通过一个灵活的数据模型来管理各种类型的地理数据见图3-23。这是通过一个简单的完全规范化的关系数据库的组合实现的，这个关系数据库的前端是中间件组件和各种客户上传和下载数据。该模型反映了地球科学数据收集的标准活动，这个简化的数据模型是用在互联网上数据导入和挖掘的图形用户界面（GUI）。

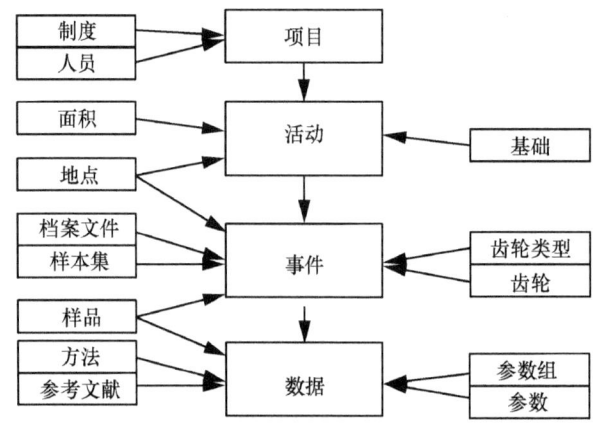

图3-23　PANGAEA数据中心数据模型

3.18　韩国科学技术信息研究院

3.18.1　数据中心总体情况与数据资源状况

（1）数据中心总体情况

韩国科学技术信息研究院（Korea Institute of Science and Technology Information,

KISTI）是2001年在韩国大田广域市建立的数据中心，隶属于韩国政府。KISTI数据中心属于社会科学领域，未参加相关认证。在国际合作方面，与世界一流的科研机构建立全球合作网络，增强全球研发能力。

成立KISTI的目的是促进国家科学、技术和产业的发展，全面收集、分析和管理科学、技术及产业数据，研究技术、政策和信息管理的标准化，开发和管理科学技术的基础设施。

（2）数据资源状况

分析韩国科学技术信息研究院数据中心的主要数据资源情况，见表3-18。

表3-18　韩国科学技术信息研究院数据中心的主要数据资源情况

一级指标	二级指标	指标类型	指标说明
数据库类型	隶属学科分类	定性指标	社会科学
	隶属机构类型	定性指标	韩国政府
数据库数量	主体数据库数量	定量指标	1个
	主体数据库数据量	定量指标	—
数据库质量	权威性或知名度	定量指标	通过http://www.alexa.com/查询：全球排名160 274（2020年7月31日）
	数据规范性	定性指标	—
	结构化科学数据占比	定量指标	—
	要素完整性	定性指标	—
	时间序列性	定量指标	2001年至今
	空间精确性	定量指标	—
	数据库更新频率	定量指标	不定时更新
	遵从的数据标准	定性指标	W3C标准
数据库利用	数据库利用政策或制度	定性指标	对外数据开放
	科学数据开放率	定量指标	—
	用户数量	定量指标	实名用户76 000名，年访问量最高达4 530 000次
	科学数据服务量	定量指标	—
数据库效益	科学数据引用量	定量指标	—
	典型应用案例	定性指标	—
	同行科学家评价	定性指标	—
	用户评价	定性指标	—

3.18.2　数据中心运行管理状况

（1）数据中心组织体系和运行机制

韩国科学技术信息研究院是政府资助的研究机构，组织体系见图3-24。

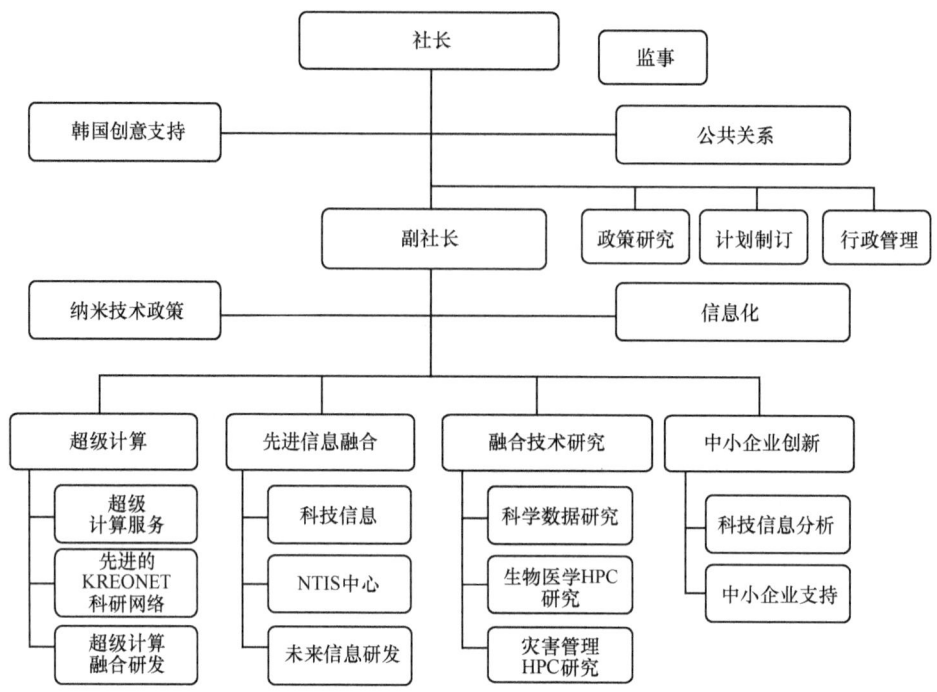

图3-24 韩国科学技术信息研究院（KISTI数据中心）组织体系

（2）数据中心开放共享政策与知识产权保护

版权问题：网站中所有的内容都是有版权的，受法律保护。如果用户想使用任何内容，首先需要和数据中心取得联系。

数据使用问题：该数据中心对于任何因使用网站信息而造成的直接或间接的影响和问题概不负责，一切责任由用户承担。

隐私问题：该数据中心的隐私政策很简单，尽量不收集任何敏感信息，也不与他人分享，除非法院要求。对于所有其他隐私相关的问题，都可以通过邮箱联系。

（3）数据中心全生命周期科学数据管理模式

数据分析：KISTI建立信息分析系统，可以直接支持技术商业化。KISTI数据分析系统旨在提高项目勘探过程中的效率，建立技术商业化的评价体系和全球创新能力的诊断系统，从而提高中小企业的技术商业化竞争力。

数据发布：KISTI促进信息化的科学社会和建立科学信息的一站式服务体系，其提供了科学社会信息的一些基础设施，例如，发展的KISTI-ACOMS（文章贡献管理系统）、科学社会网站和注册CrossRef全球识别符号，以此来促进科学活动和科学信息的有效管理。

（4）数据中心特色设施和主要成就

超级计算中心：随着超级计算机的引入，KISTI提供先进的网络研究环境来支持科学家进行科学研究。

3.19 国际土壤文献和信息中心－世界土壤数据中心

3.19.1 数据中心总体情况与数据资源状况

（1）数据中心总体情况

国际土壤文献和信息中心－世界土壤数据中心（International Soil Reference and Information Centre-World Soil Information，ISRIC-World Soil Information）是一个独立的、基于基础科学的组织（研究所）。该研究所是1966年在国际土壤科学协会（ISS）和联合国教育、科学及文化组织（UNESCO）的建议和支持下成立的。ISRIC被授权服务于国际社会，提供世界土壤资源信息以帮助解决全球相关的重大问题。

从国际土壤博物馆到国际土壤文献和信息中心－世界土壤数据中心的历史很漫长，当联合国粮农组织和联合国教科文组织决定准备一份1961年的世界土壤地图时，就明确了世界必须建立土壤博物馆。这个新的土壤地图应该根据商定的土壤类型分类，在ISRIC这样一个世界土壤博物馆中，科学家能够对这些来自世界各地的不同类型的土壤进行研究。此外，博物馆可以作为一个国际土壤文献参考数据中心。荷兰政府坚信此项目的重要性，并为新博物馆提供了资助。研究所的地址最初在乌得勒支大学，1977年随博物馆搬到了瓦赫宁根大学。后来，国际土壤博物馆改名为国际土壤文献和信息中心（ISRIC），现被称为国际土壤文献和信息中心－世界土壤数据中心。国际土壤文献和信息中心－世界土壤数据中心制定过一个与瓦赫宁根大学和研究中心的合作协议，扩大数据中心的服务。

ISRIC的工作重点是3个部分：①土壤数据和制图；②土壤数据在全球发展中的应用问题；③培训和教育。研究所主要提供以下服务：为收集和分析土壤相关数据而提供数据供应和联合开发统一的工具；应用研究；培训；基于国际土壤博物馆的土壤教育；图书馆访问和地图收集。

ISRIC未来几年的发展方向是：①扩大其数据量，提高免费数据源的网络访问，并开发先进的土壤制图方法；②扩大土地和水资源等全球发展问题的合作项目；③通过新的存储土壤样品设施，建设一个现代化的世界土壤博物馆。

（2）数据资源状况

分析国际土壤文献和信息中心－世界土壤数据中心的主要数据资源情况，见表3-19。

表3-19 国际土壤文献和信息中心－世界土壤数据中心的主要数据资源情况

一级指标	二级指标	指标类型	指标说明
数据库类型	隶属学科分类	定性指标	土壤学、农业学科
	隶属机构类型	定性指标	瓦赫宁根大学
数据库数量	主体数据库数量	定量指标	1个
	主体数据库数据量	定量指标	—

续表

一级指标	二级指标	指标类型	指标说明
数据库质量	权威性或知名度	定量指标	通过http://www.alexa.com/查询：全球排名1383 301（2020年7月31日）
	数据规范性	定性指标	—
	结构化科学数据占比	定量指标	—
	要素完整性	定性指标	主要涉及土壤学
	时间序列性	定量指标	1966年至今
	空间精确性	定量指标	—
	数据库更新频率	定量指标	不定时更新
	遵从的数据标准	定性指标	—
数据库利用	数据库利用政策或制度	定性指标	非商业用途可直接使用，商业用途需要得到数据集使用许可
	科学数据开放率	定量指标	—
	用户数量	定量指标	—
	科学数据服务量	定量指标	—
数据库效益	科学数据引用量	定量指标	—
	典型应用案例	定性指标	—
	同行科学家评价	定性指标	—
	用户评价	定性指标	—

3.19.2 数据中心运行管理状况

（1）数据中心开放共享政策与知识产权保护

数据库编译使用统一的方法，各种数据库的土壤分析程序和方法制备与源数据的来源一并给出。开发各种数据库时有严格的质量控制措施，但ISRIC并不保证没有大的数据误差（免责声明有详细说明）。因为在原始调查中只进行了有选择的测量，所以对许多土壤资料而言可能会有不完整的特征数据。

数据库对数据评估的准确性和适用性，每个数据集都有严格用户责任，ISRIC对数据集的使用过程中可能出现的问题不负责。

科学家或科研组织提供数据或产品，并通过ISRIC-WDC Soils在输出产品和出版物时，需要提供所有材料的书目引文。

如果用户使用ISRIC数据中心的数据出版发行产品，需要将出版物的复印件寄给数据中心，以此帮助ISRIC确定使用数据的类型和水平，进一步做好分发产品工作，并保持产品的相关引用汇报。

数据的版权由ISRIC所有。未经过版权所有者提供的任何事先书面授权许可，用于生产和传播教育或非商业用途的材料是可以的，但使用复制或使用材料用于转售或其他商业目的是禁止的。

（2）数据中心全生命周期科学数据管理模式

国际土壤文献和信息中心-世界土壤数据中心数据共享管理流程见图3-25。

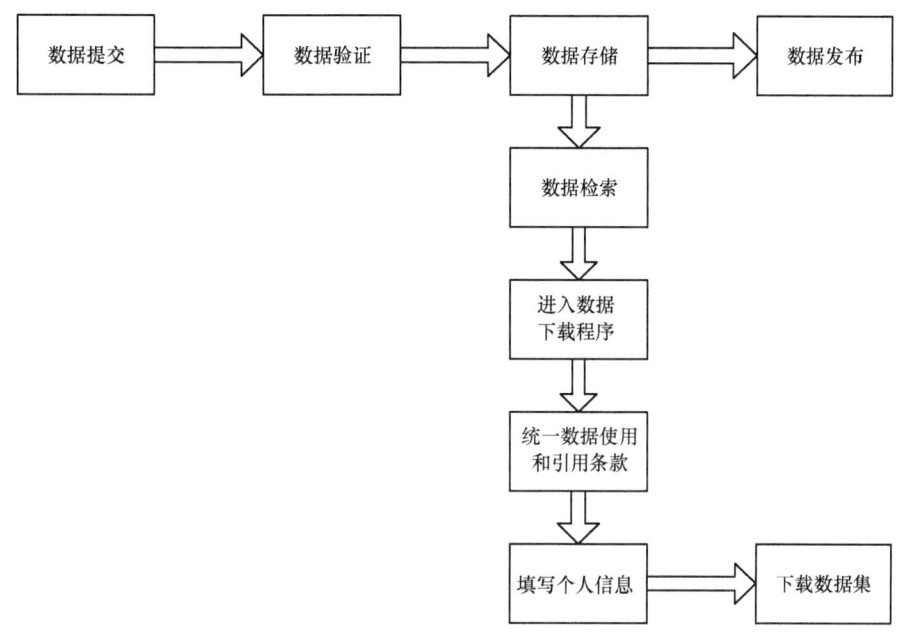

图3-25　国际土壤文献和信息中心-世界土壤数据中心数据共享管理流程

（3）数据中心特色设施和主要成就

国际科学咨询委员会（the International Scientific Advisory Council，ISAC），是一个顾问性机构，旨在帮助ISRIC制定总体战略、提供建议，并积极和支持策略的实施。

3.20　美国国家科学基金会地球数据观测网络数据中心

3.20.1　数据中心总体情况与数据资源状况

（1）数据中心总体情况

美国国家科学基金会（NSF）地球数据观测网络数据中心（Data Observation Network for Earth，DataONE，https://www.dataone.org/）是2009年在美国新墨西哥州阿尔伯克基市建立的数据中心，数据中心的依托机构是美国新墨西哥大学图书馆，隶属于NSF，并受NSF资助。数据中心未参加Data Seal认证，属于生物学、环境学领域的数据中心。

DataONE的目的是提供一个有利于生物与环境科学研究数据的保存和重新使用的基础架构。DataONE在以下3个方面是独创的：①建立数据中心，将全球的投资应用于科学数据存储；②通过专注于互操作性解决方案，创造一个全球性的、联合的数据网络，提供数据网络工具和服务,来创造新的科学和知识;③启用了 DataONE 信息化基础设施(CI)和最佳的通知方法,示例数据管理计划和支持所有方面的数据生命周期循环的工具,有利于发展实践社区。

(2)数据资源状况

分析 NSF 地球数据观测网络数据中心的主要数据资源情况,见表 3-20。

表 3-20　NSF 地球数据观测网络数据中心的主要数据资源情况

一级指标	二级指标	指标类型	指标说明
数据库类型	隶属学科分类	定性指标	生物学、环境学
	隶属机构类型	定性指标	NSF
数据库数量	主体数据库数量	定量指标	1个
	主体数据库数据量	定量指标	上传数据文件7.9 TB,元数据4.2 GB
数据库质量	权威性或知名度	定量指标	通过http://www.alexa.com/查询: 全球排名633 601(2020年7月31日)
	数据规范性	定性指标	—
	结构化科学数据占比	定量指标	—
	要素完整性	定性指标	—
	时间序列性	定量指标	—
	空间精确性	定量指标	—
	数据库更新频率	定量指标	—
	遵从的数据标准	定性指标	—
数据库利用	数据库利用政策或制度	定性指标	免费开放,但要遵守各数据集要求
	科学数据开放率	定量指标	—
	用户数量	定量指标	—
	科学数据服务量	定量指标	—
数据库效益	科学数据引用量	定量指标	—
	典型应用案例	定性指标	—
	同行科学家评价	定性指标	—
	用户评价	定性指标	—

3.20.2　数据中心运行管理状况

(1)数据中心组织体系和运行机制

DataONE 拥有完善的组织架构(图 3-26)。其中,外部咨询委员会为所有 DataONE 活动提供战略方向、投入等方面的指导,促进社区参与及审查相关活动。首席研究员向外部咨询委员会汇报,负责与资助方 NSF 保持联系,并与其他 DataONE 项目成员保持协作关系,监督执行理事的工作,促进整个 DataONE 领导团队工作。首席研究员具备战略领导和协调交流的双重角色,其具体的工作包括战略领导、计划制订、合作协调、资金筹集等。领导团队由各理事和各个机构关键领域的代表组成,领导团队每周都与 DataONE 关键成员商谈，负责战略方向（包含日常风险评估）、项目实施、项目合作、协调资源等方面工作。执行理事则对 DataONE 的日常工作负责，监管和调整所有的技术、管理、报告和预算问题，执行理事也会参与战略规划的制订，指导并跟踪实施计划，监督运营和开发理事、社区参与和推广理事及 DataONE 办公室。执行理事需要协调 DataONE 事业的各个方面。

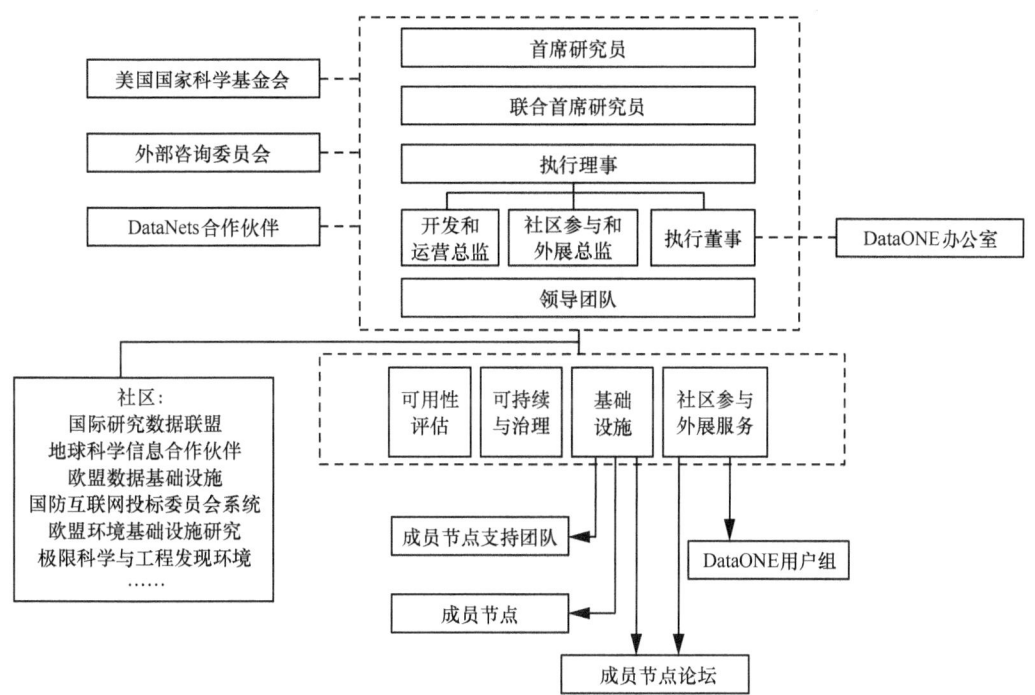

图 3-26　DataONE 组织体系

（2）数据中心开放共享政策与知识产权保护

DataONE 允许从多种来源访问数据，但是这些数据来源往往有着不同的许可证和引用请求，通常反映在数据集的元数据或辅助文档里。如果从 DataONE 下载了一个数据集，可查看下载的目录数据的文档列表许可证信息。例如，数据集从 ORNL DAAC 往往会有一个指导文档，列出任何使用限制和引用要求。许多元数据记录也包含这些信息。找到数据集的元数据记录，如果没有元数据记录，可去 ONEMercury 搜索界面，然后搜索数据集。在"搜索"框中粘贴标题或数据集标识符，单击输入按钮。找到结果列表中的数据集，之后单击"查看完整的元数据"按钮，下面有标记显示，然后寻找元数据的任何许可或引用信息。

（3）数据中心全生命周期科学数据管理模式

DataONE 基础设施建设由计算机的 3 个主要组件实现：①成员节点，为现有的或新的数据存储库安装 DataONE 成员节点的应用程序编程接口（api）；②协调节点，负责编目内容，管理复制的内容，并提供搜索和发现机制；③调查员工具包，工具包是一套模块化的软件和插件,支持通过常用的交互与 DataONE 基础设施来分析和管理数据。这 3 个组件的多个实例共同运作提供了可靠的基础,从而可以通过持久化标识符来检索数据,能无限期保证产品是引用的(Michener 等,2012)。DataONE 全生命周期科学数据管理模式见图 3-27。

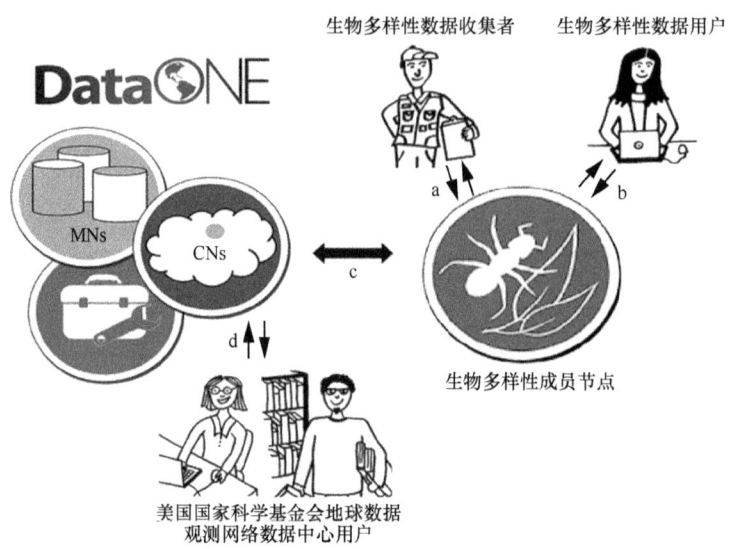

图 3-27　DataONE 全生命周期科学数据管理模式

DataONE 项目拥有分布式基础架构和一系列的技术支持,这使得不同国家、不同学科和不同规模的观测数据均可被长期存储、检索和共享。目前,DataONE 在全球拥有 12 个成员节点,成员节点是以数据保存为导向的存储库,其通过 DataONE 的服务规程或者成员节点 API 为科研人员提供数据产品。在成为成员节点后,本地存储的数据集容易被更多受众发现,也能为更多分析工具所用,在此基础上科研人员发布的数据也更容易被引用,进而增加研究工作的价值。DataONE 也可以通过高效的、定制的方式将本地数据集复制到另一个 DataONE 成员节点上,这样能增大副本的可获取性,服务全球社区的联系成本也会降低,同时还增加了科研人员之间合作的机会。

建立数据生命周期模型由 NSF 提出,DataONE 领导小组与 DataONE 社区合作开发,该模型为 DataONE 开发工具、服务和教育材料的一个基本的框架。DataONE 把数据监管生命周期分成了计划、收集、保障、描述、保存、发现、整合、分析 8 个步骤,其中的保障主要是通过元数据和数据格式来保障数据的质量、兼容性、可获性来提升数据价值。

(4)数据中心特色设施和主要成就

DataONE 成员节点:成员节点机制使得数据收集的渠道更广泛,数据获取由点向面展开,数据获取量和获取效率均得到了提高,也很好地促进了数据共享过程。

第四章 典型国际科学数据中心案例剖析

4.1 国际地球科学信息网络中心

4.1.1 总体情况

（1）总体情况

国际地球科学信息网络中心（Center for International Earth Science Information Network, CIESIN）是美国哥伦比亚大学地球研究所的一个数据中心，依托哥伦比亚大学，涵盖社会、自然和信息科学等学科，主要从事在线数据和信息管理、空间数据集成和培训及人类与环境互动的跨学科研究。

CIESIN最初于1989年在美国密歇根州成立，是一个非营利性的、独立的非政府研究机构，积极支持美国全球变化研究计划，旨在为科学家、决策者和公众提供有关人类与环境变化的信息。CIESIN一直专注于将先进的信息技术应用于跨学科数据信息和解决人类交互环境的科学难题，1998年迁至纽约。CIESIN的使命是在世界范围内收集、存储、归档、维护和共享地球科学数据，促进人类与地球环境交互问题的研究，服务科学的或公共的或私人的决策需要。

CIESIN是最早通过互联网来开发和提供交互式数据和映射工具的组织之一，考虑科学数据和信息资源的多样性，CIESIN继续通过分布式数据系统将创新方法应用于数据识别、数据访问、数据可视化和数据分析，包括开发全球和区域信息系统，创造创新的决策支持工具，并提供培训和技术支持服务。CIESIN同时支持哥伦比亚大学的研究和教学任务。此外，CIESIN员工定期举行面向大学生和科学家的GIS训练，CIESIN员工也在哥伦比亚大学的部门任教。

在国际合作方面，国际地球科学信息网络中心与美国国家航空航天局（NASA）、世界资源研究所（WRI）、联合国政府间气候变化专门委员会（IPCC）等政府或国际组织建立了合作关系，积极响应有关国际倡议，传播和使用全球变化信息，近些年与中国国内科研究院所、高校的交流日益密切，中科院大批科学家对CIESIN的访问都取得了良好的成果。

（2）数据资源状况

该数据中心的主要数据资源情况见表4-1。

表4-1　CIESIN的主要数据资源情况

一级指标	二级指标	指标类型	指标说明
数据库类型	隶属学科分类	定性指标	社会、自然和信息科学
	隶属机构类型	定性指标	哥伦比亚大学地球研究所
数据库数量	主体数据库数量	定量指标	1个
	主体数据库数据量	定量指标	—
数据库质量	权威性或知名度	定量指标	通过http://www.alexa.com/查询：全球排名2729（2020年7月31日）
	数据规范性	定性指标	—
	结构化科学数据占比	定量指标	—
	要素完整性	定性指标	—
	时间序列性	定量指标	1989年至今
	空间精确性	定性指标	—
	数据库更新频率	定量指标	—
	遵从的数据标准	定性指标	—
数据库利用	数据库利用政策或制度	定性指标	大部分免费开放无限制
	科学数据开放率	定量指标	—
	用户数量	定量指标	—
	科学数据服务量	定量指标	—
数据库效益	科学数据引用量	定量指标	—
	典型应用案例	定性指标	—
	同行科学家评价	定性指标	—
	用户评价	定性指标	—

4.1.2　运行管理状况

（1）组织体系和运行机制

CIESIN并未有具体的管理政策，主要遵循哥伦比亚大学地球研究所的相关政策。CIESIN属于哥伦比亚大学地球研究所的一部分并接受其管理，以哥伦比亚大学为载体开展对外工作，获取NASA的资助并与NASA下属的多个组织密切合作，CIESIN中各部分都有明确分工，依据中心的政策标准开展数据共享及交流工作。

CIESIN主要包括6个部门：行政中心、地理空间应用中心、数据服务中心、信息技术部、科学应用部及人事和访问人员部[1]，具体的组织体系见图4-1。

---

[1] CIESIN[EB/OL]. [2017-01-04]. http://www.ciesin.org/organization.html.

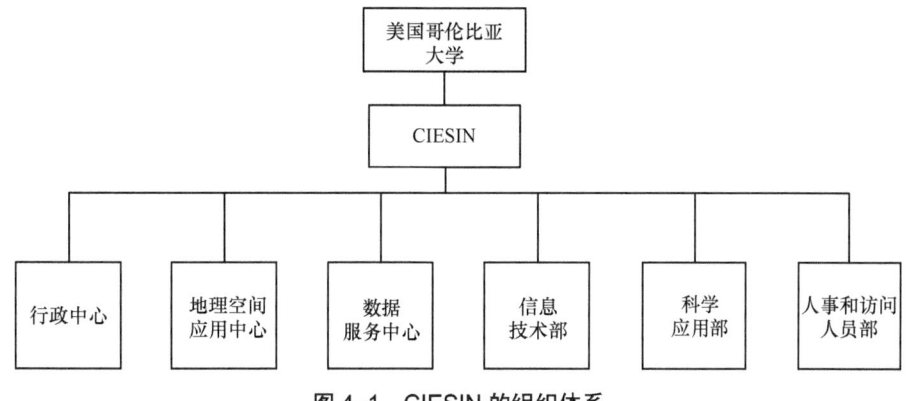

图4-1 CIESIN的组织体系

其中地理空间应用中心旨在推进地理空间技术的应用，开发和维护基于Web的制图应用程序，建立全球和区域规模的空间数据产品，支持人类与环境交互问题的综合研究。数据服务中心支持用户检索、访问和使用与全球环境变化人文因素相关的数据和信息，承担数据归档、元数据系统、客户关系管理等任务。信息技术部门负责CIESIN的计算基础设施建设，并分为媒体设计、软件工程和系统运维3个部分。科学应用部门通过与地理空间应用中心、信息服务部门协调合作，负责CIESIN的科学数据产品开发、信息服务和信息技术研究，以及与人文和环境相关的研究项目，组织跨学科研讨会，承担哥伦比亚大学本科生和研究生的部分教学活动。

作为非营利性质的研究机构，CIESIN的主要资助来源于NASA，同时也通过捐赠、合作等方式获取一些国际组织、基金会及哥伦比亚大学相关部门的资助。CIESIN目前部分赞助机构包括：NASA、NOAA、NSF、地球研究所（The Earth Institute，EI）、美国国立卫生研究院环境健康科学研究所（National Institutes of Health—National Institute of Environmental Health Sciences，NIEHS）、国际人口科学研究联合会（International Union for the Scientific Study of Population，IUSSP）、国际艾滋病护理和治疗中心（International Center for AIDS Care and Treatment Programs，ICAP）、比尔及梅琳达·盖茨基金会（Bill & Melinda Gates Foundation）、纽约能源研究和发展管理局（New York State Energy Research and Development Authority，NYSERDA）等。

CIESIN实施主任负责制，接受哥伦比亚大学地球研究所及NASA的监督。通过对外合作加强其能力建设，如与地球研究所的科学家和哥伦比亚大学图书馆进行合作，加强中心网络基础设施建设；与WRI、NASA、美国农业部（USDA）、美国人口调查局等机构合作，获得数据来源并产生新数据；与用户进行持续性的交流，提高本中心系统和产品的使用效果。

（2）数据政策

CIESIN制定了本中心的数据共享和管理政策，如*CIESIN Data Policy*、*CIESIN Policy for Preservation of Digital Resources*、*CIESIN Data and Information Management Policy*。其中*CIESIN Data Policy*主要从以下5个方面对中心数据的使用进行说明：①规定了CIESIN

在政策许可范围内提供免费且无限制的数据访问和使用（特定数据除外），除非在特定数据的文档中另有说明，否则数据可以任意地分类和再分类；②纽约哥伦比亚大学的受托人拥有CIESIN数据的版权，原始作者拥有CIESIN数据的传播权，CIESIN从数据原始作者处获取数据传播权，每个数据集的知识产权与许可会在与数据集关联的文档中进行说明[1]；③出版物或报告等引用CIESIN的数据时，需注明来源；④如果没有明确的书面许可，禁止产品和服务的商业或非自由转售或再分配；⑤CIESIN不对数据的质量或适用性做任何保证。

CIESIN重视数据资源的脆弱性及不断发展的信息技术带来的安全威胁，为促进数据资源有效的访问和使用，通过 *CIESIN Policy for Preservation of Digital Resources* 和 *CIESIN Data and Information Management Policy* 分别对数据的长期保存、知识产权维护和数据管理进行具体规定。

（3）数据管理

CIESIN数据来源广阔，时间序列长，空间范围广。在数据来源方面，包括SEDAC、IPCC等多个组织；在时间序列上，具有连续性，一般在10年以内；在空间范围上，具有全球性，除美国本土外，CIESIN对非洲的数据也较为关注。CIESIN数据目录包括农业、生物多样性与生态系统、气候变化、经济活动、环境评价与建模、环境卫生、土地利用与土地覆被变化、自然灾害、人口、贫困等，其中的多种基础数据集已在全球得到了广泛应用。

为从源头确保数据中心数据资源的质量，CIESIN建立了一套完善的数据存储流程并对数据资源的整个生命周期进行监测见图4-2。用户提交数据后，CIESIN对数据进行识别，数据验证通过后将对数据描述和归档，若未通过则会对存储者给予信息反馈。数据发布后，CIESIN依据中心相关政策进行数据管理，包括提供数据的访问和使用、数据版本更新及定期评审、生成数据集的常规状态报告以降低数据的安全风险等。

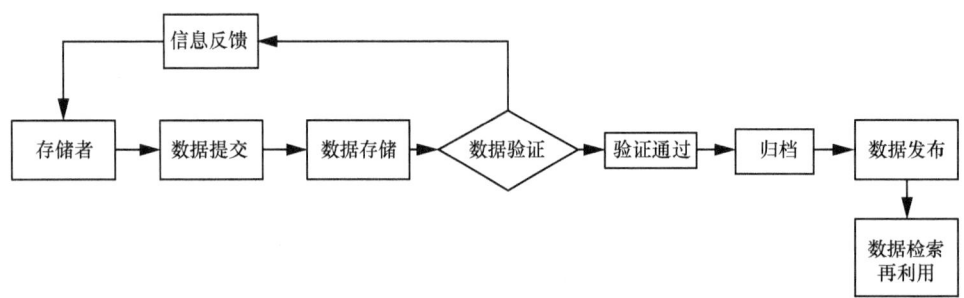

图4-2　CIESIN科学数据发布流程

（4）数据服务

CIESIN为全球用户提供了多种方式进行数据浏览、在线分析和数据下载。用户可以通过CIESIN的数据目录系统，根据目录信息反映的数据服务领域，按照主题进行浏览，或是直接输入关键词进行检索。此外，CIESIN提供数据转换工具、数据库查询应用

---

[1] CIESIN[EB/OL]. [2015-09-07]. http://ciesin.columbia.edu.

程序和在线映射工具等服务。例如，ENTRI 数据访问工具，用于访问多边环境条约数据；AfSIS 地图工具，提供非洲地区地形、高程等地理数据；PERN 电子图书馆，用户可获取相关期刊文章、论文及其他教育资源；Hudson River 映射工具，用于探索哈德逊河流域的人文和地理信息。CIESIN 数据中心还设有快速链接窗口，同其他相关数据中心共同开设数据共享平台，很好地优化了数据中心机制，促进了数据共享。

近期，CIESIN 将继续强化其网络服务能力，改善用户通过互联网进行信息获取的方式，促进数据和信息资源的开放式访问，大力支持网络技术的发展（如全球综合地球观测系统的建设），确保资源和专业知识更易于用户获取和使用。

4.1.3 国内外平台对比

我国的国家地球系统科学数据共享平台（DSPESS）的前身是启动于 2003 年的地球系统科学数据共享网，2005 年被纳入国家科技基础条件平台，2012 年成为首批经科技部、财政部认定的 23 家国家科技基础条件平台之一。该平台的承担单位是中国科学院地理科学与资源研究所，总体目标是整合集成分布在国内外数据中心群、高等院校、科研院所和野外监测台站及科学家个人手中的数据资源，加工、生产满足人地系统及地球系统各圈层相互关系研究的专题数据集，为地球系统分支学科、全球变化等综合研究，以及社会经济可持续发展决策等提供全面、高效的数据共享服务（王卷乐 等，2006；刘润达 等，2010；孙九林，林海，2009）。该平台运行架构包括 1 个总中心、15 个数据中心和若干个数据资源点。

（1）数据平台多指标对比

作为中美两国地球系统科学领域领先的数据服务机构，CIESIN 与地球系统科学数据共享平台在建设运营中既存在共性又各具特色。本文主要选择发展沿革、建设目标、服务领域、数据库情况、特色数据资源、技术平台、国际合作及数据共享政策等进行对比，CIESIN 与地球系统科学数据共享平台的对比情况见表 4-2。

表 4-2　CIESIN 与 DSPESS 相关情况对比

数据中心名称	国际地球科学信息网络中心	国家地球系统科学数据共享平台
所属机构	哥伦比亚大学地球研究所	中国科学院地理科学与资源研究所
受资助的部门	NASA	科技部
发展历史沿革	CIESIN 成立于 1989 年，是一个独立的非政府组织，由 NASA 资助，1998 年，CIESIN 成为哥伦比亚大学地球研究所的一个数据中心	DSPESS 于 2003 年成为中国科学数据共享工程的首批 9 个试点之一，2012 年成为国家平台，国内外 40 多家单位参与了平台的建设与服务
建设目标	致力于在世界范围内收集、存储、归档、维护和共享地球科学数据，促进人类与环境交互问题的研究，提供和提高信息的使用，服务科学的或公共的或私人的决策需要	整合集成分布在国内外数据资源，在此基础上生产加工数据产品。健全标准规范和运行机制，通过地球系统科学数据共享网络平台和专业服务队伍，为地球系统科学研究和社会经济可持续发展提供数据支撑

续表

数据中心名称		国际地球科学信息网络中心	国家地球系统科学数据共享平台
数据覆盖领域/数据类别		农业、生物多样性&生态系统、气候变化、经济活动、环境评价&建模、环境卫生、环境条约、土地利用/土地覆被变化、自然灾害、人口、贫困	大气圈、陆地表层、陆地水圈、冰冻圈、自然资源、海洋、极地固体地球、古环境、日地空间、环境与天文、遥感数据
数据库情况	网络知名度	全球排名425 041，美国排名355 492（2017年1月15日，通过http://www.alexa.com查询）	全球排名1 166 690（2017年1月4日，通过http://www.alexa.com查询）
	数据时序性	时间序列上多为某年或某几年数据，大部分数据连续性在10年以内。部分除外，如"Global Earthquake Hazard Frequency and Distribution, v1（1976—2002）"数据为26年。数据年代可追溯到18世纪，如"Anthropogenic Biomes of the World, v2"（1700）	DSPESS包括多个时间尺度的数据集，如古环境数据中的"中国古湖泊基本信息数据集"（距今3万年），人口数据集有中国唐、汉代以来的记录，社会经济数据有1949年新中国成立以来的各年数据，土地覆盖数据有20世纪80年代以来的每5~10年的数据产品等
	数据空间性	CIESIN多数数据具有全球性，除美国本土数据外。CIESIN对非洲的数据较为关注，如the collection of Africa continent-wide grids include data from MODIS, TRMM, WorldClim, ESA及the Africa Soil Profiles Database	空间上以中国数据资源为主，包括中国周边地区和区域的数据和土地覆盖等地表要素的全球尺度数据产品。根据户需求，建立友好的国际数据资源导航系统，为用户提供快速、准确、便捷的国际数据资源查询
	近期下载量高的数据集（2017年5月）	环境条约状态数据集（Environmental Treaty Status Data Set），2012年发表（1940—2012）； 全球道路开放获取数据集（Global Roads Open Access Data Set，gROADS），v1（1980—2010）； 基于地理网格的全球经济数据（Global Gridded Geographically Based Economic Data，G-Econ），v4（1990, 1995, 2000, 2005）； 来自MODIS、MISR和SeaWiFS气溶胶光学深度的全球年度PM2.5网格（Global Annual PM2.5 Grids from MODIS, MISR and SeaWiFS Aerosol Optical Depth，AOD），v1（1998—2012）； 人口密度（Population Density），v4（2000, 2005, 2010, 2015, 2020）； 全球夏季地表温度（Global Summer Land Surface Temperature，LST）Grids，v1（2013）	中国地区土地利用/土地覆盖数据集： 黄河流域主要水文站逐日降水量数据集（1954—1990年）； 黄河流域主要水文站逐日平均流量（1954—1990年）； 全国1:400万土壤类型分布图（中国土壤系统分类系统）（2000年）； 中国1:25万一级流域分级数据集（2002年）； 黄土高原分省区地理概况数据集（2004年）

续表

数据中心名称	国际地球科学信息网络中心	国家地球系统科学数据共享平台
技术平台	通过数据服务中心整合、集成世界范围内的数据,并与信息技术中心和科学应用部门对数据进行融合、加工和增值,提供培训和技术支持,形成从数据收集到发布及共享的体系化数据服务流程	平台以元数据为核心进行数据资源的整合集成,按照"总中心—数据中心—数据资源点"三级架构组织实施,形成按"总中心—分中心—数据资源点"三层架构物理上分布、逻辑上统一的一站式数据共享服务网络系统
国际合作	NASA、WRI、IPCC、国际科研院所和高校等	WDS、国际山地综合发展中心(ICIMOD)、美国马里兰大学等国际组织和机构
数据共享政策	大部分免费开放,无限制。	用户经注册后,可免费获取数据
数据服务成效	所服务的用户覆盖全球各地(以非洲和美洲为主);为各项国际和美国国家计划提供支持,如国际全球环境变化人文因素计划(IHDP)、EPI计划,对全球180个国家环境问题进行评估;为美国各大高校提供数据服务,如耶鲁大学、加州大学等	截至2016年4月,平台实名注册用户共计100 671人,网站总访问人次2153万,向科技界和社会公众提供了530.25 TB的数据服务量。为国家973计划、国家科技支撑计划、国家自然科学基金等国家和省部级科研项目提供了有效的数据服务

(2) 数据平台对比分析

针对以上指标对比情况,中美两国地球系统科学数据共享平台存在的主要不同包括:

1) 平台组织架构。CIESIN隶属于哥伦比亚大学地球研究所,主要依靠NASA进行资助。国家地球系统科学数据共享平台隶属于中国科学院地理科学与资源研究所,由国家科技部、财政部通过国家科技基础条件平台中心进行资助与运行监督管理。二者都属于学术性、非营利性质的数据服务机构。CIESIN实施主任负责制,中心主任由哥伦比亚大学地球研究所负责任免。DSPESS依据平台章程设有理事会、各业务工作部、专家委员会和用户委员会,能够更好地协调各分中心之间的行动,确保协同工作高效有序。

2) 数据共享政策。CIESIN与DSPESS中的数据都是免费对外开放,但是对于个别数据,用户需要通过申请并审批通过后才能获取,反映出中心对于数据安全及作者版权的重视。CIESIN制定的比较有代表性的政策如上文中提到的*CIESIN Data Policy*、*CIESIN Data and Information Management Policy*等。DSPESS制定了《地球系统科学数据共享平台数据共享条例》《地球系统科学数据共享联盟章程》《地球系统科学数据共享平台运行管理规范》等。DSPESS在数据共享和管理上的政策更加细致,制定了包括机制条例类、数据管理类、平台开发类、用户服务类四大类的数据规范,涵盖数据引进、集成、分类、描述、运行服务和质量控制等环节(王卷乐,孙九林,2009;诸云强 等,2010)。虽然DSPESS比CIESIN的起步晚,但是已建成比较系统的数据共享和管理政策,并全面应用到平台数据的集成与共享服务中。

3) 服务领域。CIESIN研究领域涵盖社会、自然和信息科学等学科,DSPESS所涉及的研究领域与之相近，包括地理、自然资源、灾害与环境、气候变化、地质、地球物理、天文、空间、对地观测、人口与社会经济等。双方服务对象主要包括决策者、媒体、学生、科研人员、教育工作者和社会公众。数据集定期会有版本更新，以确保信息的实时性，用户可以根据时间来判断信息的有效性和适用性。CIESIN在提供常规数据服务的同时，面向学生提供GIS培训服务，并向公众提供在线培训资源。

4）数据资源建设导向。CIESIN数据资源建设具有问题导向、突出应用的特点，其在农业、生物多样性&生态系统、气候变化、经济活动、环境评价&建模、环境卫生、环境条约、土地利用/土地覆被变化、自然灾害、人口、贫困等方面开展有面向问题的数据加工和集成。DSPESS则强调地球系统科学数据的学科特点，以学科为主线的分类体系清晰，按照地球圈层和区域分异建立了相应的数据资源目录，如大气圈、陆地表层、陆地水圈、冰冻圈、海洋、极地、固体地球、日地空间、天文等。

5）数据资源与服务。CIESIN和DSPESS在全球网站排名分别为第762 925位和第1 116 602位（截至2020年8月），这也从一定程度上反映了地球系统科学领域英文网站和中文网站的影响力。双方基于已有的数据进行数据融合、加工和增值，生成新的数据产品，提供开放式数据共享服务。CIESIN数据具有全球性的特点，涵盖了美国本土之外的世界其他地区。DSPESS数据在空间上以中国数据资源为主，兼顾全球，时序性较好。CIESIN和DSPESS对数据的分类程度不同，DSPESS对数据的划分更加细致，用户可按照学科、空间位置、数据类型、数据生产方式和空间分辨率等条件进行筛选，每类数据都设有数据排行榜，将部分最新数据、热门数据和推荐数据及时更新在网站首页，供用户参考。DSPESS制定国际数据资源引入政策，建立国际数据资源导航系统，通过镜像、数据交换等方式引进国外数据资源并提供共享服务。总体而言，CIESIN数据空间覆盖范围更广，DSPESS数据库建设正逐渐向全球化迈进，未来在国际数据资源的引入工作上仍有发展空间。

6）国际合作。CIESIN的国际合作对象包括WRI、IPCC等。DSPESS的建设与运营得到了世界数据系统（WDS）、国际山地中心等国际组织的支持。与DSPESS相比，CIESIN在国际上的影响力更大。近年来，CIESIN与中国科研机构之间的合作交流也逐渐加强。

4.1.4 平台建设的启示

作为国际上有影响力的地球系统科学数据机构，CIESIN的建设和运营过程对我国地学领域科学数据共享平台建设具有很大的参考价值。综合以上对比分析，提出以下发展启示：

1）制定国家层面的科学数据共享与管理政策。科学数据的管理与共享离不开完善的政策保障，美国早在20世纪90年代就提出"完全与开放"的数据共享政策，并制定一系列法律规范。当前，我国科学数据共享管理缺少国家层面的立法保障和宏观指导（朱艳华等，2015；林芳芳，赵辉，2015；傅小锋 等，2007），相应地各共享平台所在机构制定自身的科学数据管理政策时也存在盲目性，甚至根本就没有制定和发布这些政策。通过国家制定科学数据的宏观管理政策，出台相关政策性、规范性文件，有助于规范科学数据的开放获取服务,健全科学数据管理共享秩序。

2) 加强共享平台各部门分工和人才队伍建设,形成闭环的全生命周期数据管理。CIESIN设有数据生产、整理、共享、服务等部门,各部门之间密切协作,其中科学应用部门积极组织跨学科的研讨会,实现各部门之间的交流互补。在人员、专业设置上分工明确,拥有跨学科的人员队伍,专业领域包括计算机科学、信息和图书馆学、人口和公众健康、政治学和国际关系、自然资源管理与生态等。这些人员擅长的领域包括软件开发、网络和媒体设计、地理信息系统、遥感、数据归档、元数据和信息管理、跨学科的全球环境变化研究。我国数据中心建设过程中应注重加强部门间的沟通协作,既有专业分工,又能相互协调。根据学科和区域数据的服务需要,开展跨专业、跨学科交叉复合型人才培养,建立一个分工细致、责任清晰和高效率的组织架构。

3) 开展精品数据开发与建设,拓展深加工数据资源。CIESIN除了承担本中心数据资源建设外,还负责NASA委托建立的社会经济数据和应用中心的运营工作。SEDAC是美国12个分布式活动存档中心之一,主要提供人口与社会经济数据,在建设手段上包括整合不同项目的科学数据、利用"众筹"技术实现数据汇聚等。我国数据中心可参考CIESIN在精品数据库建设方面的经验,研发平台的核心数据产品,加强热点区域的专题数据库建设。

4) 加强面向问题导向的地球系统科学数据综合集成。以问题为导向的数据平台建设有利于在打破学科界限、高度综合地球科学整体研究对象的基础上提出数据整合集成的学术思想和方向,且易于与大型国际/国家科学计划相结合(赵作权,1994),促进数据的产生、集成和应用。同时,CIESIN在解决地球系统科学数据管理中强调了人类活动的影响,突出人类活动与地球环境关系的数据资源建设,这也是其能够快速着眼于可持续发展应用的一个特点。我国在地球系统科学与可持续发展方面存在的问题多而复杂,加强问题导向的数据资源整合集成,也是当前我国地学领域科学数据资源管理的紧迫需求。

5) 加强数据服务能力建设,拓展多种途径的科学数据服务方式。CIESIN不断强化网络服务能力,大力发展网络技术,开发ENTRI等多种数据访问、转换工具,促进数据的开放式访问。除了通过网络平台提供数据服务外,CIESIN定期在哥伦比亚大学举办面向学生、教育工作者和研究人员的培训服务,提供大学生和研究生水平的教育资源,以满足相关领域研究人员的需求。我国数据平台在数据服务建设方面应加强在线数据分析处理工具的开发,改善用户通过网络进行数据获取的方式,充分利用其依托部门资源,根据科研用户需求,提供专业的科学数据培训服务,并提供相关报告、文章或会议简报等教育资源,同时促进地学领域人才培养和交叉学科发展。

6) 加强国际合作,重视国际数据资源建设。CIESIN持续整合和汇聚全球科学数据资源,数据在空间上具有全球性。我国共享平台在发展过程中,应积极参与全球科学竞争与合作,加强国际数据资源的交换,引进高质量的国际数据资源,并与国内数据建设紧密结合,建好国内相关平台的英文版网站,吸引国际用户和提升国际影响力。

4.2 大学间政治社会研究联盟

4.2.1 总体情况

大学间政治社会研究联盟（Inter-university Consortium for Political and Social Research，ICPSR）于1962年在美国密歇根州成立，隶属于密歇根大学的社会研究所（ISR），是全球数据管理组织DSA、DDI和WDS的成员。数据中心建立之初即持有收集保存社会科学数据和为社会科学研究提供数据支持，并且提供方法培训的宗旨。ICPSR目前在社会科学和行为科学领域存储有超过25万份数据存档文件、66 000多个科学数据集，涉及教育、老龄化、刑事司法、物质滥用、恐怖主义等40余个领域，并与美国统计机构、基金会等多家投资者合作创作专题收藏。

4.2.2 运行管理状况

（1）组织体系和运行机制

ICPSR的组织架构见图4-3。

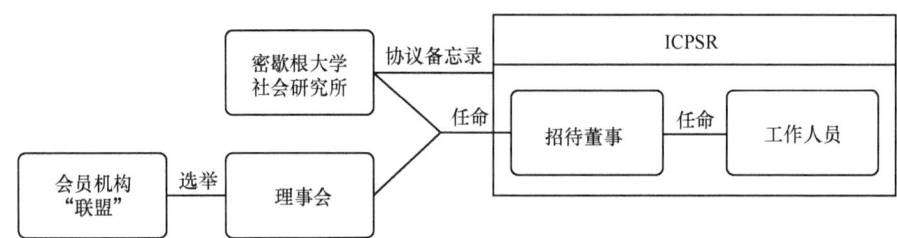

图4-3　ICPSR组织架构

ICPSR作为数字档案馆建立在密歇根大学社会研究所（ISR），通过协议备忘录（MOA）与ISR达成运作关系[1]，密歇根大学、ISR和ICPSR三者相互协作，共同完成ICPSR的任务和目标。①财政关系：密歇根大学校务委员通过ISR担任ICPSR的财务代理人，ICPSR采取的所有财务和行政行动均受密歇根大学政策和程序的约束。②ISR的职责：ISR向ICPSR提供空间、服务和资源，以及为ICPSR提供行政和财务监督。③ICPSR员工任命：执行董事由理事会选定，经ISR主任任命为密歇根大学员工。ICPSR普通员工的雇佣由执行董事决定，但要经过ISR和密歇根大学人事管理人员的审查和批准程序。④ICPSR员工权利：执行董事和ICPSR管理人员有权代表ISR和理事会开展工作，但要受到ISR和密歇根大学正常规定的约束，并符合ICPSR的章程。

ICPSR在管理上采取理事会制度和会员制。①理事会成员：理事会由会员机构选举的

---

[1] Memorandum of Agreement[EB/OL].[2017-05-14].
http://www.icpsr.umich.edu/icpsrweb/content/about/governance/moa.html.

12 名成员组成，每 2 年选举 6 名新成员，任期 4 年。理事会主席从任期第 3 年的理事会成员中提名，任期 2 年。主席负责代表理事会签署文件，作为执行董事、社会研究所主任与理事会之间的联络人，通常主持官方代表的会议。②理事会职责：理事会是 ICPSR 会员机构和管理部门的执行委员会，被授权代表 ICPSR 行事，不仅参与组织目标的确定及制定实现这些目标的政策和程序，还审查 ICPSR 工作人员或 ICPSR 所属组织的工作人员采取的任何行动，ICPSR 的任何事情都要事先征求理事会的同意。理事会还将收到执行董事和高级工作人员的年度报告，以审查过去一年 ICPSR 的活动、收入和支出，并把报告的摘要和一些建议转交给官方代表。③会议制度：通常情况下，理事会每年举行 3 次工作会议，但也会因为一些特殊目的举行特别会议、闭门会议和执行会议等。

ICPSR 是高校主导建设的联盟机构组织，目前拥有遍布全球的大约 760 所会员机构，具有非常丰富的会员管理经验。①明确会员入会标准：具有明确教育使命的非营利研究组织可经理事会批准成为 ICPSR 成员。②会员分类管理：ICPSR 根据普遍接受的学术机构分类系统（如传统的卡内基高校分类法）将美国本土教育机构分为 6 种会员等级，美国以外的非营利、政府和学术机构及商业用户等准会员或订阅用户将根据规模大小和数据资源的使用情况被分为 4 种级别，并根据此分类制定不同机构的年度会费标准。③官方代表（Official Representatives，OR）：OR 由会员机构指定，作为 ICPSR 和会员机构之间的联络人，代表会员参加官方代表会议，负责各会员机构事务。④明确权利和义务：ICPSR 工作人员将努力为每位会员提供公平的服务，但会员要遵守数据资源的相关规定。

根据 ICPSR "章程" 规定[1]，ICPSR 的主要资金来源为会员年费，以支撑主要的财务活动和服务项目。在理事会的指导和支持下，ICPSR 还会寻求除会员费之外的资金，如订阅费用和与私人出版商合作的费用。此外，ICPSR 也会申请相关基金项目[2]，如 "新型宏观经济数据建设的计算方法" 项目就得到了密歇根大学数据科学研究所、密歇根大学社会研究所、密歇根经济教学与研究研究所等机构的赞助，"科研人员访问受限数据的凭证" 项目得到 Alfred P. Sloan 基金会赞助等。

（2）数据政策

ICPSR 的科学数据管理政策包括宏观和微观两个层面（孟祥保 等，2013）。宏观科学数据管理政策指导构建科学数据管理总体框架，如美国重视科学数据的积累和重用，在法律和政策等层面提出科学数据管理的原则。微观科学数据管理政策主要体现在各个数据中心制定的数据管理政策中。ICPSR 为其社会科学数据管理制定了 ICPSR 数字保存政策框架、访问政策框架、ICPSR 保藏发展政策、再分配政策、ICPSR 会员资助数据共享政策、可访问性政策、隐私政策、角色与职责政策和 ICPSR 出售或交换数据政策等多个数据管理政策，旨在确保其科学数据管理工作的合法性、高效性和原则性。

ICPSR 在数据中心建设上遵循以下国际标准。①OAIS：是由 NASA 咨询委员会为空间系统定制的标准，2003 年作为 ISO 标准颁发，目前在世界范围内得到广泛应用。该标

---

[1] Constitution[EB/OL].[2017-05-14]. http://www.icpsr.umich.edu/icpsrweb/content/about/governance/constitution.html.
[2] Data Stewardship and Social Science Research Projects[EB/OL].[2017-05-14]. http://www.icpsr.umich.edu/icpsrweb/content/about/research-projects.html.

准旨在为基于长期保存目的的信息系统建立一个参考模型和基本概念框架，以维护信息系统中数字信息的长期保存和可存取性。ICPSR跟踪响应OAIS相关举措，包括数字档案馆认证、永久标识符、元数据保存和制作人存档接口等，并根据OAIS参考模型制定了符合自己的数据管理流程。②DDI：DDI标准是一项促进描述统计和社会科学数据的国际标准，描述了通过调查和其他观察方法在社会、行为、经济和健康科学领域中产生的数据产品，在整个科学数据生命周期对研究数据进行记录和管理。ICPSR作为DDI团体中极具影响力的成员，严格执行DDI数据标准和DDI元数据标准。DDI标准的执行，有助于增强人、软件系统和计算机网络对数据的理解、解释和使用[1]。③DOI：DOI是用于唯一标识对象的永久性标识符或句柄的ISO标准。ICPSR为每一项研究分配DOI，同时鼓励此项标准应用于期刊论文及其他论文。DOI标准的使用，不仅方便了数据使用者，还有助于数据产生者展示其工作的价值和科学影响力。④网页标准：ICPSR网页符合美国联邦政府采用的"第508节标准"，以及"网页内容可访问性指南（WCAG）2.0"（AA级）。"第508节标准"是根据康复法案第508节颁布的，适用于联邦采购的电子和信息技术，包括计算机硬件、软件、网站、电话系统和复印机[2]。WCAG2.0包含了使Web内容更容易访问的各种建议，遵循这些标准有助于增强网页的易读性[3]。

4.2.3 数据管理情况

ICPSR数据处理流程图见图4-4。

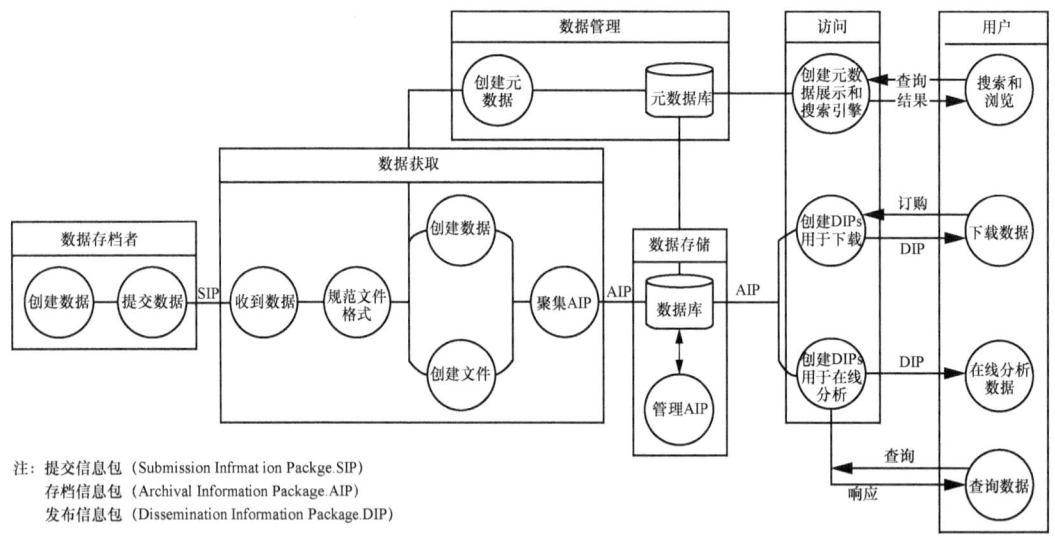

注：提交信息包（Submission Information Package,SIP）
  存档信息包（Archival Information Package,AIP）
  发布信息包（Dissemination Information Package,DIP）

图4-4 ICPSR数据处理流程[4]

---

[1] Data Documentation Initiative（DDI）[EB/OL].[2017-05-02].http://www.ddialliance.org/.
[2] About the Section 508 Standards[EB/OL].[2017-05-02]. https://www.access-board.gov/guidelines-and-standards/communications-and-it/about-the-section-508-standards.
[3] Web Content Accessibility Guidelines (WCAG) 2.0[EB/OL].[2017-05-02]. https://www.w3.org/TR/WCAG20/.
[4] OAIS-Based Processes[EB/OL].[2017-05-21]. http://www.icpsr.umich.edu/icpsrweb/content/datamanagement/lifecycle/oais.html.

（1）数据获取

1）数据源：①ICPSR的数据主要来自于大规模社会调查研究数据，定位于收集社会科学、行为科学和健康科学等共包含27个学科的数据，不收集非社会或非行为研究、具有数据成本和限制访问权限的数据。②规范数据获取机制，不仅依靠数据归档人主动存储数据，还依靠工作人员主动搜索数据。③每个数据资源都包括数据文件、文档文件和描述性文件，三者缺一不可。④规范数据格式，有利于数据用户的使用，如国会图书馆推荐的格式规范。⑤数据要符合公认的隐私和保密标准。

2）获取优先级：在使用以上标准识别数据集后，ICPSR工作人员通过评估数据的可用性、安全、隐私和保密事项、版权及法律问题、数据质量、数据格式和财务因素等，来确定数据集的获取优先等级。那些版权明确、技术文档完备、符合保护隐私标准且独一无二的数据会被赋予较高的优先级。优先级高的数据集会被立即存储，优先级低的数据集则会进一步考虑收益和成本，并在短期内判断是否存储此数据集。

3）数据获取：社会科学档案馆和其他学科的存储库不同于一般获取静态内容的数据库（如图书馆），其数据获取过程涉及很多方面。ICPSR的数据获取包括接收数据、数据优化处理、审查保密和隐私性、编辑元数据文档等内容。此外，ICPSR获取的数据还应有明确的版权。

（2）数据归档

ICPSR建立了一个巨大的数据仓库，用来支撑社会和行为科学的研究和知识资源积累。针对社会科学领域研究过程中所创建数据的保存、复用等问题和需求，ICPSR制定有"数据保藏发展政策"[1]，明确阐述了汇集数据的类型，制定相应的评估标准[2]，确定数据集的优先级等。只有符合ICPSR兴趣特征的数据才能被赋予高优先级数，并优先存储，反之则会被赋予低优先级，并推迟存储或不存储。为了形成长期数据来源，ICPSR在长期实践中积累经验，总结了数据的主要来源[3]，同时也规范了数据集收集机制。

ICPSR数据中心建设注重数据归档管理，主要包括以下流程。①科学数据准备：ICPSR提倡早在数据产出之初就计划数据归档和共享等事宜，以最大限度发挥数据的作用，并确保数据的长期可用性。根据雅克布和汉弗莱的说法："数据归档是一个过程，应该开始于成立项目之初，并且纳入到整个项目生命周期中，随时产生并存储数据产品，并且生成和保存准确的元数据，以确保研究数据的可靠性""数据归档应作为科研活动的一部分"。②科学数据获取：在科学数据获取阶段，严格执行接收数据、数据优化处理、审查保密和隐私性、编辑元数据文档等相关规定，确保科学数据归档的质量。ICPSR强烈建议数据集要有关于抽样方法、权重、重编码规则、调过模式、构造变量和数据收集过程的全面技术文档，以便用户评估数据的质量和分析可靠性。③科学数据存储：ICPSR将所有数据分为会员数据集、代理数据集、openICPSR数据集和DataLumos数据集进行分类分级

---

[1] ICPSR Collection Development Policy[EB/OL].[2017-05-14]. http://www.icpsr.umich.edu/icpsrweb/content/datamanagement/policies/colldev.html.

[2] Details on Appraisal Critera[EB/OL].[2017-05-14]. http://www.icpsr.umich.edu/icpsrweb/content/datamanagement/lifecycle/details.html.

[3] Data Sources[EB/OL].[2017-05-14]. http://www.icpsr.umich.edu/icpsrweb/content/datamanagement/lifecycle/sources.html.

存储管理。ICPSR只有少数数据是免费的，大多数数据都收费，只有成为ICPSR会员或进行订阅，才可以下载使用数据。

在ICPSR接收数据阶段，所有数据在经数据生产者同意后，都要通过电子存档表存入ICPSR，这样数据文件会被赋予唯一的存档ID，并做进一步处理。物理材料的提交会通过可移动介质（CD-ROM或DVD）传递给ICPSR，并立即备份到安全区域。之后会对数据进行优化处理，并根据DDI元数据规范编写元数据文档，当然已有的元数据文档也要转换为符合DDI标准的文档，目的是便于数据的再利用。最终数据存档者签署存档协议，同时ICPSR向存档者递送收据，以确保数据传输的安全性和合法性。

多年来，为了确保数据的安全性，该联盟一直把数据副本分别存储在3个地方。直到2006年，ICPSR开始巩固其数据存储的基础设施，并对异地备份数据进行加密处理，目前为止共存储有6个副本。另外，为了更为方便地存储数据，ICPSR引入了云计算技术，且在2009年第一次使用了亚马逊的云服务来支撑整个网络传输系统。

（3）数据认证

评估认证对科学数据中心获取各利益相关者的信赖具有重要意义。近年来，ICPSR在数据认证方面做了很多努力，其目的就是确保数据存储过程清晰透明且符合实践要求，并确保数字资产得到应有的保护。2006年，ICPSR参加了TRAC（Trusted Repositories Audit & Certification）的评估测试，TRAC为数字档案馆的审计、评估和认证工作提供了相应工具，建立了审计所需要的文件化需求，为认证制定相应流程，建立了确定数据档案馆可靠性和持续性的适当方法。2011年，ICPSR通过了Data Seal of Approval（DSA）的认证，此评估由荷兰的数据存档和网络服务（DANS）存档所创建并受国际委员会监督，旨在向研究人员展示档案馆正在采取相应措施来提高数据质量并确保数据的长期可用性。另外，由数字管理中心（DCC）和欧洲数字储存（DPF）联合开发的DRAMBORA提供了一个基于风险评估的数字档案馆审计方法（DRAMBORA）的工具包，此工具包旨在通过为档案馆管理员提供评估其能力、识别其弱点和优势的方法来促进内部审计。事实证明，评估认证能提升科学数据中心的可信赖度，确保数据的长期可获得性，增加科学数据中心工作流程的透明度，而科学数据中心本身也能依照行业标准评估改进工作流程和步骤（VARDUGAN等，2014）。

（4）数据引用规范

ICPSR一直与Data-PASS合作，推动数据引用标准的发展。每一条数据引用必须包含能唯一识别数据集的基本元素：标题、作者、日期、版本、数字对象唯一标识符（DOI）、统一资源名称（URN）或句柄系统，如国家健康与营养调查（NHANES）项目数据的引用格式为："United States Department of Health and Human Services. Centers for Disease Control and Prevention. National Center for Health Statistics. National Health and Nutrition Examination Survey（NHANES），2005-2006. ICPSR25504-v5. Ann Arbor, MI: Inter-university Consortium for Political and Social Research [distributor], 2012-02-22. https://doi.org/10.3886/ICPSR25504.v5"（National Health and Nutrition Examination Survey，NHANES，2017）。ICPSR对每条数据的引用情况进行跟踪统计，并在网上展示这些数据共享后的引用情况（Utilization for

National Health and Nutrition Examination Survey，NHANES，2017）。恰当的数据引用能够促进科学的发展，无论是数据生产者、作者还是杂志编辑者，都应遵守数据引用标准，共同营造一个良好的数据引用文化氛围。

（5）数据服务

ICPSR数据用户不再局限于会员，数据访问者的身份变得多样，包括研究者、政策制定者、从业者、教师、学生、赞助商和基金会等。为此，ICPSR对其数据资源分级共享，包括完全公开和限制使用等级别，同时专门制定有明确而透明的访问政策框架，以支撑其数据访问和共享活动[1]。

ICPSR为其数据用户提供了"一站式"数据服务系统。①可搜索数据库：ICPSR为数据用户提供了科研项目、变量和引文3个可搜索数据库，此搜索引擎包含所有的数据文档，既支持多关键字搜索也支持精确搜索，用户可以准确地检索自己需要的数据。为了便于研究人员快速发现相关研究工作，ICPSR与DataCite合作，为每一条数字对象都赋予了DOI，用于快速链接到相应的文章。②在线分析工具：为了方便数据用户，ICPSR利用由加州大学伯努利分校计算机辅助调查方法项目开发的调查文档与分析（SDA）软件，提供在线分析数据服务，用户无须下载全部数据，就可对数据进行评估分析。③数据利用报告：ICPSR向数据存储者提供有关其数据集的使用报告，报告会显示数据被查看和下载的次数，以及数据使用者的学术身份和机构信息。此报告可帮助数据存储者了解其数据的社会影响力。④暑期培训：自1963年以来，ICPSR一直提供关于社会研究定量方法的暑期培训课程，作为其数据服务的补充。每年有来自于全世界350多所学院、大学和组织的30种不同学科的学员参加暑期培训课程。⑤教育资源：ICPSR为本科教师和学生特别创建了一些数据资源，这些资源可以作为家庭作业的基础、课堂或学习的练习、讲座内容和其他相关的教育资源。⑥数据处理工具：ICPSR为数据用户提供丰富多样的数据处理工具，见表4-3。

表4-3 数据处理工具

工具	功能
Colectica for Microsoft Excel	使用DDI元数据标准记录电子表格数据
数据管理计划工具	创建、审查和共享数据管理计划
披露审查	审查数据的披露问题，并提供处理建议
Nesstar Publisher	准备数据和元数据
开放科学框架	科学的工作流程管理服务，为用户提供在云储存中组织、共享和归档研究资料
OpenRefine	处理混乱数据
物理数据包	为高度敏感的个人信息数据提供物理飞地
安全检查	审核ICPSR和非ICPSR数据使用协议的研究网站
安全计划审查	审查ICPSR和非ICPSR数据只用协议的数据安全计划
文本匿名化助手	辅助定性数据的匿名化
虚拟数据包	用于输出审查限制使用数据

---

[1] ICPSR Access Policy Framework[EB/OL].[2017-05-14]. http://www.icpsr.umich.edu/icpsrweb/content/datamanagement/preservation/policies/access-policy-framework.html.

4.2.4 平台建设的启示

我国于1988年加入世界数据中心（WDC，世界数据系统WDS的前身），并于当年成立了9个学科中心（王卷乐 等，2009），2002年启动的国家科学数据共享工程和2004年启动的国家科技基础条件平台建设专项相继推动了一批国家科学数据中心的建设与发展。除了这些自上而下的科学数据中心建设，国内许多高校、科研机构也建立有学科领域的数据中心。现针对国内科学数据中心的缺点和不足，结合ICPSR的管理和服务经验，提出以下6点启示。

（1）学科领域的公共存储是科学数据管理的重要载体

ICPSR是典型的社会科学领域公共存储库，接纳本学科领域的各类科学数据集和科技资源。其作为公共存储库，强调了其学科性、开放性和服务性。首先，学科性是其立足之本，需要不断明确其在本学科领域的引领性，提升其在学科领域的影响力，让更多本学科领域的研究人员愿意把科学数据资源存储在这一存储库内。开放性是公共存储库的基本特征，其没有行政或者资金约束机构的限制，具有在社会科学领域数据交换和共享的充分自由度，因此ICPSR的数据资源能够在全球任何地域访问。服务性是一个公共存储库得以长期立足和国际影响力不断扩大的根本，ICPSR通过科学数据标识、科学数据引用统计、科学数据管理和备份等服务举措，首先满足数据资源存储方的基本诉求，进而为科学数据提供专门的质量控制、维护和开发团队，来确保数据能够充分服务于用户。此外，ICPSR还通过若干数据周、夏令营、培训班和在线Webinar讲座等形式传播其科学数据管理的做法和成效。这些均是我国科学数据管理中所缺少的。

（2）科学数据管理的生命周期完整、管理过程分工清晰

ICPSR在科学数据管理中具有清晰而完整的数据生命周期。首先是科研人员将本人的科学数据成果提交或汇交到ICPSR。NSF要求所有的科学研究项目结题前应该将科学数据对科学界共享、开放，许多社会科学领域的科学家首选ICPSR作为数据汇交的平台。汇交后的数据首先经科研人员进行质量审核，以确认该数据能否进入存储库中；之后，对质量合格的科学数据进行分类、编码和编制元数据信息；最终将数据存入数据存储库，并使其能够被检索、浏览和在分类分级共享政策控制下被开放获取；且ICPSR允许用户对科学数据进行评价，以及收集各界对科学数据使用情况的评估意见，最终反馈到数据管理部门。ICPSR这一数据管理过程涉及多个部门，各部门管理分工明确、流程衔接有序，保证科学数据管理的质量的同时也提高了科学数据管理效率，且有利于在各个阶段进行数据质量的溯源。

（3）完备的科学数据管理政策和标准化体系是数据中心建设的重要基础

ICPSR在科学数据管理方面有一系列的数据管理政策，诸如大学间政治社会研究联盟访问政策框架、保藏发展政策、会员资助数据共享政策、数字保存政策框架等。在标准技术上，ICPSR采用国际标准化组织推荐的OAIS建立数据管理的标准化框架和国际DDI标准构建元数据技术规范。在其元数据描述要求中，规定所有数据必须遵从ICPSR的元数据内容要求，包括使用可扩展标记语言（XML）对文档和数据进行结构化处理，元数据中要包含参研人员、资金来源、项目描述等主要元素。ICPSR同样规定了数据的引用格式，

其标准化的引用格式包括标题、作者、数据、版本和DOI等内容。这些都是其科学数据可以长期保存、利用和增值的重要基础。

（4）科学数据安全管理制度完善、物理设施齐备，重视数据中心认证

ICPSR重视科学数据的安全管理，具有6个数据存储备份，并且依托于亚马逊的云平台建立云备份。ICPSR对于重要的、具有权限控制的科学数据采取物理存储隔离，只有具有相关权限的人员才能够通过门禁系统进入这个区域。对于用户访问的网络安全，ICPSR则提供有VPN机制对特定用户提供局域网的数据服务。ICPSR也承认由于考虑到数据安全问题，未在国外进行备份。ICPSR重视数据中心认证，于2011年通过荷兰的Data Seal of Approval的数据中心认证。ICPSR数据中心各项软、硬件设施环境完善，是ICSU-WDS的国际数据中心之一，受过ICSU-WDS的数据认证和评估。

（5）科学数据管理的反哺和回报机制有效

ICPSR利用信息技术对科学数据管理和开放服务的效益进行量化和追踪，协调解决数据提供者、管理者、使用者之间的利益关注点，使得科学数据管理成效能够开放透明地反哺和回报各利益相关方。例如，发布带有标识符的科学数据，提供科学数据使用的引用统计等。ICPSR当前引用率较高的数据引用次数高达850余次。这一数据引用追踪机制是对科学数据资源拥有者和提交者的极大回报，也在客观上促进了优质科学数据资源的社会推广和科学界评价。

第五章 国际科学数据汇聚模式

科学数据是"数据—信息—知识—智慧"这一创新价值链的基础,也是最基本的科技创新资源。随着"大数据"理念的普及、数据驱动科学研究"第四范式"的兴起,世界各国都将科学数据视为一个国家重要的战略性资源和科技实力竞争的重要资本,科学数据的汇聚则是抢占这一战略资源上游和高地的全球竞争领域。科学数据汇聚是一个系统的数据资源积聚过程,涉及数据资源产生、流动、分发、增值等演变过程,科学分析和认识数据汇聚模式是解决国家投资科学数据资源、学科领域科学数据资源、公民科学众源科学数据资源等多种数据资源汇聚的必经途径(王卷乐 等,2020)。

欧美发达国家早在 20 世纪 90 年代就开始制定国家资助产生的科学数据汇聚政策,并陆续开展了实质性的科技计划项目数据归档,这些活动在近年来呈现深入和推广的趋势。NSF、NASA 等科技计划项目管理机构都制定了明确的数据归档政策,要求所有项目计划提交数据之前都要提供一份完整的数据管理计划。美国大气与海洋管理局环境数据管理委员会于 2011 年发布了"数据管理计划程序指令",并根据 NOAA 观测系统委员会(NOAA Observing Systems Council,NOSC)的建议于 2015 年 2 月发布 V 2.0.1 版本(NOAA,2015),要求使用基于国际标准化组织(International Organization for Standardization,ISO)19115 和 19139 标准的结构化元数据来规范描述环境数据。学术期刊组织较早关注并实施了实质性的论文数据汇聚政策和举措。例如,在生物进化领域的学术刊物群体于 2009 年提出联合数据归档政策(*Joint Data Archiving Policy*,JDAP)。随着该政策的发布和应用,其获得了诸多主流期刊的认可,*Science*、*The American Naturalist*、*Heredity*、*Molecular Ecology*、*The Journal of Evolutionary Biology* 等重要期刊均已采用(王卷乐 等,2013;黄永文 等,2013)。许多国际数据组织都制定了数据汇聚或发布的政策。例如,国际科学理事会世界数据系统采用"数据共享原则"推进其"开放科学"的目标,该数据共享原则符合国际相应数据政策,并针对全球重大科技计划组织开展数据汇交和共享服务(王卷乐 等,2013)。美国地球物理协会(American Geophysical Union,AGU)于 1993 年发布了该组织的第一个数据归档政策(AGU,2014),并于 2019 年开启了 AGU 旗下期刊数据存储计划,要求 AGU 旗下学术期刊,在发表论文的同时也将该论文关联的原创数据公开发布,强调论文作者必须在论文发表前将论文的原创数据存储于AGU认定的221个数据仓储中心[1]。

中国科学技术部（简称"科技部"）于2001年启动"科学数据共享工程"项目，2004年建立国家科技基础条件平台，极大地推动了科学数据汇聚和开放共享的试点、政策、标准和基础设施建设。例如，具有多学科交叉领域数据汇聚特点的国家地球系统科学数据共享平台提出过付费整合、先服务后集成、建立地球系统科学数据联盟等方法模式（孙九林，2008）。科技部于2008年在973计划资源环境领域开展数据共享试点（林海，王卷乐，2008），2011年和2012年着力推动了人口健康领域和农业领域科技资源汇交工作（石蕾，袁伟，2012），2013年启动了科技基础性工作专项项目数据汇交与规范化整编工作（诸云强 等，2017），2019年《科技计划形成的科学数据汇交技术与管理规范》等相关国家标准完成。国家自然科学基金委员会于2005年启动中国西部环境与生态科学数据中心建设，推动"西部项目"科学数据汇交试点建设（李新 等，2008）。然而，总体而言我国仍然缺少系统的数据汇聚模式和方法支撑，影响我国科学数据资源自身建设和参与全球竞争，甚至还导致我国许多科学数据资源汇聚到国外，造成资源流失。

针对上述现状，本章从国际组织、国际科学计划、国家机构和数据中心、科技计划项目汇交、科学数据出版和网络开源数据汇聚等方面分析国内外科学数据汇聚模式，归纳总结规律性的科学数据汇聚模式。

科学家、科研项目是科学数据产生的主体，科研基础设施是科学数据产生的工具和手段，数据中心、数据仓储、共享网络（Data center systems 或 network）、大数据计算（处理）平台是科学数据汇聚的归口。在这个过程中，产生了4类5种汇聚集模式，见图5-1。

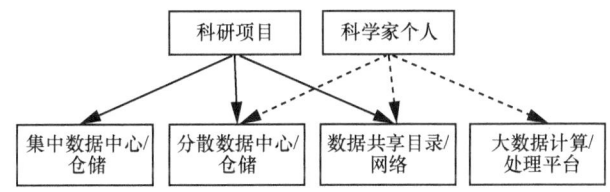

图5-1 科学数据汇聚模式分类

模式一，科研项目集中向指定数据中心、仓储汇聚模式。
模式二，科研项目分散选择数据中心、仓储汇聚模式。
模式三，科学家个人以论文出版方式向数据中心、仓储汇聚模式。
模式四，科研项目、科学家个人向数据共享目录、网络汇聚模式。
模式五，大数据计算、处理平台和公民科学开放汇聚模式。

5.1 科研项目集中向指定数据中心或仓储汇聚模式

集中数据中心、存储模式是指科学数据由科研项目指定性汇聚在某个数据中心或数据

---

[1] Repository Finder. https://repositoryfinder.datacite.org/.

存储。这一行为通常与政策性或制度性的要求有关。该模式的特点：①政策约束。通常有国家法令或者行业领域政策，要求将国家投资产生的某一方面的科学数据在规定时间内汇聚到指定的机构。②计划先行。这一类数据汇聚的计划性很强，因此国际上要求数据汇交的计划要先于项目执行制定，并且规范了数据管理计划的格式和内容要求。③标准支持。在科技计划项目数据汇交的内容和格式要求上，国际上发布了相关约束规则文件。国内在科技计划项目数据汇交上也重视并制定相应的标准规范。④持续积累。指定性的科学数据中心汇聚具有数据资源持续积累和共享的优势，这使得科学数据能够稳定而持续地汇聚，而不易形成碎片化的数据孤岛，但同时也对数据中心的整合、存储、处理、服务能力提出更高要求。如果不具备数据的处理能力，则这些数据则会越堆越乱、积重难返，难以对数据进行发现和利用。同时，由于项目资助方要求尽可能将数据提交到指定的数据中心，这也从一方面限制了研究者提交数据时选择的自主性。

国际上这种做法在某个行业领域是常见的。例如，美国国立卫生研究院要求各研究项目向其指定的现有科学数据中心存储数据。NOAA 集中建立了机构仓储（IR），要求所有 NOAA 资助的项目产生的论文手稿都集中存储在 IR 之中。国内这种机制也有较长历史。最早使用这种机制至今的就是国家地质调查资料（档案）汇交工作，自新中国成立以来就制定国务院条例予以立法执行。2008 年以来，国家 973 计划、科技基础调查专项等项目逐渐开展数据汇交试点，基金委也在西部数据中心进行汇交试点。这些数据都是通过试点政策约束强制向某些指定数据中心/仓储进行汇交。

5.1.1 美国国立卫生研究院

美国国立卫生研究院（NIH）是倡导项目数据共享并开展早期实践的组织之一，其要求在项目申请时应根据数据共享政策的要求制定《数据共享计划》（汪俊，2016），并于 2015 年制定了 *National Institutes of Health Plan for Increasing Access to Scientific Publications and Digital Scientific Data from NIH Funded Scientific Research*。NIH 各研究项目向其指定的现有科学数据中心存储数据。如基因组数据共享政策（Genomic Data Sharing，GDS）规定，所有有关人类基因组数据的研究都应在基因型和表型数据库（the Database of Genotypes and Phenotypes，dbGaP）中注册，并将数据提交给 NIH 指定的数据存储库。

（1）NIH 数据汇聚策略

NIH 计划将公众获取数字科学数据作为所有 NIH 资助研究的标准。在通过最终计划后，NIH 将：①探索需要数据共享的步骤。NIH 将研究制定政策，要求 NIH 资助的研究人员在首次发布机器可读格式时，可以在公共存储库免费提供同行评审科研出版物的结论数据。NIH 将确保数据管理计划包含共享研究数据的明确计划。②确保所有由 NIH 资助的研究人员准备数据管理计划，并在同行评审期间对计划进行评估。NIH 将确保为所有由赠款、合作协议、合同或内部资金支持的研究活动制订数据管理计划。数据管理计划将包括诸如拟议研究中要生成的数据、使用的任何数据标准、提供访问和共享数据的机制（包括保护隐私、保密、安全、知识产权或其他权利）、数据重用和重新分配的规定及数据归档和长期保存的计划。所有外部研究的数据管理计划将在申请或提案的同行评审中得到适当评估，所有内部研究的数据管理计划将由负责每个NIH研究所或中心科学领导的高级官员审查，即科学主任或他（她）的指定人员。③制定更多的数据管理政策，以增加公众对指定类型的生物医学研究数据的访问。NIH将继续与生物医学研究界协商，确定研究领域，为此应发展更具体的数据管理和共享政策，类似基因组数据、自闭症研究和其他科学领域的政策。在这些领域，NIH可能会制定更具体的数据管理政策，如规定应该保存并使其他人可以访问的数据类型；酌情提供诸如保护隐私、保密、安全、知识产权和其他权利等规定；指定存储库来归档这些数据；提交研究数据及相应的可供其他研究人员访问的时间表；规定收集数据的通用数据元素（CDE）和相应的数据格式。数据管理计划将成为更具体的数据管理政策的基础。④鼓励使用既定的公共存储库和基于社区的标准。NIH将鼓励受资助的研究人员将数据存储在已建立的公共存储库中（如果适用），以进行存档和保存。在某些情况下，NIH的数据管理政策可能会规定特定的标准和存储库供资助的研究人员使用。此外，鉴于NIH在随后的数据使用中的重要性，NIH将鼓励所有资助的研究人员利用与其研究团体相关的现有数据标准，如收集和表示描述数据集的数据和信息的标准（即元数据）。NIH还将推动公共数据库中数字数据的互操作性。必要时，NIH将采取措施支持选定的基于社区的数据存储库和标准的开发。⑤制定方法以确保由NIH资助的研究所产生的数据集的可发现性，以使其可被发现、可被访问和可引用。NIH将探索创新方法来提高NIH资助的研究所产生的数据集的可发现性（即易于定位的能力）。NIH正在资助数据发现指数的发展，以提供一种机制来提高可发现性并促进对数据集负责人的适当归因并将引用链接到相关出版物。此外，NIH将探索通过数据引用和其他方式推进数据作为合法形式的奖学金的方式。⑥促进由NIH生成或管理的数字科学数据的互操作性和开放性。合同规定、内部研究或存放在NIH数据库中供使用和分发的科学数据需要满足某些支持信息处理和传播的标准。NIH将确保针对此类数据的新政策在适当的情况下符合白宫在其开放数据政策备忘录M-13-13中的总体要求。用于提供数字科学数据访问的新NIH信息系统也将考虑到对可发现性、互操作性和可访问性的要求。⑦探索数据共享的发展。NIH将探索开发一个共同、共享基础和临床研究输出的空间，包括数据、软件和叙述，遵循FAIR的查找、访问、互操作和重用原则。其中重点将是在出版时免费提供由联邦资助的科学研究所产生的同行评议的科学出版物的结论数据。在这项探索中，NIH欢迎与其他部门和机构合作。

　　NIH目前支持各种研究领域和数据类型的众多数据存储库，NIH的许多政策（如GDS政策）为研究人员存储其数据（即dbGaP）指定了一个中央存储库。许多NIH程序级数据共享政策期望在现有存储库中存储数据。NIH预计资助研究人员将数据存入适当的、现有的可公开访问的存储库，然后再考虑其他数据提供方式。研究人员将在他们的数据管理计划中描述任何数据存储库的使用。NIH将努力确保NIH的资料库最大限度地减少提交数据的负担，并将考虑是否需要对现有档案进行增强以适应附加数据的存放。此外，NIH将确保新档案支持互操作性和信息可访问性，以支持符合M-13-13开放数据政策要求的信息处理和传播活动。如果研究人员的数据管理计划建议使用NIH以外的组织支持的储存库或其他资源，研究人员需要阐明这些组织的意图。为了帮助研究人员找到一个合适的数据库来接受他们的数据,NIH 将扩大现有数据库的数据库列表(https://www.nlm.nih.gov/NIHbmic/nih_data_sharing_repositories.html),截至 2020 年 5 月,列表中共有包含 dbGaP、PDB、GenBank 等在内的 97 个数据中心。NIH 计划制定指导和标准,以帮助研究人员确定是不是由 NIH 资助的存储库。此外,NIH 还打算利用 BD2K 数据发现指标倡议来确定公共存储库缺乏的和可能需要的数据类型。

5.1.2 973计划资源环境领域项目数据汇交策略

2008 年,科技部在 973 计划资源环境领域开展数据共享试点,并依托于资源与环境信息系统国家重点实验室,成立"973 计划资源环境领域项目数据汇交管理中心",开展我国科技计划项目数据汇交的实践。973 计划资源环境领域项目数据汇交的内容是项目在研究过程中新产生的各类数据,具体包括新增原始数据、研究分析数据及应用软件等。新增原始数据指项目产生的观测数据、监测数据、探测数据、试验数据、实验数据、调查数据、考察数据等。研究分析数据指对原始数据进行处理和加工后形成的数据。应用软件指项目支持开发的数据处理、加工和分析软件及其使用说明。

973 计划资源环境领域项目数据汇交在实施过程中,主要包括 5 个环节,即数据汇交管理办法的制定、数据汇交中心的组建、数据汇交实施策略、数据汇交环境建设、数据共享服务。

(1)数据汇交管理办法的制定

数据汇交管理办法主要回答 3 个方面的疑问:①数据交到什么地方去?②交什么?怎么交?③数据汇交后的权益如何保护?2008 年初科技部制定了《973 计划资源环境领域项目数据汇交暂行办法》(以下简称《办法》),内容包括数据汇交的组织管理、汇交内容、数据汇交计划、数据汇交流程、数据管理、权益保护、监督与信用管理等,系统回答了需要解决的这三大疑问。

(2)数据汇交中心的组建

2009 年科技部依托于资源与环境信息系统国家重点实验室成立"973 计划资源环境领域项目数据汇交管理中心"。中国科学院地理科学与资源研究所则承担数据汇交的具体工作。数据汇交中心采用理事会领导下的主任负责制。理事会由 973 计划资源环境领域的咨询和项目专家组成员组成。理事会下的协调办公室设在科技部基础司基础性工作与综合处。数据汇交中心设置综合办公室、标准规范研究组、数据接收管理组、数据平台开发组、数据共享服务组,分工开展汇交管理工作。

(3)数据汇交实施策略

在开展数据汇交工作之初,数据汇交中心确立了两条基本的数据汇交实施策略。

①"分阶段、分类型"的数据汇交策略。分阶段是指按照《办法》规定,数据汇交工作将按数据汇交计划制定、数据汇交准备、数据汇交和数据共享服务 4 个阶段有序开展。分类型是指在 2008 年开展数据汇交工作之初,已经实施的 973 计划资源环境领域项目处于不同的进展状态,可分为三大类,即新启动项目、在研项目(包括中期进展和即将结题项目)、已结题项目。针对不同类型的项目,根据其当前状态对应不同的阶段,直接开展

相应的汇交工作。

②"先服务、后汇交"的数据汇交策略。数据汇交中心秉承为各 973 计划资源环境领域项目提供服务的核心理念。在汇交工作开展之前，数据汇交中心首先征求各项目对于项目研究和执行中的数据需求，基于中心此前承担的国家科技基础条件平台——地球系统科学数据共享网的已有数据基础为这些项目提供数据共享服务。这包括两个方式：一是如果本中心有相关的数据则直接提供数据共享服务或数据资源加工定制服务；二是如果本中心没有相关数据，则尽量为其提供资料的来源渠道或资源导航信息。为了具体落实数据汇交的协调和共享服务工作，数据汇交中心还专门设立了 4 个工作联络组，分别有专人与对应项目进行沟通和联系，保障汇交工作的有序开展。

（4）数据汇交环境建设

数据汇交工作伊始，数据汇交中心就通过自身建设落实《办法》规定的各类措施的执行，尽可能地为各项目数据汇交提供便利的条件。这包括标准规范制定、汇交软件工具研发、汇交管理与共享服务平台研发、数据汇交存储环境建设 4 个部分。

① 数据汇交标准规范：973 计划资源环境领域产生的数据资源内容复杂多样，类型不一。为了保证汇交数据的一致性，《办法》规定了数据汇交要遵从一致的标准规范。为此，数据汇交中心制定了若干具体的规范，并提前下发到各项目开展应用。制定好的标准规范包括数据汇交计划格式、元数据标准、数据文档格式、数据质量检查规范、数据光盘刻录规范、首席科学家审查报告格式、数据汇交工作方案格式等。这些制定好的规范与国家已经实施的科学数据共享工程和国家科技基础条件平台中制定的相关标准规范保持一致。

② 汇交软件工具：《办法》规定了所有汇交数据都必须同时提供数据的元数据和数据文档信息。为了保证各项目都按统一的标准采集元数据信息，数据汇交中心开发了元数据汇交工具。这包括离线采集工具和在线采集工具两类。离线采集工具是单机版的录入系统，可在 Windows 操作系统下方便使用，具有数据的录入、修改、模板管理等功能。在线采集工具则是基于 B/S 的网站系统，具有数据在线录入、修改和管理功能。

③ 数据汇交管理与共享平台：面向数据汇交管理与共享服务两方面的功能需求，开发了数据汇交管理与共享平台。其数据管理功能包括汇交数据的进度管理、内容管理、统计管理等功能；针对数据用户的需求，开发了数据的元数据查询和目录服务功能。

④ 建立数据汇交的备份存储环境：为了确保数据的物理安全，数据汇交中心构建了 100 TB 存储容量的磁盘阵列存储系统，建立了统一编目的光盘存档系统，实现了双备份的独立存储环境。

（5）数据共享

数据共享服务工作按照《办法》的规定，与数据管理同步展开。当前提供的数据服务包括 4 种类型，分别是：①数据汇交共享服务网站的数据查询、元数据浏览和信息服务；②数据实体的离线申请服务；③部分整编汇交数据的内容访问及再分析服务；④提供数据汇交简报、标准规范及工作资料下载服务。

5.2 科研项目分散选择数据中心或仓储汇聚模式

科研项目所产生的数据在更多情况下可以向多个相近或交叉领域的数据中心或仓储中心进行汇聚。这种情况下，相关资金资助方并不强行或特定指定一个数据中心集中汇交，而是给出一个汇聚指导策略。该模式有以下 4 个特点：①布局可控。分散数据存储是在有限的学科领域内，相近但不重复的一批科学数据中心的分布式存储架构，允许有本领域的顶层设计，相关数据中心之间可以有业务分工或者逻辑连通。②竞争择优。同类数据中心之间允许一定的学科领域交叉甚至重复，这使得科研项目或者科学家个人在提交数据时，可以择优选择相近领域，通过竞争提高数据中心汇聚的质量。数据中心之间也可以通过绩效评估来进行优胜劣汰，提高总体运营成效。③机制透明。数据中心群体形成一个科学共同体后，就会稳定地形成相应的管理机制，同样良好的数据中心管理机制可以催生和可持续发展各类相关的数据中心。④认证严格。要保证一个科学数据中心共同体的良好、健康发展，需要有严格的质量约束。国际上已经有 CoreTrustSeal 认证等做法，在对数据中心的准入和更新进行审定（王卷乐 等，2019）。但由于科研数据归档位置分散也使得数据共享难度增加，同时对各数据存储机构间的协调和互联互通提出了更高的要求。

国际上采用这种模式是较普遍的方式。例如，NASA 的分布式档案群可以开放接受不同领域的数据，要求其对地观测计划（EOS）所产生的观测数据集中归档在其 12 个相应的数据归档中心之中。未来地球科学计划要求其相关国际合作项目可以向 WDS 的相关数据存储库或数据中心汇聚数据并提供开放使用。NSF 的数据管理计划允许项目在结题时把数据汇交到自主选择的数据中心（仓储），或者存储在其早先支持建立的 Dryard 开放存储。国内也有分散汇聚的做法，但尚不普遍。在国家科技基础性工作专项调查数据汇聚中有相关政策，但还没有完善的技术途径。

美国国家航空航天局（NASA）的地球观测系统数据和信息系统（Earth Observing System Data and Information System，EOSDIS，https://earthdata.nasa.gov/）是 NASA 地球科学数据系统的核心，也是其科学数据汇聚的重要分布式基础设施。该系统自 1994 年起就提供了端到端的功能，以此来管理从 EOS 卫星仪器和其他 NASA 数据测量系统获得的地球科学数据。EOSDIS 被设计成分布式系统，由分布在美国各地的分布式活动存档中心的主要设施构成。通过 NASA 下属的 12 个科学数据存档中心，对 NASA 地球观测卫星和现场测量程序观测的数据进行处理、归档、记录和分发，进而实现数据共享。这些分布式的数据汇聚基础设施具体包括阿拉斯加卫星设施、大气科学数据中心、地壳动力学数据信息系统、全球水文资源中心、戈达德地球科学数据和信息服务中心、土地处理分布式活动存档中心、一级与大气档案和分配系统、国家冰雪数据中心、橡树岭国家实验室、海洋生物学分布式活动存档中心、物理海洋学分布式活动存档中心、社会经济数据和应用数据中心。NASA 下属的 12 个科学数据存档中心分工清晰，具有业务衔接关系且不重复，分别负责制作 EOS 观测得到的各类各级数据产品，并进行存档管理，为不同领域的用户提供特色数据产品、数据信息和数据使用工具等方面的服务（王旻燕，2011；王卷乐 等，2019）。

5.3 科学家个人以论文出版方式向数据中心或仓储汇聚模式

科学家个人的数据汇聚方式通常具有自主性，但在发表数据或者论文时则受某些期刊的约束性汇聚要求。该模式专指当受到某些出版条件限制时，科学家个人需要集中向某数据中心或仓储进行数据汇聚。该模式包括两种形式：①学术期刊论文数据汇聚。学术论文投稿和评审过程中，为了保证学术论文的数据能够被重用或验证，一些传统的学术期刊强制要求作者将论文中的数据存储在开放获取的数据仓储（数据中心）。作者可以从期刊指定的多个仓储列表中选择与本研究最为接近的领域。此类模式的特点是能够把学术期刊和专业数据中心的优势结合起来（李红星 等，2016）。②数据论文出版。这是针对数据发布需求创建的专门刊登数据论文的数据期刊。该类期刊不把数据作为传统学术论文的支撑或辅助信息，而是作为直接对象进行管理。这丰富和补充了科学数据归档的方式，尤其是实现了那些未能直接支撑学术论文产出的科学数据的长期保存和共享。需要说明的是，数据论文与传统学术论文有较大的区别。前者重在从数据的产生背景、获得方法和实验方法、应用场景、使用方法和补充说明等方面描述数据（黄国彬和郑霞，2019），目的是数据的共享、引用与重用；后者重在通过数据佐证论文的观点与结论，不强调科学数据的规范性、完整性和可共享性。综合以上情况，此类数据汇聚模式的特点为：①自主提交。学术期刊论文和数据论文对于所有的投稿作者是开放的，允许科学家个人或者科研团队通过这种形式发表自己的成果并同时汇聚数据。②流程清晰。无论是学术期刊还是数据期刊，都按出版要求进行严格的过程管理。从论文投稿、审查修改到发表或退稿等各个环节均有相应的制度规范和行内操守的约束，具有清晰的、各方认同的汇聚流程。③同行评议。论文评审过程中的同行评议是其质量保证的根本。这两类期刊数据发布均有严格的同行评议过程，能够有效地保证数据质量。值得一提的是，除了传统的盲审模式，当前一些学术期刊和数据期刊还尝试采用开放讨论区发布论文（预印本）或数据的新模式，扩大评议范围。④绩效激励。经此过程汇聚的科学数据具有科学数据标识，便于知识产权界定，允许数据的规范化引用，进而可以通过数据引用来对成果进行评价，对作者产生正向的绩效激励。也正因为如此，一些影响因子高的学术期刊和数据期刊往往受到学者们的青睐。

国际上，一些数据论文或期刊论文被要求向指定数据中心或仓储进行汇交。例如，德国的地球系统科学数据仓储。该仓储率先开展数据论文的DOI标记，并发表数据论文。依赖于学术论文或者数据论文发表的科学家个人汇聚通常也会被要求向多个相近领域的数据中心、数据仓储进行汇聚。例如，*Nature* 的 Scientific Report 允许作者把数据存储在多个数据中心中，SCI刊物 *Plos ONE* 也在其数据归档时建议允许作者把数据存储在数十个公共数据中心、仓储中。国内起步较晚，但已经先后有多个数据期刊要求作者向某个特定数据中心或仓储进行数据提交，这是论文发表的前提，如中国科学数据、全球变化数据出版系统等。国内目前提供多种选择的推荐存储机制并不明晰，缺乏统一的标准和开放的环境。

5.3.1 《地球物理学研究杂志》

《地球物理学研究杂志》(*Journal of Geophysical Research*，*JGR*)是AGU主办的旗舰期刊，创刊于1896年，覆盖了大气、固体地球、地球物理学等7个地球物理学核心领域。*JGR*是目前国际地球物理学界论文质量最高、覆盖领域最广、发行数量最多的国际顶尖学术期刊之一。为了最大限度地提高存储数据的互操作性和可重用性，AGU建议作者在向其旗下期刊投稿时，将论文数据存储在本学科领域对应的存储库。如*JGR: Solid Earth*推荐将地球和环境数据、地球化学数据、地震数据分别存储在PANGAEA、EarthChem Library、IRIS Data Management System存储库中。AGU也建议作者尽早与存储库合作，尽可能地将研究所用的原始数据和过程数据，甚至相关的软件代码等也一并保存。为了进一步明晰这一政策，AGU声明自2019年8月1日起遵循通用的"Enabling FAIR data Project"准则。凡在AGU期刊上发布的论文，要求作者必须将支持论文中的研究和可视化效果的数据存放在支持FAIR原则的受信任存储库中，并在论文中给出引用这些数据的访问信息。

5.3.2 《地球系统科学数据》

《地球系统科学数据》(*Earth System Science Data*，*ESSD*)是一本国际性、跨学科的期刊，旨在发表关于原始研究数据（集）的文章，进一步重用有益于地球系统科学的高质量数据。该期刊于2008年起出版地球系统科学数据，以维护科学数据资源的可信度，同时通过数据论文的文献计量学探索，极力提升数据论文作者的学术影响力（黎建辉，2016）。*ESSD*由哥白尼出版社（Copernicus Publications）出版。该刊的影响因子在2018年达10.95，成为数据期刊类中的翘楚。*ESSD*要求，稿件在*ESSD*及其科学讨论论坛"地球系统科学数据讨论"中发布前，引用的数据集必须提交到经认证的数据中心/存储库中，目前*ESSD*已与德国海洋数据中心（PANGAEA）等多个数据中心合作完成数据存储。

PANGAEA是ISC-WDS的正式成员，拥有自己的数据仓储。PANGAEA接受地球科学和生命科学的所有数据，对数据格式没有特殊的要求。截至2020年5月，PANGAEA目前共拥有430个项目，393 595个数据集，16 968 033 951个测量结果数据。PANGAEA数据汇聚流程：①在数据提交阶段，PANGAEA会和数据存档人沟通，检查数据质量；②当开始提交数据时，PANGAEA问题跟踪器会协助完成元数据和数据文件提交；③每个数据集通过数字对象标识符（DOI）来识别、共享、发布和引用；④数据上传后，数据编辑者确保数据的完整性、真实性及高可用性；⑤PANGAEA为用户数据检索提供高级搜索工具；⑥提供互操作框架，允许注册管理机构、数据门户和其他服务提供者调用；⑦提供用于元数据收割的协议（OAI-PMH）和API，允许开放数据交换。

5.4 科研项目和科学家个人向数据共享目录或网络汇聚模式

多个单一的或者相近领域的数据中心、仓储可以形成一个更具国际影响力的网络，或者在相关国际合作和政府协议下形成某种汇聚网络。这些网络不受制于数据实体约束,允许数据实体汇聚和数据目录汇聚。该模式的特点:①自主存储。允许科研群体以自建数据库、只提交数据目录的方式形成数据发布。②分类积聚。数据目录汇聚对目录的分类分级要求严格,通常有其科学的分类编目体系。③标准统一。相近学科领域的数据如果放在同一目录下,其数据格式标准要有严格的统一。④广泛联盟。开放数据目录的共享方式的最大优点就是广泛促进不同数据中心或科研共同体的联盟,促进相近学科领域的数据发现和共享。但是这一模式要求各数据存储方自身负责数据质量,可能会存在数据质量参差不齐的情况。

国际上,美国全球变化主目录(Global Change Master Directory,GCMD,现更名为 International Directory Network,https://idn.ceos.org/)是一种开放数据目录汇聚的方式,其是NASA于1990年开始资助的一种汇聚全球变化数据集目录的有效方式。国内的中国科技资源共享网和地球系统科学数据共享平台已经具备了这种数据汇聚能力。

5.4.1 全球变化主目录模式

全球变化主目录(GCMD)通过建立在线的地球科学数据目录为用户提供数据导航。GCMD的主要目的是为全球变化数据信息系统的用户提供关于全球变化数据和信息的详细信息,以便让用户能够快速地选定所需的有用信息。GCMD分类系统首页见图5-2,GCMD维护和建立了一组分层的受控地球科学词汇的层次结构集——关键词,这在标准上有助于确保以一致和全面的方式描述地球科学数据、服务和变量,并允许精确搜索。

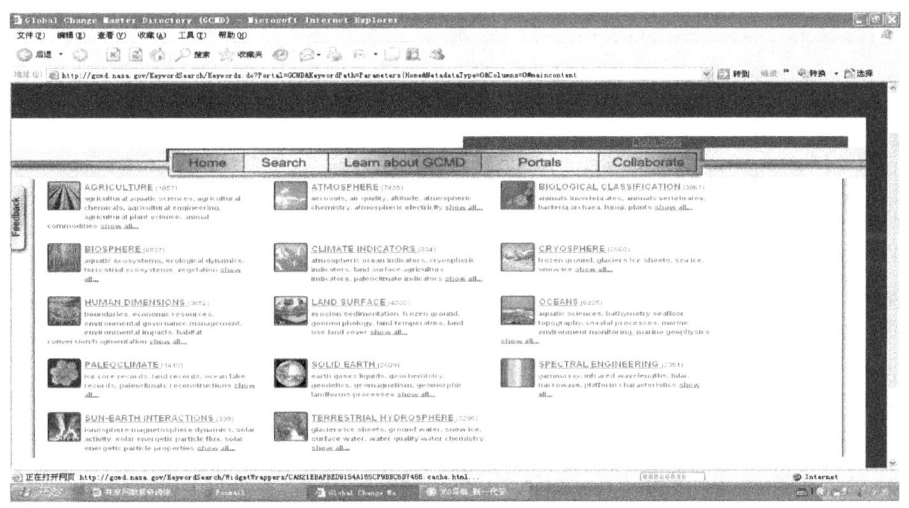

图5-2 美国全球变化主目录(GCMD)分类系统首页

全球变化主目录(GCMD)依据数据涉及的学科领域和数据获取方式将数据划分为三级。其中第一级展示了其主要的数据分类思路,即以地球系统大气圈、生物圈、水圈、冰冻圈、岩石圈的圈层结构为主线,辅以用户需求较大的农业、生物、人文因子、陆地表层等领域划分,形成数据分类体系(王卷乐,2014)。表5-1列出的是GCMD在2005年的数据目录结构。

表 5-1 美国 GCMD 数据类型 2005 年统计表

序号	一级类型名称（英文）	一级类型名称	一级类数据	二级类数据	三级类数据
1	Agriculture	农业	1851	11	100
2	Atmosphere	大气圈	7434	13	153
3	Biological Classification	生物分类	3961	7	57
4	Biosphere	生物圈	6827	12	168
5	Climate Indicators	气候指示因子	334	4	21
6	Cryosphere	冰冻圈	2660	4	66
7	Human Dimensions	人文因子	3652	13	88
8	Terrestrial Hydrosphere	陆地水圈	3296	5	93
9	Land Surface	陆地表层	4876	9	98
10	Oceans	海洋	6221	18	210
11	Paleoclimate	古气候	1419	4	42
12	Solid Earth	固体地球	2599	8	49
13	Spectral/Engineering	光谱/工程	2351	11	50
14	Sun-Earth Interactions	日地相互作用	339	2	32
小计	—	—	30 262	125	1195

从 2005 年到 2013 年 5 月底，GCMD 的数据分类系统在不断更新，其相应的数据库也在动态演替。通过实际对比（图 5-3），一级类型数据库从 2005 年的 30 262 个增加到 47 820 个，增长量达 17 558，增长率为 58%。几乎所有的领域都有明显增长，其中增幅较大的主要是大气圈（47.7%）、冰冻圈（100%）、陆地水圈（50%）、海洋（57.3%）、古气候（103%）固体地球（50.2%）等。

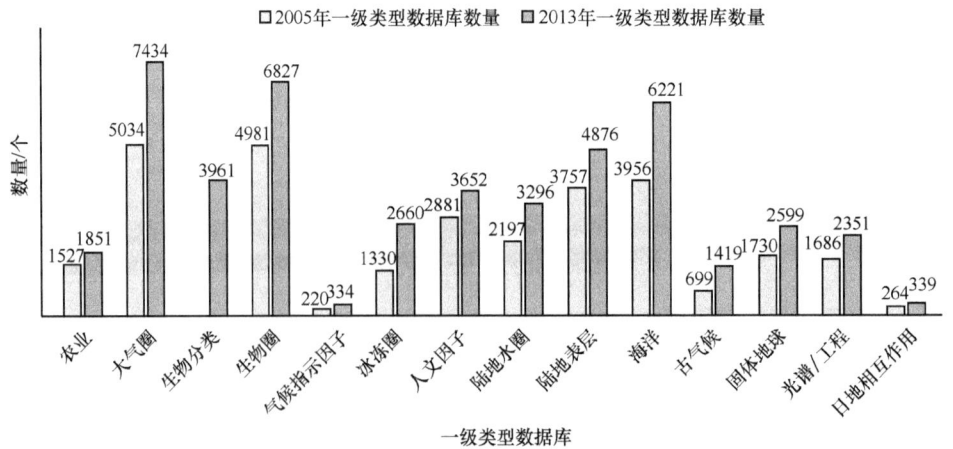

图 5-3 美国 GCMD 一级类型数据库 2005—2013 年变化

GCMD 的数据目录变化给我们的启示有两点：一是该分类体系完整，基本能够适应地球系统科学多样化数据集成的需要；二是该分类体系稳定性较好，2005—2013 年的发展过程中，数据库容量在不断增大，但数据目录体系仍然保持着较好的连续性。截至 2020 年初就有超过 34 000 条的地球科学描述信息，拥有农业、大气、生物分类、水文、地表、数据分析及可视化等 26 种数据目录。

5.4.2 国际数据库认证机构

国际数据库认证机构（Registry of Research Data Repositories，re3data.org，https://www.re3data.org/）是综合性的全球研究数据存储库注册库，向研究者、资助机构、出版者和学术机构呈现永久保存与访问数据集的存储库，促进研究数据的共享文化、增加访问及更好的可见性。re3data.org 于 2012 年秋上线，由德国研究基金（EFG）资助，项目合作方包括洪堡大学的柏林图情学院、德国地球科学研究中心图情服务部、德国卡尔斯鲁尔理工学院图书馆及美国普渡大学图书馆。2014 年 re3data.org 宣布与另一个注册项目 Databib 合并以减少重复工作，合并于 1 年后完成，并开始提供搜索 API。2015 年 8 月 re3data.org 宣布与 DataSite 合作，使用 DOI 为 re3data.org 记录提供永久标识符，并自动生成引用格式，2016 年 1 月 re3data.org 发布 3.0 版元数据方案，用于描述研究数据存储库。

用户可通过 re3data.org，按照主题、国家、内容类型对各数据仓库进行浏览，或是直接进行直接搜索。具体到每个数据仓库，用户可以查看其主题、URL、内容类型、关键词、仓存类型等详细信息。其面向研究人员、基金会、出版商和学术机构，提供永久存储和获取数据集的知识库。re3data.org 旨在促进形成共享的、增加访问研究数据和高能见度的文化。

re3data.org 收录的研究数据存储库数量在 2014 年 11 月超过 1000 个，2016 年 4 月超过 1500 个。截至 2020 年 6 月 15 日，在该系统内注册的全球科学数据仓储和共享平台共 2523 个。根据数量排名，美国 1072 个，德国 414 个，英国 284 个，欧盟 268 个，加拿大 256 个，国际组织 239 个，中国内地（大陆）44 个，中国台湾 10 个，中国香港 2 个。

5.5 大数据计算与处理平台和公民科学开放汇聚模式

大数据计算与处理平台和公民科学开放汇聚模式是在公民科学的大数据时代下，快速发展起来的一种公众多元参与的社会化的数据汇聚模式，更多的是和应用联系在一起。该模式的特点：①应用导向。大数据计算与处理平台和公民科学的汇聚平台是面向应用的，而非直接面向共享。②人人为主。在这一模式下，通常数据以千万的个人成为科学数据贡献的主体。③质量参差。大数据平台的信息获取重视海量和快捷，对数据质量的准入和控制普遍不严格，使得大量科学数据汇聚的过程中个体数据的质量难以保证。④群智创新。大数据汇聚模式的一个突出特点是可以允许任何人贡献数据，允许任何人提供不同方式的特色资源，这就为相互借鉴、启发带来创新环境，促进信息的交换、共享和利用。例如，快速发展的谷歌地球引擎（Google Earth Engine，GEE），亚马逊云平台，以及地学领域的遥感集市等专题汇聚平台。

　　谷歌地球引擎是一个基于云的平台，用于大尺度的地理空间分析。其利用谷歌的海量影像资源和巨大计算能力，允许公众研究和评估各种地球系统和人类可持续发展问题，包括森林砍伐、干旱、灾害、疾病、粮食安全、水资源管理、气候监测和环境保护等。其是一个集成平台，不仅为传统的遥感科学家提供支持，而且为缺乏超级计算机、大规模云计算等资源和技术能力的、更广泛的受众提供支持。从本质上来讲，GEE云平台包括三大部分：前端、后台及前端与后台的交互。前端为Python桌面客户端或JavaScript网页客户端；后台数据库存储已有数据集及用户上传的数据；前端与后台的交互即使用客户端函数库通过Web REST APIs（本质为HTTP请求）。前端与后台的交互由前端服务器处理成一系列子查询请求并传给主服务器，然后主服务器将请求分配给子服务器计算，如果请求计算量较小，服务器则进行动态计算，如果请求计算量较大，则进行批处理；计算完成后将结果传给前端经过解析后进行显示。

　　GEE云平台公共数据目录中，大部分是地球观测遥感影像数据，包括全部的Landsat影像数据、Sentinel影像数据。此外，还包括天气预报数据、土地覆盖和诸多其他的环境、地球物理及社会经济数据集等，并且每天都有新的影像数据不断更新补充到GEE云平台公共数据目录中。用户在使用GEE云平台的同时，也可以申请向GEE公共数据目录中添加新的数据，或者上传自己的私有数据，根据需要选择是否共享等。

第六章 科学数据中心国际认证分析

6.1 科学数据国际认证体系

科学数据仓储是开展科学数据汇聚、管理和共享服务的重要基础设施。自2015年8月31日国务院印发《促进大数据发展行动纲要》以来，在各个行业领域加强了科学数据基础设施的发展，作为核心基础设施的科学数据仓储如何吸取国际经验、加强其自身的规范化建设是一个急迫的课题。科学数据仓储的核心目标是确保数据的真实、可靠、完整和可用性，国际上将数据仓储具备的这4种特性称为"可信任性"（trustworthy）。可信任数字仓储（trusted digital repository，TDR）的概念最早由美国研究图书馆协会（Research Library Group，RLG）于1996年提出，2002年RLG和保存与获取委员会发表的《可信任数字仓储——属性与责任》报告中写道，一个可信任数字仓储的任务是为现在和将来提供可靠的、长期可访问的、在其管理社区内的数字资源（韩珂，祝忠明，2007），明确了可信任数字仓储的属性及特点。"认证"是指由国家认可的认证机构证明一个组织的产品、服务、管理体系符合相关标准、技术规范或其强制性要求的合格评定活动（Oclc R.，2002）。科学数据仓储的认证即由认证机构证明数据仓储的管理能力和可信任性，既要得到数据提供方的信任，以便获得存放数据的机会，从而提升数据仓储长期吸引、汇聚、保存数据资源的能力，又要得到用户对仓储的信任，能够放心地使用这些数据，从而提升该数据仓储的应用水平和社会影响力。

目前已经成立的可信任数据仓储认证的标准或机构有：荷兰皇家科学院（Royal Netherlands Academy of Arts and Sciences，KNAW）下属的数据认可印章（Data Seal of Approval，DSA）、美国联机计算机图书馆中心（Online Computer Library Centre，OCLC）发布的《可信任数字仓储审核与认证：指标体系与核查表》（国际标准化组织，2004）、ISO发布的数字档案馆认证国际标准《可信任数字馆藏的审计和认证》（ISO 16364）等（Giaretta D.，2007）。2009年，国际科联世界数据系统（ICSU-WDS）与荷兰数据仓储认证机构DSA展开国际合作，建立了对可信任数字仓储的核心认证机制（the DSA and WDS certification）（伏安娜，2016），共同开展对科学数据仓储机构的评估认证工作。

DSA 是荷兰皇家科学院和荷兰科学研究组织于 2005 年共同建立的可信任数据仓储认证机构（韩雪华，2018）。DSA 利用可信任数据仓储的核心认证机制对科学数据存储库进行评估认证，通过认证证明数据存储库的管理能力和可信任性，以确保存储的科学数据能被发现、理解和重复使用。CoreTrustSeal 认证机制是 WDS 和 DSA 于 2017 年合作推出的可信任数字仓储核心认证机制，取代原有的 DSA 认证和 WDS 定期成员认证，为任何感兴趣的科学数据中心提供基于 DSA-WDS 核心可信任数据存储库需求目录和过程的核心级认证（Mokrane M.，2016）。全球建立的可信任数据仓储认证标准或机制包括 DSA 和 CoreTrustSeal 认证、OCLC 发布的《可信任数字仓储审核与认证：指标体系与核查表》、ISO 发布的数字档案馆认证国际标准《可信任数字馆藏的审计和认证》（ISO 16364）等。综合对比来看，3 种认证标准或机制具有相似的体系结构，其中 CoreTrustSeal 认证的条款最详细，要求最为明晰，对数据中心的审核更全面多样。截至 2021 年 4 月，全球已经完成 CoreTrustSeal 的国际数据中心有 106 个，绝大多数在欧美地区，亚洲仅有 6 个。

6.2 可信任数据仓储科学数据认证要求

6.2.1 标准指南概述

DSA 通过规定的评估指南来实践和验证数据生产、存储、使用和复用方面的质量，这是 DSA 理事会授予数据批准印章的基础。DSA 对数据仓储的评价标准与许多国家或国际上对数据数字化存储的指南保持一致。同时，DSA 也给出了 5 条原则作为评估指南的基础：第一，数据可从网上发现；第二，数据是可获取的，但同时也考虑了个人信息和知识产权方面的相关立法；第三，数据以可利用的格式提供；第四，数据是可靠的；第五，数据可通过永久标识引用。当前的评估指南和原则内容主要针对三方利益相关者：数据生产者对数字化数据的质量负责；数据仓储对数据保存及可获得性方面的质量负责；数据用户对数据使用质量负责。

6.2.2 指南详细内容

DSA 评估指南主要包括 16 条，分为三大部分：一是针对研究数据的质量；二是针对数据仓储的机构与程序；三是针对研究数据的使用质量（表 6-1）。

表 6-1 评估指南详细内容

指南序号	指南内容	指南侧重点
1	DSA 要求数据生产者在将数据存入数据仓储时，提供充足的信息以供他人评估数据的质量并遵守相关的学科和伦理规范	指南 1~3 主要涉及研究数据质量。研究数据质量主要包括：科学与学术价值、研究数据及辅助信息的存储格式、针对研究数据的说明文档（元数据或是背景资料）
2	DSA 要求数据生产者按照数据仓储推荐的格式提供数据	
3	DSA 要求数据生产者按照数据仓储的要求在提交数据时一并提交元数据	

续表

指南序号	指南内容	指南侧重点
4	要求数据仓储拥有并发布数字化存储领域的明确任务和使命	指南4~13规定了针对数据仓储的机构与程序的要求。数据仓储的质量取决于以下两点:一是数据仓储组织框架的质量;二是数据仓储技术基础设施的质量。DSA认为,可信赖数字仓储的机构应拥有健全、可靠的财政基础、组织基础和法律基础
5	要求数据仓储进行尽职调查以确保符合法律法规和契约,必要时还应包括以人为对象的保护规定	
6	要求数据仓储按照有据可查的流程和步骤管理数据存储	
7	要求数据仓储有针对数字资产长期保存的规划	
8	要求仓储根据贯穿数据生命周期的明确工作流程进行存储	
9	要求数据仓储对数据生产者就数字对象的获取和可获得性承担责任	
10	要求数据仓储使用户能够发现和利用数据,并能以一种永久的方式引用数据	
11	要求数据仓储确保数字对象和元数据的完整性	
12	要求数据仓储确保数字对象和元数据的可靠性	
13	要求仓储的技术基础设施明确支持国际认可的存储标准(如OAIS)中描述的任务和功能	
14	要求数据用户遵守数据仓储制定的规程	指南14、15主要针对数据用户使用研究数据的质量
15	要求数据用户遵守并同意相关领域普遍认可的交换与合理使用知识与信息的行为准则	
16	要求数据用户尊重数据仓储有关数据使用的协议	

6.2.3 CoreTrustSeal认证条款与结构

CoreTrustSeal可信数字存储库核心认证条款旨在反映可信任存储库的特征。所有条款都是强制性、具有相同权重且相互独立的。认证条款共包含16项,分为组织架构、数字对象管理、技术三大类(图6-1)。

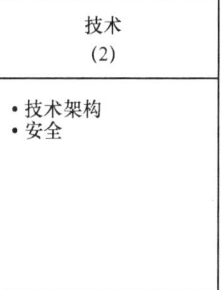

图6-1 认证条款结构

(1)组织架构(organizational structure)

组织架构共包含6项条款,分别是:使命或范围、许可或授权、访问连续性、保密/伦理、组织基础设施、专家指导。

① 使命或范围:数据存储库必须将本领域数据保存和可持续获取作为明确使命。

②许可或授权：数据存储库制定并维护包含数据访问和使用的所有适用许可，并监督数据使用者的遵从性。

③访问连续性：数据存储库制订连续性计划，保障存档数据的长期可访问和可获取。

④保密或伦理：数据存储库要尽可能确保科学数据的创建、管理、访问和使用符合相关法律法规和道德规范。

⑤组织架构：数据存储库要有足够的资金和合格的工作人员，通过明确的制度管理，保障任务的有效执行。

⑥专家指导：数据存储库采用机制确保持续的专家指导和反馈（内部或外部）。

（2）数字对象管理（digital object management）

数字对象管理共包含8项条款，分别是：数据完整性和真实性、评价、记录存储程序、保存计划、数据质量、工作流、数据发现和识别、数据重用。

①数据完整性和真实性：数据存储库必须保障数据的完整性和真实性。

②评价：数据存储库根据定义的标准接收数据和元数据，以确保数据对用户是相关的和可理解的。

③记录存储程序：数据存储库在进行数据的归档存储时应采用文档化的流程和过程。

④保存计划：数据存储库采用计划和文档化的方式，确保数据的长期保存。

⑤数据质量：数据存储库具有处理技术数据和元数据质量的专业知识，确保有足够的信息供最终用户进行与质量有关的评估。

⑥工作流：数据归档基于明确定义的从数据摄入到传播的工作流。

⑦数据发现和识别：数据存储库确保用户发现数据并以适当的方式进行长久引用。

⑧数据重用：数据存储库允许重用数据，确保提供适当的元数据来支持对数据的理解和使用。

（3）技术（technology）

技术共包含2项条款：技术架构、安全。

①技术架构：数据存储库在支持良好的操作系统和其他核心基础设施软件上运行，并使用适合为指定社区提供服务的软硬件技术。

②安全：数据存储库的技术基础设施提供了对其数据、产品、服务和用户的保护。

6.2.4　DSA评估及认证

（1）评估标准

DSA的16条评估指南参考以下5个级别（0~4）开展评定。0代表不适用；1代表未考虑；2表示有理论性的概念；3表示在实施阶段；4表示完全遵守并实施。在当前的16项指南中，指南1、指南2、指南7、指南8、指南10、指南11、指南12和指南13等8项指南的最低要求为"3"。另外8项指南——指南3、指南4、指南5、指南6、指南9、指南14、指南15和指南16，最低要求为"4"。如果一个数据仓储符合指南4到指南13，其数据生产者达到指南1到指南3的要求，数据用户达到指南14到指南16条的要求，则被认定为可信赖的数字仓储（TDR）。

（2）认证流程

DSA可信任认证主要包括两种认证方式：自我评估和第三方认证（包括主管机构或资助机构的审查）。获得DSA认证就意味着该数据仓储或知识库遵循了DSA的16条指南，通过了评估认证程序。获得DSA的机构可在其网站展示DSA的logo，证明其存储过程和程序的可靠性。

DSA的评估和认证均基于评估指南，评估认证过程主要包括3个环节（图6-2），即自评、同行评审和印章展示。DSA提供在线工具对申请者和评审员在整个流程中进行指引。

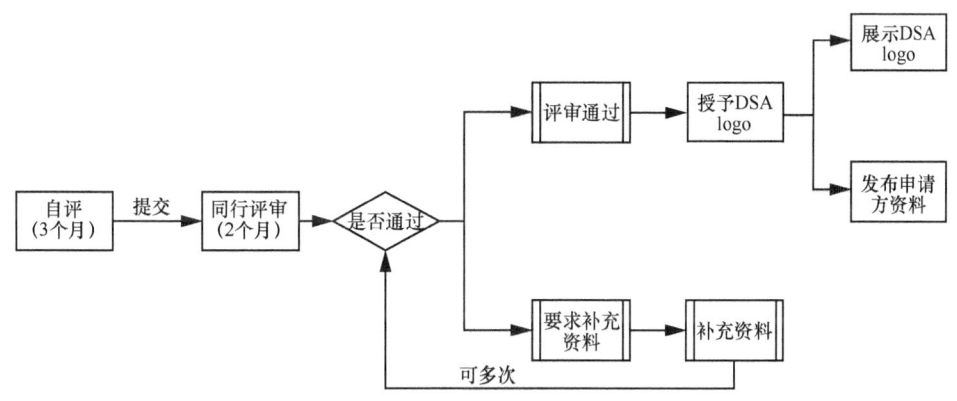

图6-2 DSA评估认证过程

自评是进行DSA认证的第一步。申请者需要在指定页面提交申请表，申请方随后收到用于登录在线工具的用户名、密码和登录链接，启动自评。申请者登录在线工具，阅读评估指南后，要对16项指南逐一作答，提供材料证明其满足了每项指南的要求并说明符合程度。仓储机构一旦开始申请DSA，需要在3个月内在在线工具中完成自评。

自评内容被提交后，即进入同行评审阶段。同行评审由DSA理事会指定人员完成，审核员或是DSA理事会成员或是理事会指定的其他有资质的个人，这主要取决于仓储所属的学科范围。同行评审需在2个月内完成，必要情况下，理事会可采取行动保证进程。评审员评估的主要依据包括：自评陈述与评估指南的符合程度；是否参考了每项指南的帮助指南；是否开放辅助说明文档的链接；是否与自评的要求等级一致，并提供充足的证明材料；是否对缩写进行了专门解释。

同行评审结束后，申请方将收到以下两种反馈结果。

• 反馈结果一：请申请方根据指南及最低要求提供更多证明材料。在这一情况下，说明申请方自评已被审核，但要授予DSA还需要补充信息。申请方再次登录在线工具，完成自评信息补充。申请方再次登录时，可看到要求补充的相关指南均以红色标出，以及审核人员添加的意见。申请方补充完成后，再次提交自评，系统自动通知评审员，对于再次提交的修订版申请及同行评审员要求的新增信息将被继续审核，直至评审员认为仓储提供了足够的证据证明其达到了DSA的认证要求，该过程可重复多次。如果申请方与评审员存有争议，可联系DSA理事会处理。

• 反馈结果二：通过认证。在这一情况下，申请机构收到系统通知，告知授予DSA。

申请方即可将DSA的标识展示在其网站页面。DSA理事会将提供相应的HTML代码。申请过程中的自评内容不对外公开，但当申请仓储获得DSA的认证后，自评涉及的所有证明文件将发布在DSA的网站上。

DSA的评估与认证还包括更新与延续环节。DSA规定认证的有效性是无限期的，但如果仓储希望保持与理事会发布的最新标准一致并收到最新的DSA标识，就需要定期更新。

6.3 科学数据中心认证实践

6.3.1 WDC可再生资源与环境数据中心认证情况概述

WDC可再生资源与环境数据中心（World Data Center for Renewable Resources and Environment，WDC-RRE）成立于1988年，最初属于ICSU-WDC系统（王卷乐，孙九林，2009）。2008年，在WDC向WDS转型后，WDC-RRE申请并被接受成为WDS的首批正式成员。WDC-RRE致力于成为中国资源科学领域长期数据存档和共享中心。WDC-RRE的主页为http://eng.wdc.cn。

WDC-RRE于2018年4月15日开始申报，2019年2月14日正式通过CoreTrustSeal认证，成为亚洲地学领域通过CoreTrustSeal认证的第1个世界数据中心。截至2021年4月，在世界范围内，共有106个数据中心通过了该认证，其中68个在欧洲，27个在美国，4个在澳大利亚，5个在中国大陆，1个在中国台湾，1个在南非。

6.3.2 WDC可再生资源与环境数据中心认证实践内容

WDC-RRE严格按照CoreTrustSeal要求的16个方面的内容完善数据中心的建设，使之符合可信任数字存储库核心认证的要求。以下按三大类的总体框架介绍WDC-RRE的认证实践情况。

（1）组织架构

WDC-RRE制定了数据存储规范（WDC-RRE，2020）与数据使用协议（WDC-RRE，2020），明确规定数据提供者与使用者的责任和义务，避免产生许可方面的纠纷。国家政策、隶属机构、长期稳定资金来源、技术4个层面共同保障数据访问的连续性。WDC-RRE专业团队人员对提交的数据进行审核，确保数据的版权、个人隐私和合法权利得到有效保护，并且符合相关法律法规和道德规范。高质量的人员队伍（超过30人）和充足的资金支持（5年以上）保障WDC-RRE的长期稳定发展，设立的专家委员会（15位）和用户委员会（15~20位）为数据中心长久建设提供科学建议和反馈。

（2）数字对象管理

数据存储库中的数字对象通常包括数据集、元数据和数字对象标识符。WDC-RRE制定了相应的规则和标准对数据中心的数字对象进行质量约束和保存管理。

WDC-RRE参考开放档案信息系统（Open Archival Information System，OAIS）的技术

模型制定了数据处理手册（WDC-RRE，2020），规定从数据选择与评估至数据获取与分发的完整的技术步骤和工作流程，使之更符合行业标准（图 6-3）。WDC-RRE 管理与操作规范（WDC-RRE，2020）中明确了数据更新协议，将数据分为周更、月更、季更、半年更、年更和多年更新 6 类，并且每年更新的数据量不少于已有数据的 10%。WDC-RRE 在中国科学院东北地理与农业生态研究所部署了数据备份系统，对所有提交到数据中心的数据同步进行异地备份。所有数据和元数据的操作都只在副本上进行，并采用人机结合定期检查的模式，保障数据的完整性和真实性。

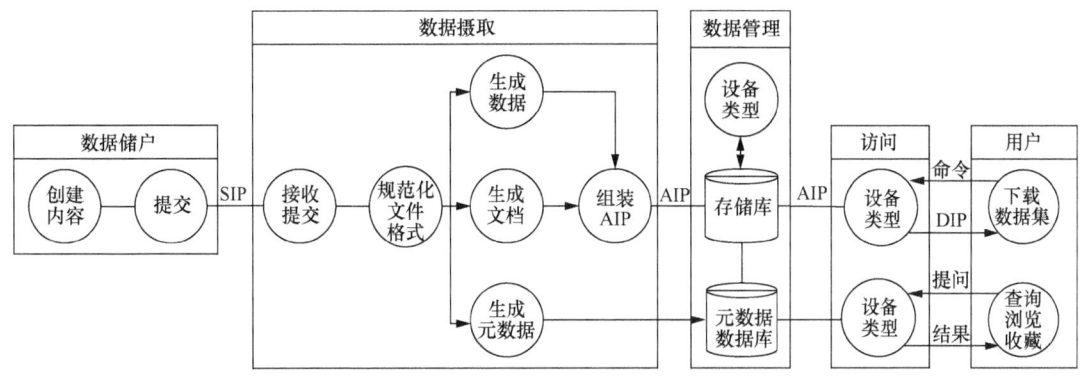

图 6-3　工作流程

数据中心要求用户提交符合 WDC-RRE 元数据标准 [WDC-RRE metadata standard（V1.0），2016] 的元数据，同时采用团队人员评估、用户评估和专家评估 3 种方式相结合对数据进行检查评估，共同保障数据质量。WDC-RRE 对提交数据的格式做出要求，须是广泛用于现有环境的、使用标准字符编码的、开放的非专用格式文件。除此之外，专业人员定期检查数据格式，对已失效的数据格式进行迁移，保障数据的可重用性。WDC-RRE 平台提供数据分类系统和一站式搜索两种在线元数据搜索和查询服务，并采用数据中心自定义科学数据识别规范（WDC-RRE，2020）和数字对象标识（DOI）两种数据标识方式，其中自定义的科学数据标识遵循我国国家标准《科技资源标识》的要求。为促进 WDC-RRE 数据的开放获取，WDC-RRE 已在多学科研究数据和知识库 re3data.org（图 6-4）和世界数据系统 WDS（图 6-5）上注册。

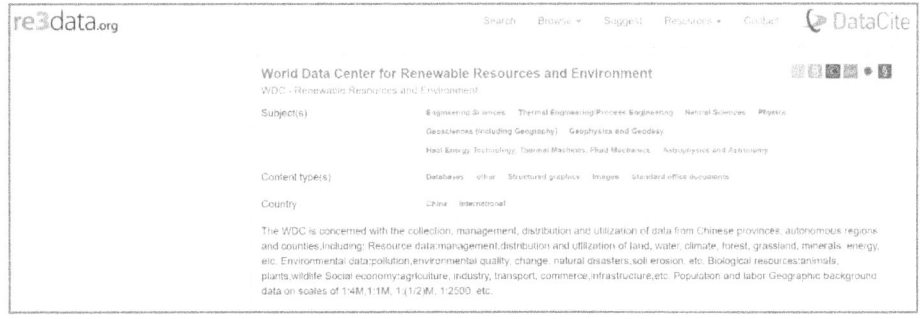

图 6-4　WDC-RRE 在 re3data.org 中的注册界面

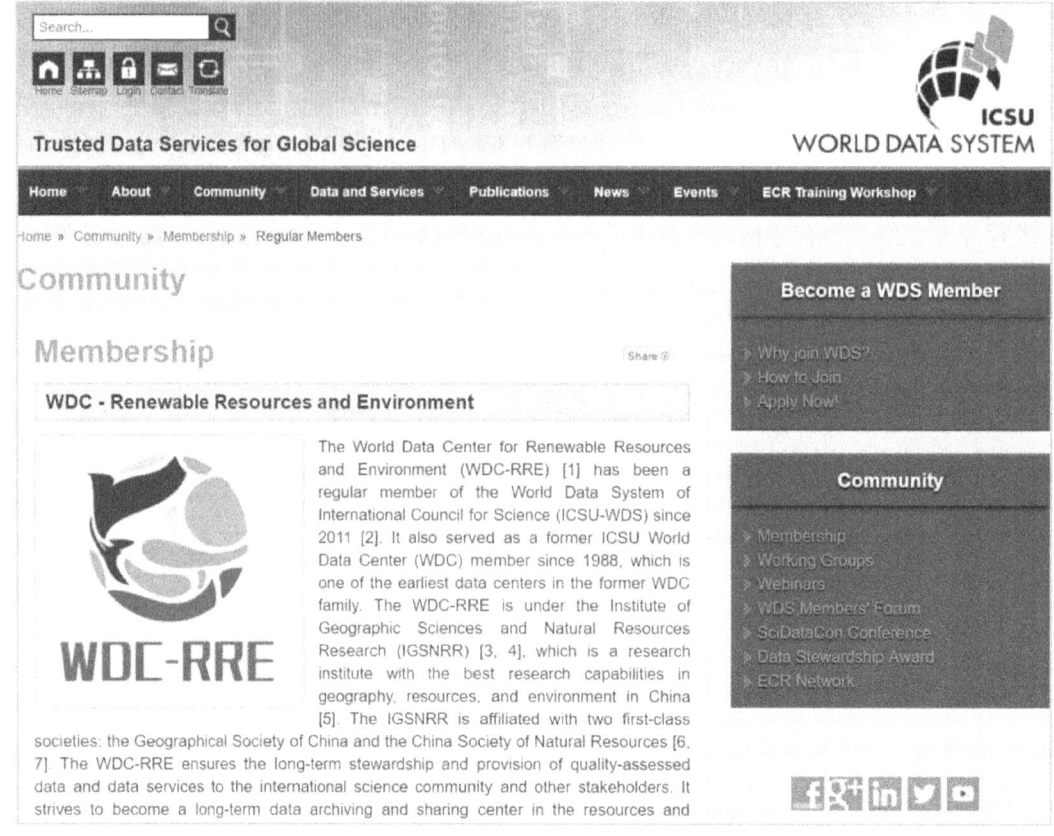

图 6-5　WDC-RRE 在 WDS 中的注册界面

（3）技术

WDC-RRE 采用了适当的软硬件技术来支持数据中心的功能运行。网络基础设施：①独立的工作场所和设备，包括数据库服务器、WEB 服务器、大数据存储设备等；②足量的服务器和网络功能，向公共信息网络提供至少 10 Mbps 的互联网带宽出口，可以满足至少 100 个用户同时查询、浏览和下载的需求。技术框架：基于开放性和自由性原则，在操作系统和数据存储中采用了开源软件系统和程序。在数据管理方面，遵循国际和本地中心制定的相关技术规范。目前，WDC-RRE 网站托管在阿里云平台，以 Debian 服务器作为操作系统，PostgreSQL 作为开源数据库存储。元数据管理系统根据 pycsw 的技术框架构建。标准：数据中心的空间数据操作符合 OGC CSW 国际标准，所有元数据符合 WDC-RRE 元数据标准，与 Dublin Core Metadata 和 ISO 19115 中指定的标准兼容。

WDC-RRE 从系统安全、网络活动监控、数据存储安全和数据备份 4 个方面来保障数据中心的安全。网络系统安全文档（WDC-RRE，2020）包含用于确保网络安全和物理安全的预防措施。对流经关键路径的网络数据流执行从第 2 层到第 7 层的深入分析，防火墙系统使用 ASPF 的应用状态检测技术，实时检测应用层的连接状态，并提供电子邮件警报、攻击日志、流量日志和网络管理监控等功能；采取多种措施确保物理安全，包括独立的机房安全管理，自然灾害和人为灾害的有效解决方案及保障正常设备运行的稳定物理环境。

网络管理员定期进行软硬件系统检查，并填写网站操作日志文件。数据库由专人负责跟踪数据访问，及时发现非法入侵和数据窃取的情况并采取相应措施。WDC-RRE制定了数据安全条款（WDC-RRE，2020）。数据不得包含中国相关法律法规禁止的任何内容，同时，WDC-RRE不得以数据中心的名义向非授权人员披露国家机密信息和其他非公开信息。

在以上充分的认证准备后，WDC-RRE于2019年2月通过CoreTrustSeal认证，成为亚洲首个通过该认证的地学领域的国际数据中心。认证通过界面见图6-7。

Assessment Information

CoreTrustSeal Requirements 2017–2019

Repository:　　　　　　　　WDC - Renewable Resources and Environment
Website:　　　　　　　　　　http://eng.wdc.cn
Certification Date:　　　　　14 February 2019

This repository is owned by:　Institute of Geographic Sciences and Natural Resources Research, CAS

图 6-6　WDC-RRE 通过 CoreTrustSeal 认证界面

第七章 全球科学数据管理研究进展与分析

20世纪中期以来，科学数据管理与共享逐渐引起国际科学界的关注。1957年，在国际科学理事会的组织下成立了以地球科学、空间科学和天文学数据为重点的世界数据中心（黎建辉 等，2009）。1960年，美国成立国家大气研究中心，最早开始了对地球科学数据的建模、收藏和保存工作（周小刚 等，2006）。1969年，美国地球物理科学家回答了为什么要进行地球物理科学数据管理（White R.M.，1969）。科学数据管理研究已经成为驱动科学发现和决策支持的重要科学平台，相关研究问题集中在数据的存储、共享、管理政策与信息挖掘。科学数据的开放共享为科研成果的广泛传播和重复利用打通了渠道。美国及欧洲的一些发达国家建立了国家级科学数据中心群和数据共享服务网络，如美国国家航空航天局（NASA）主持的全球变化数据和信息系统（DAACs）、全球变化主目录（GCMD）等（NASA Distributed Active Archive Centres，2005；The Canadian Earth Observation Network，2005；NASA's Global Change Master Directory，2007）。我国科学数据管理研究内容与国际研究相似，但起步较晚。1981年，我国地学科学家将美国地学STATPAC数据管理系统概念引入（李善芳 等，1981）；1988年，中国建立了9个世界数据中心；1999年，科技部支持了一批以数据库建设为重点的基础性工作项目；2002年，启动科学数据共享工程试点；2004年，建设国家科技基础条件平台中心；2009年，首批科学数据共享建设项目转入运行服务阶段；2019年，首批国家科学数据中心挂牌。

国内外科学数据管理研究已经经历了几十年的发展并积累了一定的研究成果，但多是在具体领域的技术方法进展，缺少从文献计量视角对地球科学数据管理研究的综合分析。面向新时期地球科学领域大数据技术和数据管理规范化的发展需要，本章拟开展对国际科学数据管理的发展态势和研究进展的分析，为进一步促进和发展我国科学数据管理提供决策参考。

7.1 数据源与研究方法

7.1.1 检索思路与策略

"科学数据管理"的关键词可分解为全学科科技数据和数据管理。因此,本研究适宜采用全学科科技学术文献中数据管理研究主题组合的检索策略。科技学术文献既覆盖国外的,也包括国内的。数据管理主题检索词则依据表 7-1 中的要素加以限定。

表 7-1 数据管理研究主题

数据治理	数据仓储和业务智能管理
数据资产	业务智能
数据治理	数据集市
数据专员	数据挖掘
数据架构、分析和设计	数据移动(提取、转换、加载)
数据分析	数据仓储
数据架构	文件、记录和内容管理
数据模型	文件管理系统
数据库管理	记录管理
数据库管理	元数据管理
数据库管理系统	元数据
数据维护	元数据发现
数据安全管理	元数据出版
数据存取	元数据注册
数据擦除	接触数据管理
数据保密	业务持续性规划
数据安全	市场运作
数据质量管理	用户数据集成
数据清洗	身份管理
数据完整性	身份盗取
数据丰富度	数据盗取
数据质量	ERP软件
数据质量保证	CRM软件
参考数据和主数据管理	地理位置
数据集成	邮编
主数据管理	电子邮件
参考数据	电话号码

7.1.2 数据源

全学科科学数据管理包含自然科学、人文社科和管理科学及交叉学科等,因此本项研究涉及的文献数据选择了覆盖面较广、影响力较大的被 SCI、SSCI、CPCI、JCR 和 CSCD 索引收录的 1900—2019 年发表的地球科学数据管理研究相关文献。文献类型为 Article、Review。检索时间：2020 年 7 月 23 日。科学家发表论文时由于机构名称撰写不规范，可能造成论文统计的遗漏及指标计算结果的偏差。

7.1.3 数据处理与分析指标

2020 年 7 月 23 日，依据上述检索策略，得到 18 302 条文献记录。经专家识别排除不相关文献，共得到 15 734 条文献记录。为了更加精确地进行数量统计，对机构和关键词等信息进行了清洗。被引频次统计时间截至 2020 年 8 月 6 日，不在此时间范围内的论文及其被引频次均不在计算范围内。采用科睿唯安的 DDA 文本挖掘软件、微软公司的 Excel 软件，以及美国德雷塞尔大学信息科学与技术学院研发的 CiteSpace 软件（Chaomei, Chen, 2016）和荷兰莱顿大学科学技术研究中心研发的 VOSviewer 软件（Centre for Science and Technology Studies, Leiden University, 2013）等分析工具，定量分析全球数据管理研究的综合发展态势，以及研究领域的进展情况。本研究采用的评价指标主要包括发文量、总被引频次、平均被引频次等。发文量是指某一特定范围内科研工作者、科研机构或国家在一定时间内发表的文献数量。总被引频次是指检索到的某一特定范围内的所有文献被引次数。平均被引频次是指某一时段内论文被引总数与论文数的比值。

7.2 结果与分析

7.2.1 科研产出量变化趋势

从全球范围来看，截至 2019 年年底，科学数据管理研究领域共计发文 15 734 篇。由图 7-1 可知，最早的一篇文献可以追溯至 1953 年；1983 年前全球在该领域研究较少，年发文数量少于 100 篇；1983—2001 年，该领域发文量呈现缓慢上升态势；2002 年之后该领域研究状态活跃，发文量迅速上升；2019 年发文量达 1185 篇。

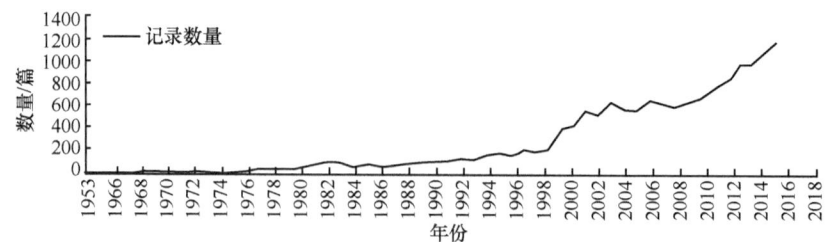

图 7-1　领域整体发文趋势

7.2.2 学科领域论文分布

本项研究以国家自然科学基金学科代码为依据，将科学数据管理研究涉及的201个"Web of Science Research Area"研究方向归纳为数理科学、化学、工程与材料科学、信息科学、地球科学、医学、生命科学、管理科学、其他科学九大学科领域，对各大类学科领域的论文分布进行统计分析[1]。从表7-2可以看出，发文量位列前五的学科领域是信息科学（包括计算机科学、网络通信、人工智能等），医学（中西医、药理学、呼吸系统、循环系统等），工程与材料科学（包括新材料等），地球科学（生态环境与健康、空天科技、深海深地、遥感、水资源等），生命科学（生物化学与分子生物学、生物技术与应用微生物学等），分别发表论文7603篇、3174篇、2832篇、2055篇、1839篇，各占总数的36.7%、15.3%、13.7%、9.9%、8.9%。

表7-2 学科领域论文分布 单位：篇

序号	学科名称	论文数量
1	信息科学	7603
2	医学	3174
3	工程与材料学	2832
4	地球科学	2055
5	生命科学	1839
6	数理科学	1262
7	管理科学	848
8	其他科学	590
9	化学	526

7.2.3 科研整体影响力变化趋势

研究成果的影响力一定程度上可以通过引文来标定，该领域从1953年第一篇发文至2019年共跨越67年，1972年以前因论文较少，没有按照年份分段。1973年开始，以5年为跨度分段（最后一段为2年跨度），对每段计算平均引用次数。

由图7-2可知，该领域在1975年、2000年和2010年前后分别经历了一段时期的论文引用爆发，本研究依据此现象将该领域的研究历程分为3个阶段。

萌芽期（1953—1985年），这一阶段本领域研究内容刚刚出现，论文共计689篇。主要研究内容集中在信息管理、决策咨询与信息系统设计方面。这期间产出的重要研究成果为1970年发表在*COMMUNICATIONS OF THE ACM*上的论文"A RELATIONAL MODEL OF DATA FOR LARGE SHARED DATA BANKS"（Codd E.D.，1970），引用频次达2416次，该论文在20世纪70年代就已经开始讨论数据共享的相关理论模型。

---

[1] Web of science Research Area分类见http://images.webofknowledge.com/WOKRS535R111/help/zh_CN/WOK/hp_research_areas_easca.html.

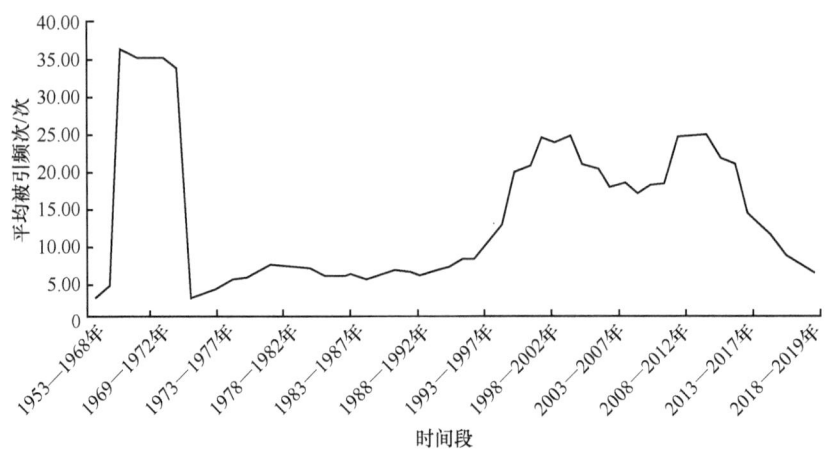

图 7-2 每 5 年时间段平均被引频次

启蒙期（1986—2001 年），这一阶段本领域的研究迅速发展，产生了若干篇有重要影响的论文，共计 2234 篇。其中比较有代表性的一篇为 1999 年发表在 *ACM COMPUTING SURVEYS* 上的题为 "Data clustering: A review" 的论文（Jain A.K.et al., 1999），被引频次达 6415 次。讨论了数据聚类的若干方法。

发展期（2002—2019 年），这一阶段该领域的研究突飞猛进，产生了多篇有重要影响的论文，共计 12 758 篇。其中影响力最大是 2011 年发表在 *QUARTERLY JOURNAL OF THE ROYAL METEOROLOGICAL SOCIETY* 上的论文 "The ERA-Interim reanalysis: configuration and performance of the data assimilation system"（Dee D.P. et al, 2011），被引频次达 13 431 次，以及另外一篇发表在 *JOURNAL OF BIOMEDICAL INFORMATICS* 上的重要论文 "Research electronic data capture（REDCap）-A metadata-driven methodology and workflow process for providing translational research informatics support"（Harris P.A. et al., 2009），被引频次达 10 755 次。

与很多研究不同，本领域的创新研究受关注程度明显更高，说明本领域研究进展速度快，新理论、新概念、新方法层出不穷，知识更新速度较快。

7.2.4 国家和地区科研实力分析

科学数据管理领域研究分布在全球 182 个国家和地区，其中美国与中国在该领域的研究独占鳌头，美国的发文量为 4326 篇，占总发文量的 27.5%。中国的发文量排名第 2 位，发文 4304 篇，占总数的 27.4%。其次是英国（1100 篇）、德国（787 篇）、加拿大（567 篇）。从图 7-3 可以看出，北美、中国、欧洲在科学数据管理领域处于全球领先地位，在发文量上形成"三足鼎立"态势。

从产出时间来看，发文量前 5 位的国家中，美国、英国和德国对该领域的研究最早，从 1973 年开始发文，其后是加拿大，从 1975 年开始发文。中国相比其他国家起步较晚，直到 1993 年才开始在该领域发文，但研究发展迅速，从 1993 年产生第一篇文章后，到 2000 年之后发文量快速上升。美国作为发文量最主要的研究阵地，从 1973 年第一篇文章后，一直处于高速研究态势，研究热度较高。加拿大虽然发文体量大，但是在2000年发文期刊分布分析，并未有突破性进展。

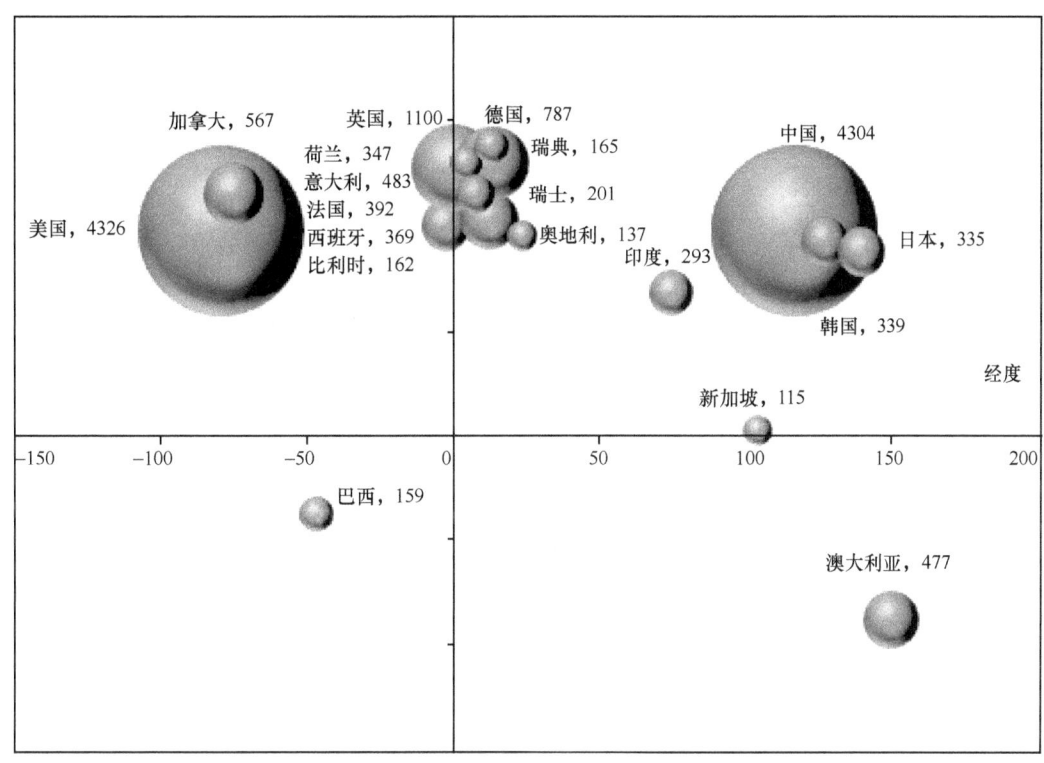

图7-3 TOP 20国家论文产出分布（见书末彩图）

7.2.5 载文期刊论文分布

科学数据管理研究领域共有13 664篇论文为期刊文献（即限定文献类型为Article和Review），这些文章发表在4313个期刊上。由表7-3可知，载文量大于50篇论文的期刊共计25个（TOP 25期刊），绝大部分期刊属于信息科学（含计算机科学）。在TOP 25期刊中，从最新版《中科院期刊分区表》可查询分区信息的期刊有18个，其中有6个期刊属于中科院1区，占比24%；在最新版的 Journal Citation Reports（JCR）中可查询分区信息的期刊也有18个，其中12个期刊属于JCR Q1区，占比44%。

表7-3 TOP 25载文期刊分区信息　　　　　　　　　　　单位：篇

出版物名称	载文数量	中科院分区	JCR分区
美国医学信息学协会杂志	234	1	Q1
医学信息方法	179	4	Q3
国际医学信息学杂志	148	3	Q2
计算机工程与应用	138	—	—
计算机工程	129	—	—

续表

出版物名称	载文数量	中科院分区	JCR分区
公共科学图书馆综合	118	3	Q2
电气与电子工程师协会数据库存取	103	2	Q1
计算机应用研究	100	—	—
生物医学中心生物信息学	98	2	Q1
计算机科学	87	—	—
生物信息学	83	1	Q1
国际信息管理杂志	75	1	Q1
信息科学	68	1	Q1
测绘科学	65	—	—
专家应用系统	63	2	Q1
下一代计算机系统-国际E科学杂志	62	1	Q1
IEEE知识与数据工程汇刊	61	2	Q1
信息科学	61	1	Q1
聚变工程与设计	60	3	Q1
数据管理国际会议记录	60	4	Q4
计算机应用与软件	58	—	—
生物医学信息学杂志	57	3	Q2
IEEE核科学汇刊	51	3	Q2
测绘技术	50	—	—
放射影像学	50	2	Q1

7.2.6 重点机构研究水平分析

（1）重点机构TOP 25分布及其引文影响力

以科学数据管理研究领域全作者机构进行统计，选取发文量大于等于70，即TOP 25的重点机构进行重点分析，TOP 25机构篇均被引与本领域篇均被引对比见图7-4。见表7-4可知，TOP 25重点机构多数为美国机构，少量其他国家机构。总被引频次排名前五的机构分别是哈佛大学（9172）、斯坦福大学（8807）、华盛顿大学（7128）、加州大学伯克利分校（6413）和马里兰大学（4982）。发文数量排名第一的华盛顿大学，其总被引频次排名第三，属于研究体量大，且影响力较高的研究机构。加州大学伯克利分校虽然发文数量不及华盛顿大学的三分之一，但篇均被引次数达86.66次，排名首位，研究效率高，影响力较大。武汉大学是进入TOP 25机构中的唯一一所中国大学，但影响力较低。

表7-4 重点机构TOP 25国家分布及其影响力

作者机构	发文量/篇	国家	占比	被引频次/次	篇均被引次数/次
华盛顿大学	192	美国	1.22%	7128	37.13
哈佛大学	175	美国	1.11%	9172	52.41
斯坦福大学	137	美国	0.87%	8807	64.28

续表

作者机构	发文量/篇	国家	占比	被引频次/次	篇均被引次数/次
印第安纳大学	112	美国	0.71%	1942	17.34
马里兰大学	110	美国	0.70%	4982	45.29
佛罗里达大学	101	美国	0.64%	1382	13.68
伊利诺伊大学	92	美国	0.58%	1729	18.79
哥伦比亚大学	90	美国	0.57%	2485	27.61
加州大学洛杉矶分校	90	美国	0.57%	2345	26.06
密歇根大学	87	美国	0.55%	1594	18.32
加州大学圣地亚哥分校	85	美国	0.54%	2999	35.28
意大利国家研究委员会	83	意大利	0.53%	1484	17.88
德克萨斯农工大学	83	美国	0.53%	1260	15.18
牛津大学	83	英国	0.53%	4025	48.49
威斯康星大学	81	美国	0.51%	2022	24.96
武汉大学	81	中国	0.51%	348	4.30
耶鲁大学	79	美国	0.50%	3735	47.28
约翰霍普金斯大学	78	美国	0.50%	2371	30.40
匹兹堡大学	78	美国	0.50%	1376	17.64
范德比尔特大学	77	美国	0.49%	1325	17.21
北卡罗来纳大学教堂山分校	75	美国	0.48%	2636	35.15
多伦多大学	75	加拿大	0.48%	1749	23.32
加州大学伯克利分校	74	美国	0.47%	6413	86.66
宾夕法尼亚大学	74	美国	0.47%	2820	38.11
伦敦大学学院	73	英国	0.46%	1554	21.29

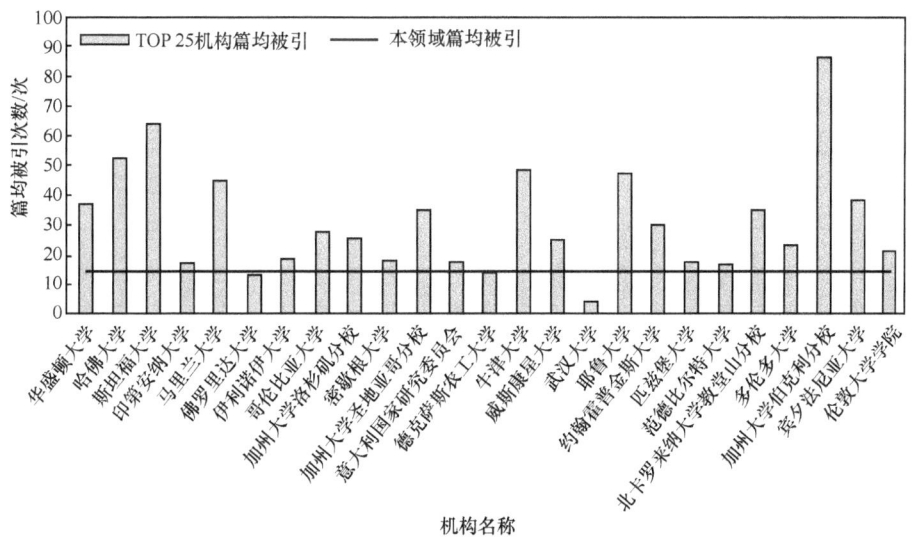

图 7-4 TOP 25 机构篇均被引与本领域篇均被引对比

（2）重点机构 TOP 10 科研实力与合作关系

1）重点机构 TOP 10 论文产出变化。

图 7-5 显示了 TOP 10 机构的论文产出时间线，可以看出伊利诺伊大学从 1975 年开始在该领域发表第一篇论文，发文时间相对较早。此后华盛顿大学也开始在该领域发文，并一直保持活跃。2000 年后斯坦福大学进入了该领域的研究活跃期，此后一直保持较稳定的年发文量。

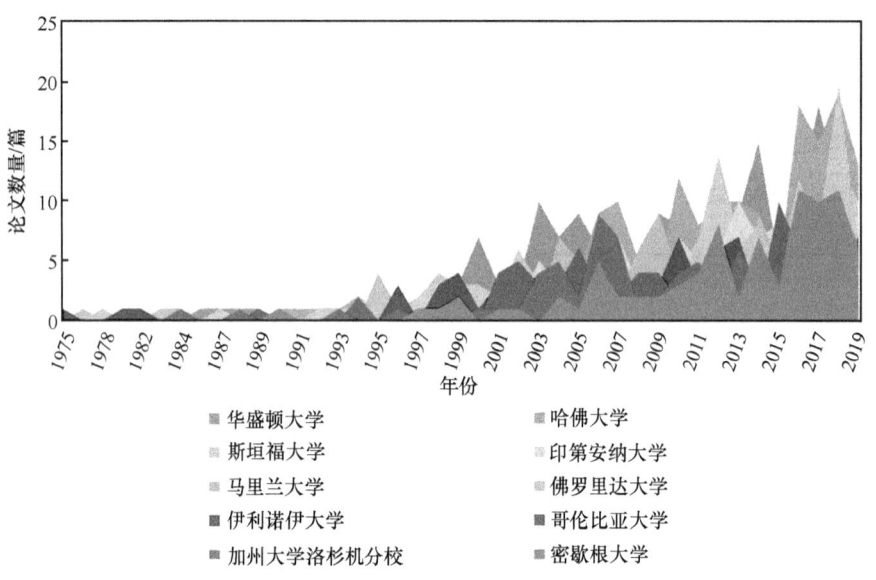

图 7-5　TOP 10 机构论文产出时间线（见书末彩图）

2）重点机构 TOP 10 综合实力排名。

本研究从 Incite 数据库中检索了 1953—2019 年在该领域总发文数量排名前 10 的机构，并根据各机构近 20 年（2000—2019 年）来的学科标准化影响力大小分别对发文机构进行排序，由表 7-5 可知，学科标准化影响力高于平均值的机构分别是马里兰大学、华盛顿大学、斯坦福大学、哈佛大学和加州大学洛杉矶分校。

表 7-5　TOP 10 重点机构近 20 年学科标准化影响力指数

机构	学科标准化影响力
马里兰大学	2.31
华盛顿大学	1.95
斯坦福大学	1.93
哈佛大学	1.86
加州大学洛杉矶分校	1.65
密歇根大学	1.37
哥伦比亚大学	1.15
佛罗里达大学	1.01
伊利诺伊大学	0.93
印第安纳大学	0.86
平均值	1.50

为综合反映 TOP 10 重点机构的科研实力，本研究按照发文数量、被引频次和学科规范化影响力[1]3 个指标进行散点图可视化展示分析，见图 7-6。横轴表示被引频次，被引频次展示了科研成果整体影响力。纵轴表示学科规范化影响力指数，学科规范化影响力指数排除时间和学科因素的影响，反映了一组文献在所属学科领域的学术水平和影响力。点大小代表发文数量，发文数量主要代表了科研生产力。下面按照象限分布对 TOP 10 重点机构的综合影响力进行分析。

第一象限：分布于第一象限的 4 个机构为哈佛大学、斯坦福大学、华盛顿大学和马里兰大学。这些机构的被引频次、学科规范化影响力均在 10 个机构的平均水平之上，而且科研成果数量较多，综合科研实力较强。

第二象限：分布于第二象限的仅 1 个机构，为加州大学洛杉矶分校。该机构的学科规范化影响力高于平均水平，但被引频次低于平均水平，科研成果产出量处于中等水平，综合科研实力仅次于上述 4 个机构。

第三象限：分布于第三象限的 5 个机构为密歇根大学、哥伦比亚大学、伊利诺伊大学、印第安纳大学和佛罗里达大学。这些机构的学科规范化影响力和被引频次均低于平均水平，科研成果产出量处于中等或低下水平，综合科研实力相对较低。

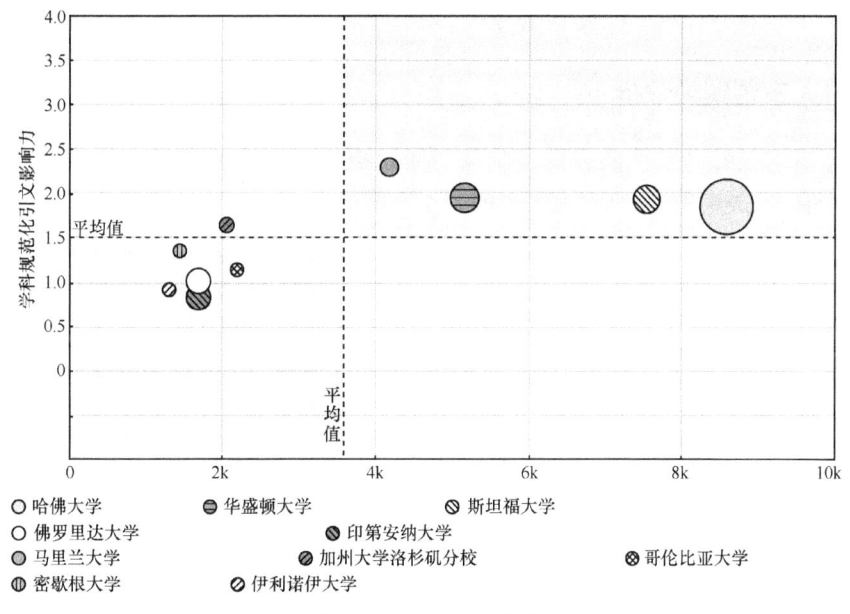

图 7-6　发文 TOP 10 机构研究水平分析

3）重点机构 TOP 10 合作关系分析。

本研究选取了发文量大于 85 篇，且机构间合作发文量大于 3 篇的机构绘制了科学数据管理领域高发文机构合作关系图。由图 7-7 可知，华盛顿大学是与其他机构合作研究最

---

[1] 一篇文献学科规范化的引文影响力（CNCI）是通过其实际被引次数除以同文献类型、同出版年、同学科领域文献的期望被引次数获得的。当一篇文献被划归至多于一个学科领域时，则使用实际被引次数与期望被引次数比值的平均值。一组文献的 CNCI，如某个人、某个机构或国家，是该组中每篇文献 CNCI 的平均值。

多的机构,其次是哈佛大学和斯坦福大学。但总体合作活跃度不高。

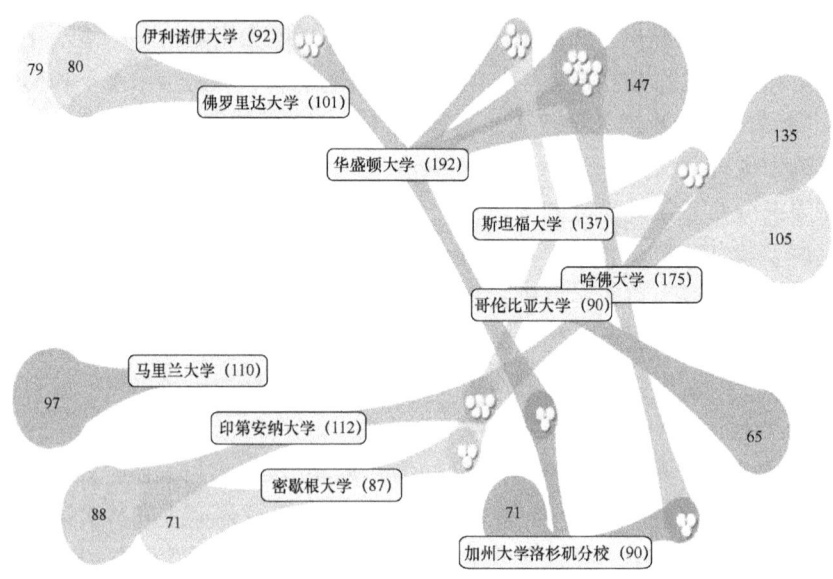

图 7-7　发文量 TOP 10 机构间合作分析(见书末彩图)

7.2.7　研究主题聚类分析

本研究基于关键词共现的方法,是将科学数据管理研究领域所有数据视为一个数据集(15 734 篇),采用 Thomson Data Analyzer 软件将论文的"作者关键词"字段经过机器与人工清洗,从 19 555 个关键词中选取出共现频次大于 20 次的 136 个关键词作为分析对象。之后利用 VOSviewer 软件对论文核心主题词代表此主题中出现的高频主题词数据进行聚类,并结合专家判读,分别对每个聚类进行命名和解读,对该领域各阶段发文主题进行识别和分析。结果由表 7-6 可知,共获得 5 个簇,分别是:医学信息学相关的信息管理与教育相关问题;数据挖掘相关概念、技术与应用;生物信息学数据集成的理论、算法及应用研究;地球科学等数据集成、同化及大数据云共享技术及其政策研究;数据采集与数据质量管理相关研究。图 7-8 展示了高频主题词聚类的可视化分析。

表 7-6　研究主题聚类

编号	研究主题	核心主题数量	平均出现时间	平均被引频次	平均关联强度
1	医学信息学相关的信息管理与教育相关问题	36	2008	16.77	59.75
2	数据挖掘相关概念、技术与应用	27	2014	29.88	57.52
3	生物信息学数据集成的理论、算法及应用研究	26	2011	19.33	47.57
4	地球科学等数据集成、同化及大数据云共享技术及其政策研究	23	2015	16.49	72.22
5	数据采集与数据质量管理相关研究	18	2012	42.73	45.33

分析结果中的核心主题词平均被引频次代表包含此主题核心主题词的论文发文以来的平均被引频次；平均关联强度代表这个簇包含的核心主题词间联系的紧密程度，某个簇的平均关联强度越大代表核心主题词间共现强度越大、研究越集中，反之则代表共线强度越低、研究越分散。核心主题词的总关联强度代表此主题词在共现网络中的重要程度，越高则说明此主题词对于构建网络越重要。

"地球科学等数据集成、同化及大数据云共享技术及其政策研究"的平均关联强度最高，是研究内容最集中的主题，与其他研究内容交叉相对较少；其次是"医学信息学相关的信息管理与教育相关问题"，主要研究内容集中在医学信息学领域相关的数据管理与教育问题；"数据采集与数据质量管理相关研究"的平均关联强度最低，是研究内容最发散的主题，与其他研究内容交叉相对较多，涉及临床医学、计算机科学、信息通信研究等。

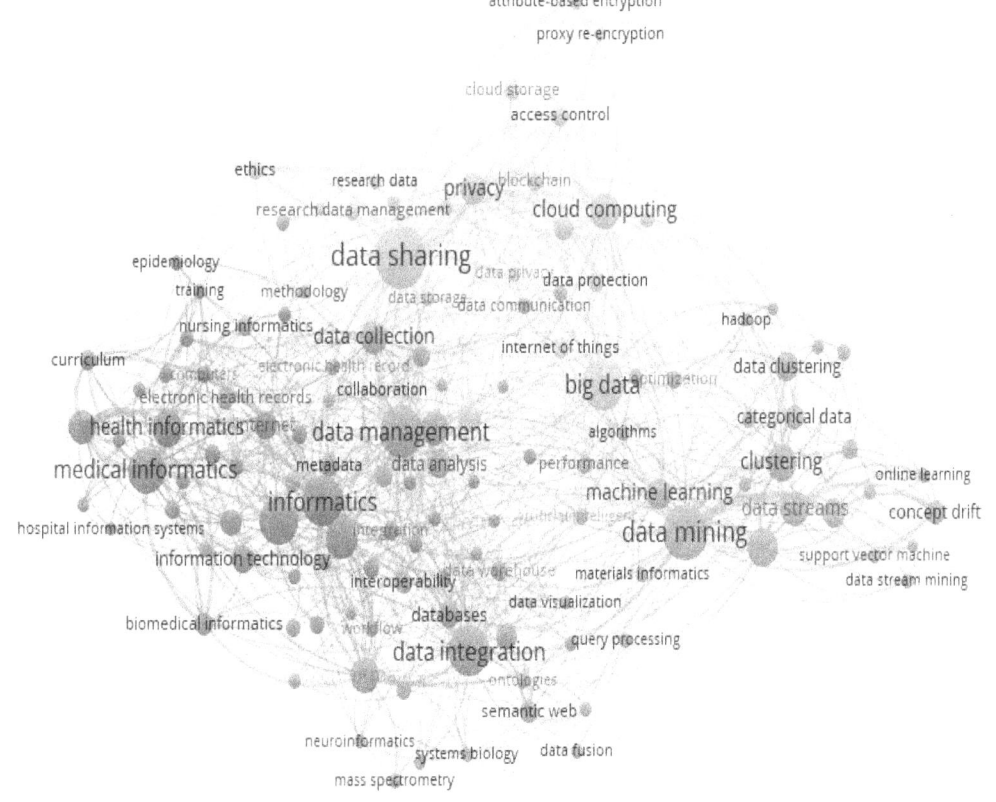

图 7-8 科学数据管理研究主题聚类分析（见书末彩图）

由图 7-9 可知，该领域的 5 个主题中出现最早的主题是"医学信息学相关的信息管理与教育相关问题"，出现在 2008 年。出现最晚的主题是"地球科学等数据集成、同化及大数据云共享技术及其政策研究"，出现于 2015 年，相对而言是新兴研究主题。

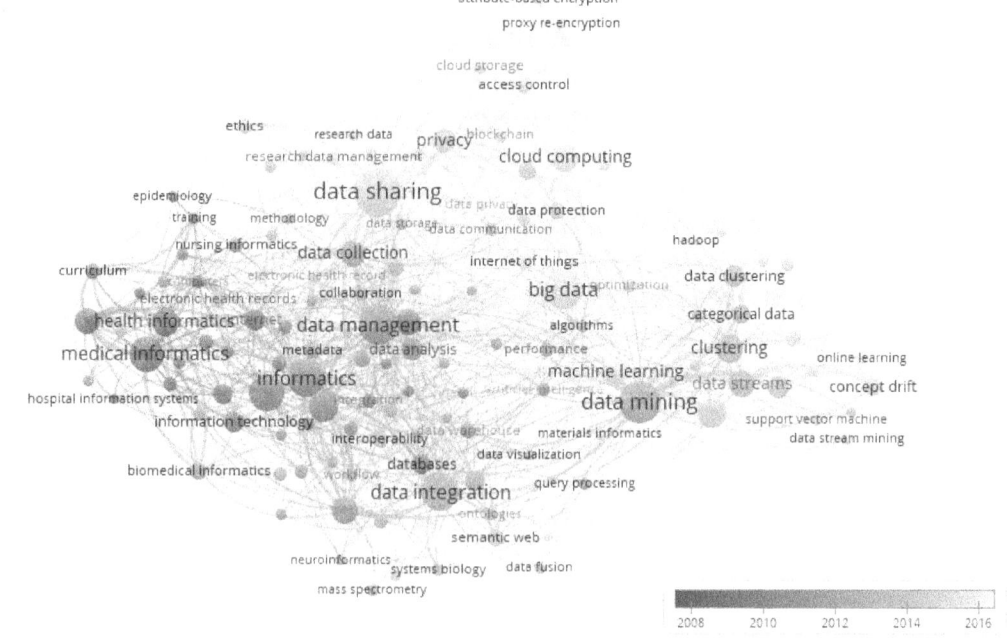

图 7-9　科学数据管理研究主题时间演变（见书末彩图）

结合专家判读，本研究分别对每个聚类进行命名和解读，对该领域发文主题进行识别和分析。

"医学信息学相关的信息管理与教育相关问题"：该聚类的主要内容是针对医学信息学领域各类数据开展信息管理研究。数据类型包括健康信息、生物医学信息、公共卫生信息和医院信息等。研究主题包括数据管理系统的开发、网络基础设施的建设和医学信息管理的相关教育问题。

"数据挖掘相关概念、技术与应用"：该聚类的主要研究内容是数据挖掘的原理与概念，数据挖掘的方法和步骤。大规模数据挖掘中的机器学习、数据流管理是本主题最热门的研究主题。数据聚类、遗传算法、数据分类等技术是数据挖掘的常用技术。另外，机器学习或深度学习也为人工智能和数据挖掘提供了底层的技术支撑。

"生物信息学数据集成的理论、算法及应用研究"：该主题的主要研究内容是以生物信息学数据为核心设计基于本体的科学数据库元数据系统，核心问题包括元数据的获取、语义网建设、数据存储标准等。另外，该主题研究还重视数据的开放与获取，因此涉及大量数据管理系统可视化、数据仓储、数据获取开发的相关技术问题。此类研究主要应用在神经信息学和系统生物学相关的问题。

"地球科学等数据集成、同化及大数据云共享技术及其政策研究"：该主题的主要研究内容是大数据云的数据交换共享平台的架构技术与相关管理问题。包括地球科学等学科的数据集成、数据同化、访问控制、数据安全、管理支持、共享机制均是热门研究问题。物联网、云存储、区块链等技术概念也是这一主题的热点研究话题。

"数据采集与数据质量管理相关研究"：该主题的研究是以数据管理、数据收集和数据分析为核心开展的。研究的问题包括数据采集方法和数据质量控制。研究对象包括电子健康记录、临床信息、护理信息等医疗信息。该主题研究与通信技术研究密切相关。

7.3 分析与讨论

① 科学数据管理研究发文量呈指数增长趋势，到2019年，全球年发文量超过1000篇，研究热度非常高。发文最多的前5个大类学科分别是信息科学（包括计算机科学、网络通信、人工智能等），医学（包括中西医、药理学、呼吸系统、循环系统等），工程与材料科学（包括新材料等），地球科学（包括地质学、生态环境与健康、遥感、能源与燃料、水资源、空天科技等），生命科学（包括生物化学与分子生物学、生物技术与应用微生物学等）。未来信息科学数据管理研究，包括人工智能、网络通信等仍然在相当长的时间内处于领先地位。地球科学数据管理研究任重道远，在大数据、云计算和geoAI的推动下，上升空间大，提升速度快。

② 科学数据管理研究领域从1953年第一篇发文至2019年共跨越68年。其中在1975年、2000年和2010年前后分别经历了论文引用爆发时期，极大地推动了该领域数据共享相关理论模型研究、数据聚类的理论与方法研究、数据同化系统的结构和性能研究及元数据驱动的方法和工作流程等研究的发展。

③ 北美、中国、欧洲在科学数据管理研究领域位于全球领先地位，在发文量上形成"三足鼎立"态势。中国相比其他国家起步较晚，但后期研究发展迅速，相关研究影响力有待进一步提高。今后，我国科学数据管理研究只有在理论和方法上有所突破，才能领先或领跑世界水平。

④ 从总被引频次统计来看，科学数据管理研究领域全球排名前五的机构分别是哈佛大学（9172）、斯坦福大学（8807）、华盛顿大学（7128）、加州大学伯克利分校（6413）和马里兰大学（4982）。另外，根据四象限图分析，哈佛大学、斯坦福大学、华盛顿大学和马里兰大学4个机构被引频次、学科规范化影响力均在TOP 10机构的平均水平之上，而且科研成果数量较多，综合科研实力最强。加州大学伯克利分校虽然发文数量不及华盛顿大学的三分之一，但篇均被引次数位居第一，对科学数据管理研究的贡献不可小觑。

⑤ 科学数据管理领域大致有以下研究热点：医学信息学相关的信息管理与教育相关问题；数据挖掘相关概念、技术与应用；生物信息学数据集成的理论、算法及应用研究；地球科学等数据集成、同化及大数据云共享技术及其政策研究；数据采集与数据质量管理相关研究。近年我国虽然在国家层面的数据管理办法已经出台，但很多方面仍缺乏技术支撑。因此，国家应根据国际研究的前沿和热点，强化科学数据管理研究和发展的投入，加大对科学数据管理研究和发展的战略布局。

第八章 国际地球科学数据管理实践案例

8.1 地球系统科学数据期刊

8.1.1 概况

《地球系统科学数据》(Earth System Science Data，ESSD)是一本国际性、跨学科的期刊，旨在发表关于原始研究数据（集）的文章，进一步重用有益于地球系统科学的高质量数据。该期刊于2008年起出版地球系统科学数据，以维护科学数据资源的可信度，同时通过数据论文的文献计量学探索，极力提升数据论文作者的学术影响力。2018年影响因子10.951，期刊网站首页见图8-1。

图 8-1 *Earth System Science Data* 期刊首页
(https://www.earth-system-science-data.net/)

ESSD 的主要目标是：数据提供者的工作及 ESSD 的"批准印章"将使未来的研究人员可以放心地使用 ESSD 发布的数据。该期刊希望在数据发布日期后的 5 年或更长时间内，用户能够准确地找到数据、工具和相关描述，从而使他们能够完全可靠地从原始数据描述或数据论文中获得数据结果。未来的用户可以将 ESSD 作者的位置作为新分析的起点，得出完全相同的结果。由于数据存储库可能会停止运行，因此 ESSD 数据描述与有效的 DOI 的组合应使 ESSD 出版物的未来读者可以访问原始数据产品，重现任何数据操作，评估该数据的实用性并用于研究应用，不受数据使用期限或存储位置的影响。

8.1.2 数据集成策略

（1）强调开放获取

对于 ESSD 而言，轻松、自由、开放的数据访问对数据提供者和用户均适用。数据提供者必须能够方便地访问用于管理数据的免费机制和服务。管理包括可靠的长期存储和备份、DOI 的铸造和维护及有助于搜索、标识和下载的适当元数据服务。在 ESSD 论文中嵌入标识符链接后，用户即可享受快速、免费、可靠的"两次单击"访问：第 1 次单击进入相关的登录页面，第 2 次单击下载。理想的存储库将包括主题和地理浏览。从公开讨论开始，ESSD 数据产品应以完全公开的方式存在，没有专有保护期或其他限制。ESSD 实行的数据发布依赖于双边自由无限制的访问。ESSD 使用的大多数数据存储库都完全促进和支持此级别的开放访问。当作者缺乏有关或无法访问适当数据中心的信息时，ESSD 将提供指导和建议。

（2）强制性 DOI

随着 DOI 在数据研究中的应用，ESSD 也同步开展相关工作。使用 DOI 进行数据的识别、跟踪和版本控制对于数据发布过程仍然至关重要。从提交稿件时起，所有 ESSD 数据集和数据产品都必须带有 DOI。将 DOI 系统应用于这些产品，无论是平面文件、数据库还是算法，可以保护并告知用户和提供者。在所有情况下，由于 ESSD 审核过程而进行的更改都会为修订后的数据产品产生新的 DOI。最终发布的产品将带有两个 DOI：一个用于已审核或修订后的最终数据产品，另一个则用于发布的数据描述。

（3）准确有用的数据描述

ESSD 数据描述提供了一个独特而完整的说明，涵盖了原始数据源、数据收集方法、数据产品相关工具和整体准备。为帮助用户，尤其是对产品感兴趣但可能不熟悉该产品的用户，ESSD 作者必须提供准确的来源、算法、代码、模型等文档，以便新用户能够进行后续研究、替代的分析或结论。理想情况下，详细的 ESSD 数据描述可以防止或至少最大限度地减少后续数据的误解或滥用。优秀的 ESSD 论文将包括归因表，这些归因表汇总了所使用的数据、数据源（带有 URL）和期刊引文，以便读者和用户可以轻松地将相同的链接指向相同的源。所有数据链接和归因的格式应遵循当前的最佳做法（根据 ESSD 数据政策 https://www.earth-system-science-data.net/about/data_policy.html 查找示例并链接到正式数据引用原则），并在论文的参考文献列表中包含完整的准确引用。

（4）包含代码和工具的清单

ESSD 数据产品和数据描述应包括所有代码、库、统计或插值例程、模型版本等。例如，当作者在 R 中开发或使用处理方案时，他们必须提供这些 R 代码的特定名称和 URL。当他们通过使用模型或与模型进行比较来验证其产品时，他们必须提供模型配置的确切详细信息（包括可靠的链接等）以使读者和用户能够重复进行分析。通常，ESSD 作者会提供一个包括源、处理步骤和结果的流程图，并附一个表格，列出必要的详细信息。

（5）广泛的验证

作者需要向审稿人和用户展示其数据集和数据产品的有效性和适用性。确切的机制和验证选项在数据产品和数据产品之间会大不相同。由于 ESSD 可以确保发布的数据适合将来的研究，因此每个 ESSD 论文应通过与先前产品、备用数据源、不同时间或空间分辨率下的相似产品、模型结果、近期传感器的初始短记录等某种形式的比较来证明所提交数据产品的技能和实用性。

（6）明确不确定性核算和分析

每个 ESSD 数据集、数据库、数据产品或数据处理算法都包含并可能引起不确定性。ESSD 产品还将带有从源数据继承的不确定性。作者必须明确并广泛地描述和记录这些不确定性。每个 ESSD 数据产品都必须包括不确定性文档。作者可能需要依靠并引用他们自己的专家判断，但是这些结论必须明确地以百分比、标准偏差或其他可接受的度量标准出现在总体不确定性评估中。未来的用户，包括建模者，都需要进行仔细、明确和定量的不确定性分析，以使他们能够根据已记录的 ESSD 产品的不确定性来选择或避免后续使用。

（7）数据可用性部分中的用户指南

作者必须在明确的数据可用性部分（ESSD 的另一个增值功能）中描述对数据产品的访问。本部分必须列出当前的主要和备用数据存储库链接、说明任何版本、包括指向开放源代码文件的链接等。所有指向第三方数据源的链接均应以可引用的可访问格式出现在参考列表中。数据可用性部分还应描述适用的将来更新的计划和时间表。所有 ESSD 论文应包括其特定的数据链接作为摘要的最后一句话，并应重复这些链接，且在数据可用性部分中提供所有必要的解释和帮助。

8.1.3 关键技术

（1）数据库与工具

ESSD 坚持使用易于访问的非专有数据库、数据产品、数据处理代码和其他处理和使用已发布数据所必需的软件工具。好的例子包括逗号分隔值（.csv）文件、netCDF 文件、MySQL 数据库、与 QGIS 兼容的 shapefile、可打开源脚本代码（R，Python）等。专有软件产品（如 ArcGIS，MATLAB 和 Microsoft Access）无法支持 ESSD 所需的开放式访问和交换数据发布；这些格式的产品需要转换为非专有格式才能进行数据共享。由于研究人员通常可以使用 Excel，并且由于存在许多免费的翻译器，因此 ESSD 接受 Excel 文件作为特殊情况。

（2）动态数据更新

ESSD 使用 "living data"（ESSD LD）流程来支持不断发展的数据集，即需定期更新或扩展的数据集。在保持高数据质量和评估标准的同时，"living data"流程使得ESSD可以为作者、审稿人和主题编辑者引入便捷的程序和时间表。

期刊希望通过ESSD LD流程评估的每个数据集都将得到持续改进，部分是通过定期扩展或更新（例如，针对时间序列）及完整性、格式、不确定性估计和可访问性的变化而造成的。这些作者引起的改进可能是对评估和讨论期间提出的建议的响应，也可能是社区对先前发布的数据集使用的结果。在所有情况下，后续数据集将包含并传达相对于先前数据集的质量和有用性的显著改进。

ESSD LD流程中的所有更新数据集将带有一个唯一且独立的DOI，与所有先前的数据集不同。ESSD与项目和数据中心合作伙伴一起，将在这些数据的版本之间建立明确的链接，特别是从当前版本到所有先前版本。ESSD发布的数据描述将同样带有DOI，该DOI将链接到相应的先前描述。

对于更新的数据和数据描述，要求作者的数据提供者尽可能引用以前的描述和版本，以关注于当前版本中实现的更改。当数据提供者采用这种更新格式时，可以向保证他们不需要重新评估原始数据或原始处理方案。有了先前的所有评论（保留在ESSDD在线论坛上），他们只需关注那些已更改的方面和功能。

8.2 DataONE

8.2.1 概况

地球的数据观测网络（DataONE）建立于2009年，是通过分布式框架和可持续的网络基础设施来建立新的创新环境科学的基础，其满足科学和社会开放、持久、稳健和安全地访问描述的和容易发现的地球观测数据的需要。在NSF（第1期ACI-0830944，第2期ACI-1430508）的支持下，作为初始数据网之一，DataONE将确保多规模、多学科的保存、访问、使用和重用，以及通过3个主要的网络基础设施要素和广泛的教育和推广计划获得的多国科学数据。

8.2.2 数据集成策略

（1）共享管理在数据生命周期中的流程描述

DataONE项目拥有分布式基础架构和一系列的技术支持，这使得不同国家、不同学科和不同规模的观测数据均可以被长期存储、检索和共享。目前，DataONE在全球拥有12个成员节点，成员节点是以数据保存为导向的存储库，其通过DataONE的服务规程或者成员节点API为科研人员提供数据产品。在成为成员节点后，本地存储的数据集容易被更广泛的受众发现，也能为更广泛的分析工具所用，在此基础上科研人员发布的数据也更容易被引用，进而增加研究工作的价值。DataONE也可以通过高效、定制的方式将本地数据集复制到另一个DataONE的成员节点上,这样会增大副本的可获取性,服务全球社区的联系成本也会降低,数据可用性的提高增加了科研人员之间合作的机会。

(2)共享管理在管理生命周期中的流程描述

建立数据生命周期模型是由NSF提出,由DataONE领导小组与DataONE社区合作开发的,该模型是DataONE开发工具、服务和教育材料的一个基本的框架。DataONE把数据监管生命周期分成了计划、收集、保障、描述、保存、发现、整合、分析8个步骤,其中的保障主要是通过元数据和数据格式来保障数据质量和兼容性,保证数据的可获性以提升数据价值。

8.2.3 关键技术

DataONE的关键技术包括:①建立数据中心,将全球的投资应用于科学数据存储;②通过专注于互操作性解决方案,创造一个全球性的、联合的数据网络,提供数据网络工具和服务,来创造新的科学和知识;③启用了DataONE信息化基础设施(CI)和最佳的通知方法,示例数据管理计划和支持所有方面的数据生命周期循环的工具,有利于发展实践社区。DataONE网站截图见图8-2。

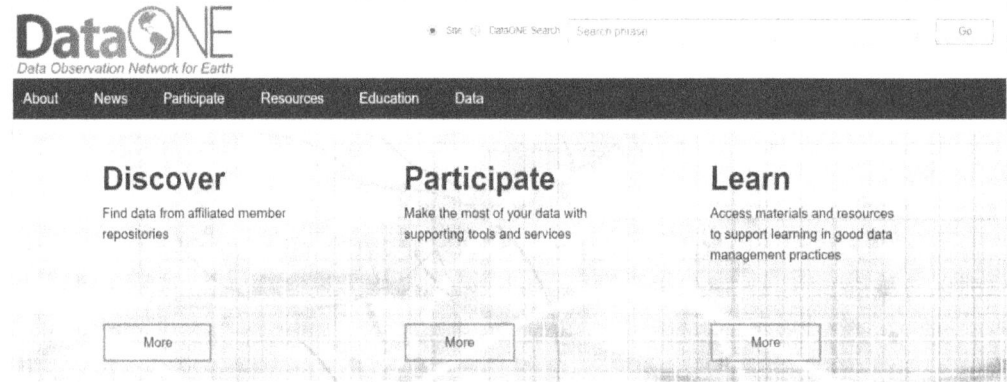

图8-2 DataONE网站截图(https://www.dataone.org/)

8.3 OneGeology

8.3.1 概况

(1)基本概况

OneGeology启动会议于2007年3月在英国布莱顿举行,是由世界地质调查组织发起的一项国际倡议,也是一个地质学的国际合作计划,由113个国家、联合国教科文组织和世界上主要的地球科学机构共同执行,目的是为了要让所有人都可以在网络上获取全世界的动态数字化地质图。

（2）目标

提高全球地球科学数据的可访问性（包括互操作性）和有用性，这些数据是解决许多社会问题（包括减轻灾害、满足资源需求和气候变化）所必需的，具体包括：①成为全球地球科学数据的提供者；②确保更多的人参与到专业知识和技能的交流之中；③利用地质学的全球概况来提高对地球科学及其相关性的认识。

（3）合作方/工作机制

该项目是一个真正的多国和多边合作的项目。其涉及以下不同的利益相关者一起工作：世界地质调查网络；世界地质图委员会的国际伞形组织（CGMW）；国际地质科学联合会（IUGS），包括其地球科学信息管理和应用委员会（CGI）；联合国教科文组织（UNESCO）。

8.3.2 数据集成策略

（1）项目的概念模型

构建一个分布式模型，即可允许机构、团体、个人通过Web汇集和更新数据。为了实现地质数据共享的目标，该项目小组正在将地球科学数据建模和信息管理方面的最新技能与世界范围内在岩性和地层分类方面的专业知识和经验结合起来。

（2）数据标准

OneGeology将来自世界各地地质数据提供商的数据提供给那些希望查看和使用这些数据的人。这些数据中的大部分是传统地质图中所描绘的类型，不同地质类型的资料如地球物理、钻孔和水文地质学的资料也越来越多。这些数据通过开放的地理空间联盟OGC标准Web服务提供，许多免费和商业客户可以访问这些服务。目前OneGeology使用了3个OGC标准，分别是：Web Map Service（WMS）、Web Feature Service（WFS）和Web Coverage Service（WCS）。OneGeology网站界面见图8-3。

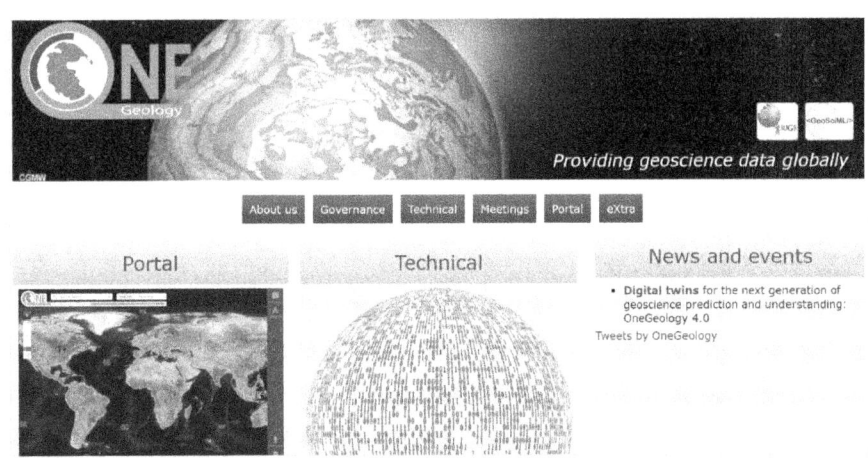

图8-3　OneGeology网站界面

（3）隐私策略

OneGeology 致力于保护用户的在线隐私。平台将按照《1998 年数据保护法》的规定处理用户提供或平台从用户处获取的任何个人信息（包括姓名、地址、电子邮件地址等）。

8.3.3 关键技术

GeoSciML：OneGeology 使用新引入的 GeoSciML 标记语言。GeoSciML（GeoScience Markup Language）是一种用于地球科学的 GML（Geography Markup Language，地理标记语言）基于 W3C、OGC 和 ISO 国际互联网数据交换标准的应用程序语言。GeoSciML 项目于 2003 年启动，数据模型在开放地理空间联盟（OGC）的 GeoSciML 标准工作组内开发，并与地球科学信息管理和应用委员会（CGI）达成了合作协议，是 CGI 互操作性工作组的一部分。

GeoSciML 是一个用于在 Internet 上进行数据交换的 XML 模式，其集成了表示地理位置（几何图形，如使用 OGC 的 GML 规范的多边形、直线和点）的能力，并将其作为正在交换的特性的一部分。可供交换的特征范围由地球科学或地质科学的领域或主题领域确定。GeoSciML 的短期目标是表示与地质图和观测有关的地球科学信息，并在长期扩展到其他地球科学数据。GeoSciML 语言的使用，使得地质数据可以在地球上与其他组织共享和集成。

8.4 ARGO 全球海洋观测网

8.4.1 概况

ARGO 计划（ARRAY for REAL-TIME GEOSTROPHIC OCEANOGRAPHY），通常被称为"ARGO 全球海洋观测网"，是由美国等国家大气、海洋科学家于 1998 年推出的一个全球海洋观测试验项目，得到了政府间海洋委员会及联合国环境规划署的联合资助，每个参与该计划的国家或地区都是以自愿的形式出资，并免费共享所获得的数据。

ARGO 计划构想与宗旨：该计划构想用 3~4 年的时间（2000—2003 年）在全球大洋中每隔 300 公里布放一个卫星跟踪浮标，总计为 3000 个，组成一个庞大的 ARGO 全球海洋观测网。旨在快速、准确、大范围地收集全球海洋上层的海水温、盐度剖面资料，提高国际海洋科学和大气科学对上层海洋热含量、净水含量及其变化过程的定量描述，利用数据同化技术把 ARGO 观测与其他数据结合在一起（袁业立 等，2001），特别是卫星遥感数据，将为大洋环流、海气耦合模式提供较为准确的海洋状态初始场，以提高气候预报的精度，有效防御全球日益严重的气候灾害（如飓风、龙卷风、台风、冰雹、洪水和干旱等）给人类造成的威胁。

ARGO 计划发展历程：2000 年启动的国际 ARGO 计划，在美国、日本、法国、英国、德国、澳大利亚和中国等 30 多个国家和团体的共同努力下，已经于 2007 年 10 月在全球无冰覆盖的开阔大洋中建成了一个由 3000 多个 ARGO 剖面浮标组成的实时海洋观测网。这是人类历史上建成的首个全球海洋立体观测系统。2015 年来，各国在全球海洋布放的

Argo 浮标数量超过 12 000 个累计获得了约 150 万条温度和盐度剖面，比过去 100 年收集的总量还要多，且观测资料免费共享，被誉为"海洋观测技术的一场革命"（刘增宏 等，2016）。目前，国际 Argo 计划正从"核心 Argo"向"全球 Argo"（即向季节性冰覆盖区、赤道、边缘海、西边界流域和 2000 m 以下的深海域及生物地球化学等领域）拓展，最终会建成一个至少由 4000 个 Argo 剖面浮标组成的覆盖水域更深、涉及领域更宽广、观测时域更长远的真正意义上的全球 Argo 实时海洋观测网（Freeland H J 等，2009）。

8.4.2 数据集成策略

（1）数据信息交换

数据信息交换是 ARGO 计划的重要环节。ARGO 信息中心（AIC）的建成与运行为各国科学家提供了信息共享和交换的场所。通过 AIC 可以得到：①全球所有已布放浮标的时间和位置；②所有计划布放浮标的有关信息；③浮标观测数据（需授权）；④浮标布放前后所有必须进行的步骤（参与 ARGO 计划的浮标），其中包括卫星通信，布放位置的选择等内容（袁业立 等，2001）。AIC 的建设不仅为各国了解 ARGO、参与 ARGO 提供了最佳的途径，其运作方式也为解决缠绕国内多年的数据交换与共享的问题提供了可借鉴的经验。

（2）数据同化

数据同化方法是将观测数据与数值模式有效结合的唯一途径，GODAE（全球海洋数据同化实验）提出了建立全球海洋实时数值模拟和数据同化系统的构想，主要采用的是卫星遥感数据（包括海面高度与海表面温度）（袁业立 等，2001）。但是研究表明，次表层温盐数据的贫乏制约了这些高精度卫星观测数据的应用（ARGO Science Team Report, 1998）。ARGO 计划每年提供的 80 000 个温盐剖面数据将解决这个问题。现在，已有一些同化研究计划开始针对 ARGO 观测数据设计各种同化方案，其中包括美国 MIT 的同化方法研究与法国的 Mercator 计划。MIT 所设计的同化方案中还不包含 ARGO 计划所提供的大尺度低频流场的数据，而仅考虑同化温盐剖面观测，而 Mercator 计划已经在研究如何同化所有这些数据。

（3）数据管理

Argo 数据管理工作主要分为两个方面：①实时模式：所有剖面数据经过实时质量控制在 24 h 内传送到全球通信系统（GTS）上，并送达全球资料中心（GDACs）。②延时模式：区域历史温盐数据集已整理完毕，并采用 Wong 和 Johnson（2003）的延时质量控制方法对澳大利亚布放的 Argo 浮标所观测的数据进行了测试。2002 年 12 月，Helen Phillips 先生为各国投放于印度洋的 Argo 浮标建立了一个国际合作网站，并已进行了积极协调，印度即将接管此项工作。加拿大海洋环境资料服务中心（MEDS）的网站已经与国际 Argo 计划相关网站相链接。自动处理系统每隔 6 h 运行一次，以获取加拿大浮标的数据，并实现自动质量控制及把数据传送到 GTS、GDACs 和 PIs（Argo 计划的主要调查研究者）。网站也每隔 6 h 自动更新一次。Argo 目前正致力于把数据转变为新的数据格式，并把 GDACs 中所有的历史记录更换为新的格式，且这些工作已经完成。2003 年 11 月的 Argo 数据管理会议提出了延时质量控制标准化，现在正在加强这方面的工作。

(4) Argo 资料质量控制与交换共享

国际 Argo 计划的观测目标是能获取世界大洋中精确度分别为 0.005 ℃和 0.01 ℃的海水温度和盐度资料。为了确保浮标观测资料的质量，该计划在实施之初就提出了利用历史船载 CTD 仪观测数据对浮标观测的温度、盐度资料，特别是盐度进行延时模式质量控制的方法（Wong et al., 2001）。基于 OW 方法 CARDC 已建立了一套 Argo 浮标盐度资料延时模式质量控制系统，并在实践中对早期提出的浮标观测资料质量控制方法进行了改进和完善，进一步提高了资料的质量（Ownes et al., 2009；许建平 等，2007）。为了在国内科研院所推广使用全球 Argo 海洋观测数据集，C-ARDC 不定期地从全球 Argo 资料中心下载其他 Argo 成员国和地区布放的浮标资料，进行质量再控制后，以统一、更易读取的文本格式向国内外用户免费提供。截至 2015 年 12 月，已收集和处理了 140 万条温度、盐度剖面（部分含溶解氧和叶绿素剖面），并通过互联网（ftp.argo.org.cn）供用户下载使用。同时，还采用分布式数据库、Web Services 和 OpenGIS 等计算机技术，建立了 Argo 资料共享服务平台（http://101.71.255.4:8090/flexArgo/out/argo.html），以满足不同用户对 Argo 数据及其衍生数据产品快速查询、显示、绘图和有选择下载存储的需求。

8.4.3 关键技术

(1) 资料处理流程

国际 Argo 计划的顺利实施主要依赖于各国 Argo 资料中心在浮标资料接收、处理和分发等方面的能力。早在中国 Argo 计划启动实施之初，我国就在杭州建立了中国 Argo 实时资料中心（China Argo Realtime Data Center，C-ARDC，http://www.argo.org.cn/），着手建设针对不同类型剖面浮标的数据接收、处理和分发系统。经过 15 年的建设和完善，所有由我国布放的剖面浮标观测资料均能在解码和质量控制后，实时（24 小时）提交到位于法国和美国的 2 个全球 Argo 资料中心，供用户下载使用。C-ARDC 使用 ARGOS 卫星进行通信的浮标通过该系统将观测数据以十六进制编码格式，发送至法国图卢兹的 ARGOS 卫星地面接收中心（Collect Localisation Satellites，CLS），随后由 C-ARDC 通过互联网实时下载这些编码信息，并进行正确解码，再按照国际 Argo 资料管理组（Argo Data Management Team，ADMT）规定的实时质量控制过程（Wong et al., 2016），对每条剖面进行质量控制，并为每个观测值给出质量控制标记，最后按 ADMT 规定的格式提交给全球 Argo 资料中心（Global DataAssembly Centers，GDACs）（Carval et al., 2016）。对于铱（IRIDIUM）卫星 Argo 剖面浮标，其资料处理过程与上述使用 AR-GOS 卫星进行通信的浮标基本相同，只是观测资料须通过美国马里兰州的 CLS America 转发，且资料格式与前者略有不同。至于国产北斗剖面浮标的资料处理过程，则需要通过设在中国杭州的"北斗剖面浮标数据服务中心（BDS Profiling float Data Service Center，BDS-PDSC）"，直接使用专门设备接收、解码，并进行质量控制。

需要指出的是，世界气象组织（World Meteorological Organization，WMO）给每个 Argo 剖面浮标分配了一个唯一的编号，作为浮标数据在全球通信系统（Global Telecommunication System，GTS）和 GDACs 上共享的识别码。自 2015 年 10 月起，由我国布放的 Argo 浮标观测数据均已通过WMO设在中国气象局（China Meteorological Administration，CMA）的GTS接口上传，与WMO成员国共享，之前是通过法国CLS上传至GTS。

（2）Argo网络数据库可视化平台

中国Argo实时资料中心承担着中国Argo计划的实施，包括Argo浮标的投放、实时和延时数据的接收与处理。为了能使广大资料用户及时获得和方便使用Argo浮标资料，在国家科技部国际科技合作项目的支持下，着手研制开发"Argo网络数据库可视化平台"。该平台以数据库管理的形式，使用Web-GIS技术，以可视化的方式，用简体中文友好界面向用户提供查询和获取全球海洋Argo资料的能力（孙朝辉 等，2006）。

"Argo网络数据库可视化平台"采用服务器端的数据存贮层、服务层和客户端的客户应用层的三层结构实现，基本框架见图8-4。数据存储层的"Argo数据接收系统"从外部获取数据，以文件形式存贮，经过验证和修改后，进行数据输入，由"系统通过归档入库模块"自动进行数据入库，最终将正确的数据存入Argo数据库。服务层为数据库访问引擎中间件，提供对Argo数据库的多用户并发式访问和数据格式解析，其中有许多具体的数据处理服务功能，如生成可视化浮标漂流轨迹图和温、盐曲线图，以及多源数据融合等在中间件引导下实现。客户应用层通过具有Web-GIS功能的客户端软件实现，具有GIS信息显示、查询、空间分析、制图等功能，网络数据通信通过TCP/IP协议与数据库访问引擎中间件通信，完成命令处理和结果数据的网络交互。

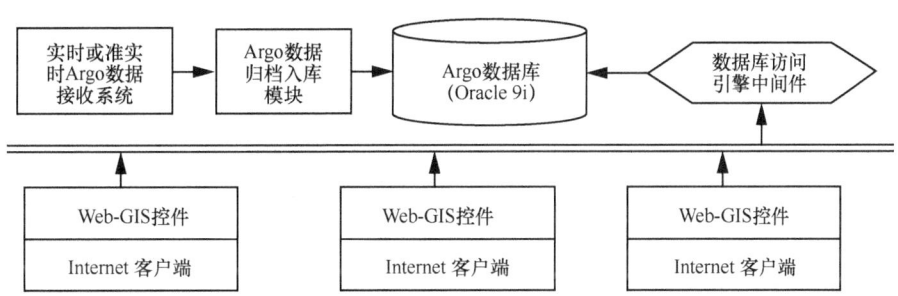

图8-4　Argo网络数据库可视化平台框架示意图（宁鹏飞 等，2007）

Argo网络数据库是该平台技术的核心，而Argo浮标数据格式为文本格式文件，数据量非常巨大，且每年获得的Argo剖面将以10万的数量增加。为此，该平台选择了Oracle作为数据库管理系统进行系统数据库结构设计，并解决了海量Argo数据的存贮、Argo资料查询可视化和在线处理及绘制图形原件等关键技术。

Argo浮标数据的格式有NetCDF、ASCII、TESAC和BUFR等常见的几种，中国Argo实时资料中心使用以NetCDF格式存贮的浮标资料，并经质量控制后转换成文本格式文件，最后通过批命令方式输入到Oracle数据库中存储。Argo数据库以浮标基本信息表、浮标剖面数据表和浮标漂移轨迹数据表及动态查询视图等组成。

Argo网络数据库可视化平台采用高级的Web-GIS设计，利用ActiveX技术，将GIS功能、Argo数据可视化功能、Argo数据二级产品处理等模块集成为控件，客户端软件中的ActiveX控件通过向"数据库访问引擎中间件"发送相关的查询命令得到查询结果，并以

TCP 数据流方式经网络传到客户端软件，在客户端分析形成可视化产品，充分利用了当前客户端机器的 CPU 处理能力，减轻服务器的数据处理工作量，保证服务器端的主要工作即数据查询能力不受影响，合理平衡了客户/服务器的计算负载，从而提高整个系统的性能，其中客户端与服务器端接口和多用户并发访问是网络平台的核心。

"Argo 网络数据库可视化平台"系统主要功能见图 8-5，各项功能具体介绍如下：功能框图中 Argo 数据入库和 Argo 数据备份恢复功能是服务器端的专属功能，主要是为了实现服务器的数据更新、数据库的维护等 Argo 网络数据库可视化平台系统中需要对后台数据库进行改动的操作，其中 Argo 数据入库实现了 Argo 剖面数据和元数据的入库操作，Argo 数据备份恢复则是对后台数据库的数据备份和恢复。而 GIS 操作功能、Argo 数据查询、Argo 数据可视化等功能则是服务器端和客户端都能使用的功能，这些功能实现了 GIS 可视化操作，还提供了 Argo 数据的查询、提取、实时绘图等操作，其中 GIS 操作功能则是使用 Web-GIS 控件实现 Argo 数据的 GIS 显示、GIS 操作及对图层信息的操作，Argo 数据查询则是对数据库中 Argo 数据进行检索，Argo 数据可视化实现了全球 Argo 浮标的 GIS 显示及对数据库中已存在的浮标基本信息和剖面数据进行验证，保证数据库中数据的一致性和完整性。

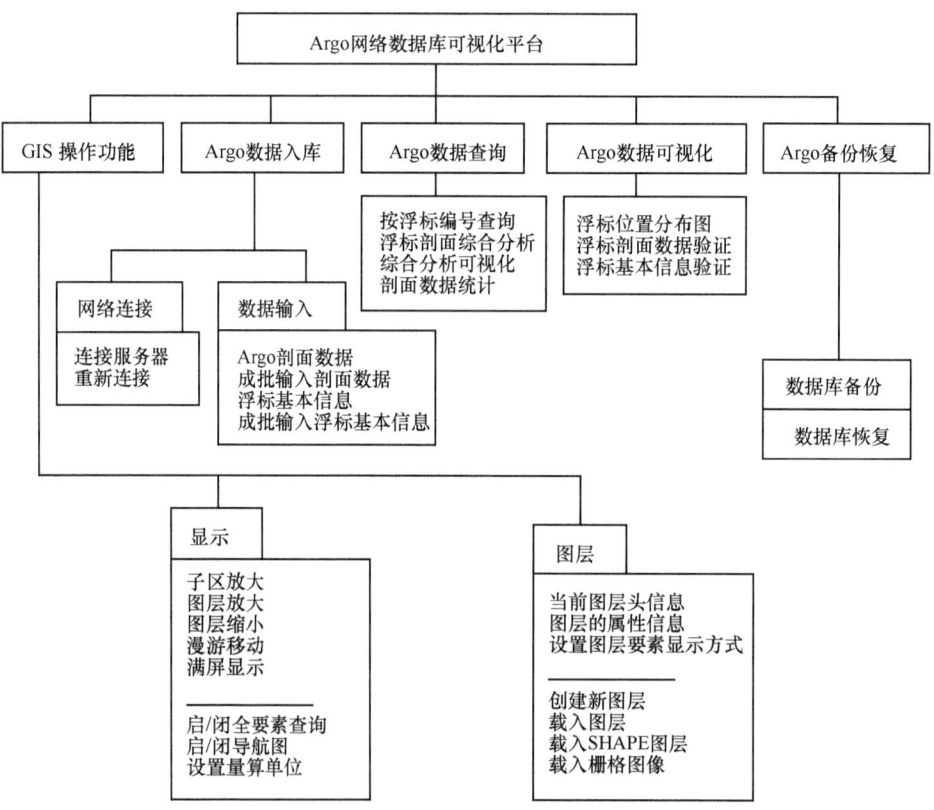

图 8-5　Argo 网络数据库可视化平台系统功能框（宁鹏飞 等，2007）

8.5 全球综合地球观测系统

8.5.1 概况

地球观测组织（Group on Earth Observations，GEO）成立于2005年，旨在制定和实施《全球综合地球观测系统（GEOSS）十年执行计划》。其核心是建立一个全球综合地球观测系统（Global Earth Observation System of Systems，GEOSS），从而能够更好地认识地球系统，为决策提供从初始观测数据到专门应用产品的信息服务支持。GEO主要面向联合国2030年可持续发展议程、巴黎气候变化协定和仙台减灾框架这三大优先发展事项，在生物多样性和生态系统管理、防灾减灾、能源和矿产资源管理、粮食安全与可持续农业、基础设施和交通系统管理、公共卫生监测、城镇可持续发展、水资源管理等8个社会受益领域开展工作。中国是创始国之一，也是联合主席国，科技部代表中国政府参加GEO的工作。

全球地球观测系统（global earth observation systems）的宗旨是在全球建立一个对天气、气候、海洋、大气、水体、陆地、地质动态、自然资源、生态系统进行观测的系统，具有全球性和集成性两大特点。其目的是连续监测地球的状况,增进对地球动力过程的了解,提高对地球系统的预测能力,促进各国履行国际环境条约的义务,为合理的决策提供及时的、高质量的、长期的全球信息。其作用是成为一个分布式的系统,在鼓励和帮助新成员的同时,努力在当前现有的观测和处理系统的基础上,分步建立协调关系。GEOSS十年计划中确认的5个功能：①用户需求；②观测；③数据处理；④观测数据和信息的交换和分发；⑤GEOSS 性能监测。GEOSS受益的9个领域：①减少自然和人为灾害引起的生命和财产损失；②理解影响人类健康和福祉的环境因素；③改善能源资源的管理；④理解、评估、预测、减轻和适应气候变率和变化；⑤通过更好地理解顺循环改善水资源管理；⑥提高气象信息、预报和预警；⑦改善陆地、海岸和海洋生态系统的管理和保护；⑧支持可持续农业和遏制沙漠化；⑨理解、监测和保护生物多样性（中国全球变化2006年学术年会，郑国光）。GEOSS数据管理系统图见图8-6。

图 8-6　GEOSS 平台网站

8.5.2 数据集成策略

（1）联邦服务性系统

GEOSS 使用联邦服务型系统，即在逻辑上集成多源数据，对外作为一个整体提供共享服务，支持数据资源的统一发现和访问。系统将分散在各地的组织机构、数据中心、科学数据库等联合起来，形成一个庞大的科学数据网络。其中，数据资源由各分布式节点自行管理和维护，系统则提供所有资源的统一目录，建立全局索引，对外进行共享和发布（李云婷 等，2019）。

（2）EO 服务建模

为了有效地描述服务接口特性，促进地理信息系统中资源的自动访问，CSR 和 GEOSS 标准及互操作性注册中心（SIR）分别采用了服务分类法和标准参考法。服务分类法具有的属性允许表示服务实例和关系指示，这些指示实际上反映了正在分类的服务域的知识。CSR 中的服务分类法的第一个版本采用了五层树结构。此分类法捕获与服务发现密切相关的以下服务特性：服务类别、接口标准、标准版本、服务绑定和标准配置文件。然后将这个分类简化为两层体系结构，其中服务类别不变，所有其他层合并在一起。在第一层，有以下 4 个服务类别：数据访问服务、目录/注册表服务、数据转换服务、描述和显示服务。具体的服务标准列在每个类别下的第二层，支持资源之间互操作性的标准、协议和其他规范也在 GEOSS 标准和互操作性注册表中维护。其还分为两层体系结构：数据格式、数据采集、技术文档、质量保证/质量控制、元数据（内容）、开发环境和软件语言、模式、通信和电信、建模/仿真/分析处理服务、工程过程、语义、存档在第一层，而个别的特定规范则在第二层（Bai Y, 2012）。

（3）API 接口和可重用的目录包

通过应用程序编程接口（API）发送到地理信息交换所和地理门户。支持开放和标准化的 API 接口对于确保 GEOSS 组件之间的互操作性及实现大规模集成至关重要。OpenGIS Consortium（OGC）目录服务定义了一个目录抽象信息模型，该模型由元数据查询语言的 BNF 语法、一组核心可查询属性和一个公共记录格式组成。其还定义了一个通用目录接口模型，该模型提供一组抽象服务接口，支持地理空间元数据信息目录的发现、访问、维护和组织（Bai Y, 2012）。

8.5.3 关键技术

GEOSS 是复杂 SoS 系统的很好的例子，其由业务和研究系统组成。这个系统通常是为满足国家或区域的要求而创建的，系统的优先顺序由发起者决定，并由业务资源分配决定。SoS 的特点是，组件系统可以独立运行，以生产满足其客户目标的产品或服务。即使与整个系统分离，组件系统本身也能充分实现独立运行。SoS 可以通过互操作性安排来连接系统，互操作性安排不需要紧密耦合或强集成（Butterfield M L, 2008）。

8.6 地球观测系统数据和信息系统

8.6.1 概况

NASA的地球观测系统数据和信息系统（EOSDIS）是地球科学数据系统（ESDS）计划中的一个关键核心能力。其提供端到端的能力，用于管理来自不同来源的NASA地球科学数据卫星、飞机、现场测量和各种其他项目。对于EOS卫星任务，EOSDIS提供指挥和控制、调度、数据捕获和初始（0级）处理能力。这些能力构成了EOSDIS任务操作，由NASA的地球科学任务操作（ESMO）项目管理。NASA的网络能力是将数据传输到科学操作设施。图8-7所示是EOSDIS的EARTHDATA主界面，图8-8所示是EARTHDATA关于EOSDIS的介绍。

EOSDIS的设计宗旨是有利于EOS研究机构对EOS资料的充分利用、向用户长期提供可信度高的观测资料，通过NASA的12个下属的分布式数据存档中心实现数据共享。EOSDIS一方面对观测平台进行操作指控，并提供科学运算、计算机网络设备来支持EOS的科学研究活动；另一方面进行数据的获取、保存、处理、分发，负责信息管理、网络建设、算法交换、产品发布等。EOSDIS同时也是NASA地球科学事业 ESE（Earth Science Enterprise）的主要数据系统。

EOSDIS的其他能力构成了EOSDIS的科学操作，由NASA的地球科学数据和信息系统（ESDIS）项目管理。这些能力包括：为地球观测系统任务生成更高级别（1～4级）的科学数据产品；存档和分发地球观测系统和其他卫星任务及飞机和实地测量活动的数据产品。EOSDIS科学操作是在一个由多个互连节点组成的分布式系统中进行的，科学调查员领导的处理系统（SIPS）和分布式的、特定学科的、地球科学分布式活动档案中心（DAAC）负责生产、归档，以及地球科学数据产品的分发。DAAC通过提供搜索和访问科学数据产品和专门服务的能力，为一个大型和多样化的用户社区提供服务。

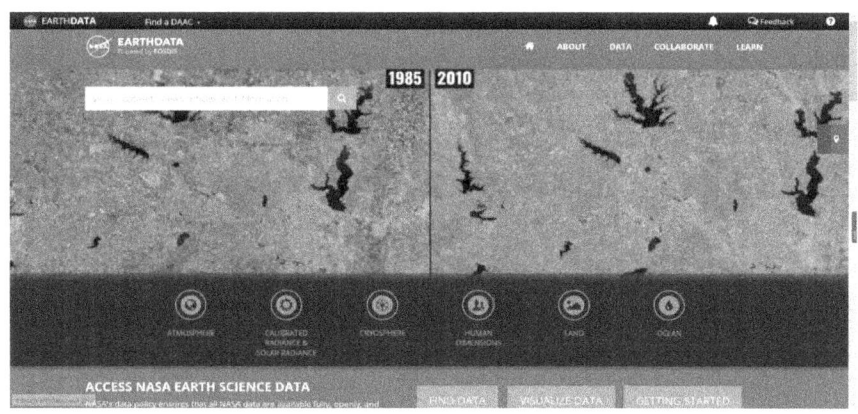

图8-7　EOSDIS的EARTHDATA主界面（见书末彩图）

图 8-8　EARTHDATA 关于 EOSDIS 的介绍

8.6.2　数据集成策略

NASA 地球观测系统数据和信息系统（EOSDIS）是一个综合性的数据和信息系统，旨在执行多种功能，以支持一个多国家和国际用户群体。为此，EOSDIS 提供了一系列服务，见图 8-9，一些服务面向不同的临时用户群体，一些服务仅面向由 NASA 同行评议的竞赛选出的科研骨干，许多服务介于两者之间。EOSDIS 提供的主要服务是用户支持、数据存档、管理和分发、信息管理和产品生成，所有这些都由 NASA 的地球科学数据和信息系统（ESDIS）项目管理。NASA 地球科学任务操作（ESMO）项目管理另外两个 EOSDIS 服务，即航天器指挥和控制及数据采集和遥测处理。EOSDIS 服务描述如下：

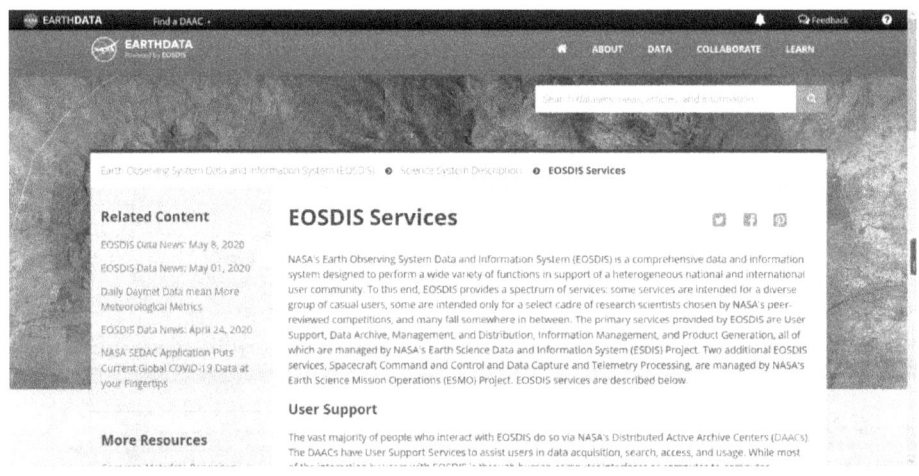

图 8-9　EOSDIS 提供的服务

（1）用户支持

绝大多数与 EOSDIS 互动的人都是通过 NASA 的分布式活动档案中心（DAACs）进行

互动的。DAAC提供用户支持服务，帮助用户进行数据采集、搜索、访问和使用。虽然用户与EOSDIS的大多数交互是通过人机界面或计算机到计算机的界面进行的，但有时需要与用户与服务人员协商，以协助解决有关数据或系统的专门问题。DAAC为公共和私营部门的用户提供支持服务，这些用户包括研究科学家、教育工作者、学生、负责气象预报和环境监测等业务应用的公共机构的用户、决策者和一般公众。

（2）数据归档、管理和分发

可通过数据部分中的链接获得当前EOSDIS数据保存列表。这份清单包括从卫星飞行任务和科学运动中获得的数据产品，以及其他相关数据和信息。EOSDIS存储了NASA地球观测系统（EOS）仪器在任务期间计算出的所有标准产品，并以电子方式（通过网络）向用户分发所需数据。EOSDIS还存储和分发EOS标准产品生成所需的非EOS源数据。此外，EOSDIS还存储产品生成的算法、软件、文档、校准数据、工程和其他辅助数据，并根据要求提供给用户。存储了有关系统配置历史的足够信息，以便在意外或灾难性损失的情况下能够重新生成产品。可通过DAAC访问当前的EOSDIS数据存储套件。

（3）信息管理

EOSDIS为定位和访问感兴趣的产品提供了方便的机制。系统的"外观"在多个节点上是直观和统一的，从这些节点可以访问EOSDIS。EOSDIS通过提供可扩展的工具集和功能，使研究人员能够从自己的计算设施访问特殊产品（或研究产品），从而促进协作科学。EOSDIS提供称为通用元数据存储库（Common Metadata Repository，CMR）的中间件，该中间件提供应用程序编程接口（API），通过API可以开发搜索和访问软件（clients）。客户机界面允许用户访问地球科学数据档案、浏览数据存储、选择数据产品和下数据订单。这些网关提供了对EOSDIS数据产品和其他地球科学数据的访问；只有EOSDIS产品包括EOS元数据属性和值套件，以增强搜索能力。此外，每个DAAC的专用服务都可以通过其各自的接口访问。

（4）产品生成

EOSDIS支持从EOS仪器观测中生成数据产品。EOS数据产品的算法和软件由EOS研究人员生成，作为其科学研究的一部分。标准产品的算法和规范由NASA通过同行评审过程进行评审，以确保满足NASA EOS任务目标所需的完整性和一致性。生产标准产品所需的加工和再加工的优先顺序取决于科学要求、技术考虑和成本。这些优先事项由各自的仪器小组和地球观测系统项目科学家根据国家和国际地球科学界的建议确定。

（5）航天器指挥控制

EOSDIS执行航天器和仪器的计划和调度，以及指挥和控制。这些功能包括处理数据采集请求、协调多仪器观测、确保生成的命令有效且在资源限制范围内、监测和维护航天器和仪器的正常和安全、分析航天器数据，保持航天器和仪器运行的历史。EOSDIS还提供适当的接口，以确保对EOS航天器上的国际合作伙伴仪器和非EOS航天器上的EOS仪器的指挥和控制。

（6）数据采集和遥测处理

EOSDI从所EOS航天器捕获科学数据并对其进行处理，以消除遥测误差和通信伪影，并创建0级标准数据产品,这些产品是由仪器测量的"原始"数据(见科学数据产品级定义)。一些EOS仪器被指定为原型运行环境监测仪器。这些仪器的数据在观测后3小时内会被提供给国家海洋和大气管理局,以支持业务气象预报。对于在非EOS航天器上飞行的EOS仪器,EOS仪器数据由相应的地面系统捕获,并由EOSDIS接收,用于更高层次的数据处理、存档和分发。

8.6.3 关键技术

EOSDIS的基础设施,即EOSDIS的核心系统(ECS)为美国国际地球观测系统、美国及国际上的科学家提供各种服务,这些服务来自NASA和其他机构管理的12个科学数据中心,即分布式活动存档中心(Distributed Active Archive Centers,DAACs)。NASA下属的12个科学数据存档中心分工清晰,具有业务衔接关系。

8.7 美国国家环境信息中心

8.7.1 概况

NOAA的前3个数据中心——国家气候数据中心(the National Climatic Data Center)、国家地球物理数据中心(the National Geophysical Data Center)和包括国家沿海数据开发中心在内的国家海洋学数据中心(the National Oceanographic Data Center)——都已经并入了国家环境信息中心(the National Centers for Environmental Information,NCEI),其首页见图8-10。

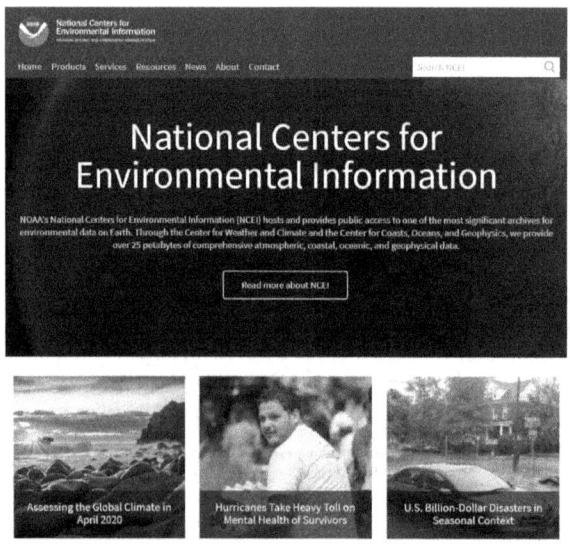

图8-10　NECI首页

美国国家环境信息中心（NECI）负责整理和提供地球上最重要的档案之一，包括全面的海洋、大气和地球物理数据，并且提供从海洋深处到太阳表面、从百万年前的冰核记录到近实时的卫星图像和相关数据，NCEI是美国环境方面的数据权威。

NCEI是主办并向公众提供地球上最重要的环境数据档案之一。通过天气和气候中心及海岸、海洋和地球物理中心，提供了超过25 PB的综合大气、海岸、海洋和地球物理数据。NCEI在全国有4个中心，在全国各地有区域中心、实地基地和合作机构。NCEI作为ICSU世界数据系统（ICSU World Data System）的成员，主持世界数据中心和服务，这是一项合作努力，以确保全球环境数据的普遍、公平获取。

NCEI通过支持诸如天气研究和预报创新法案和NOAA蓝色经济计划等项目，帮助NOAA满足对高价值数据日益增长的需求。我们的管理实践最大化了组织对环境研究的投资，将科学见解转化为动态的、有用的信息，为政府、学术界和私营部门的战略和决策提供信息。

NCEI开发国家和全球数据集，用这些数据集最大限度地利用我们的气候和自然资源，同时最小化气候变化和极端天气造成的风险。NCEI帮助描述美国的气候，其是关于天气和气候的趋势和异常的"国家记分员"。NCEI的气候数据被广泛应用于农业、空气质量、建筑、教育、能源、工程、林业、卫生、保险、景观设计、牲畜管理、制造业、国家安全、娱乐和旅游、零售、运输和水资源管理等领域。

8.7.2 数据集成策略

2015年5月15日，NOAA环境数据管理委员会（EMDC）批准了《数据引用程序指南》（1.1版），规定了获取NOAA国家环境信息中心（NCEI）存档数据的DOI的要求，创建提供数据集信息和访问说明的登录页面的程序，以及对内部和外部用户引用NOAA数据的建议。指南讨论了这些标识符的用途和语法、数据收集的适当粒度级别、如何获取标识符、登录页的内容及推荐的数据引用格式，由NOAA环境数据管理委员会负责实施、跟踪和维护。该指南于2015年6月1日正式生效，NCEI将根据可用资源的优先级和需要逐步开展标识符的分配工作，指南要求应至少每季度向EDMC和首席信息官的NOAA办公室报告分配的NOAA DOI的数量，以纳入机构开放政府指标报告（赵强，于凯本，2019）。

8.7.3 关键技术

NCEI管理大量的环境数据，这些数据跨越了广泛的科学领域，使用各种各样的归档方法、命名约定、文件格式、治理策略、组织方法和存储基础设施进行存储。NCEI开发软件、APIs、可视化方法和其他服务来增强数据访问、发现和互操作性。访问方式：使用企业软件和APIs访问NOAA环境数据。

1）数据管理：NCEI归档备份数据量超过35 PB，相当于4亿个文件柜大小。

2）工业和农业：美国种植玉米的农民利用我们的温度和降水数据进行战略性施肥，每年为该行业节省40亿美元。

3）产品：NCEI为用户提供超过26 000个数据集和产品的访问。

8.8 全球变化主目录

8.8.1 概况

全球变化主目录（GCMD）拥有 35 000 多个地球科学数据集和服务描述，涵盖地球和环境科学的主题领域。该项目的任务是协助研究人员、决策者和公众发现和获取与全球变化和地球科学研究有关的数据、相关服务和辅助信息（包括对仪器和平台的描述）。在这项任务中，该目录还向数据和服务提供者提供在线创作工具，促进向地球科学界提供其产品的能力。此外，还提供引文信息，以便适当地记录数据集的贡献，以及与数据和服务的直接链接。作为项目的一个组成部分，关键字词汇表已经开发出来，并且不断地被完善和扩展。这些词汇也用于更广泛的科学界中的其他应用。用户可以使用受控关键字、自由文本搜索、地图/日期搜索或这些搜索的任何组合在目录的网站上执行搜索。用户还可以按数据中心、位置、仪器、平台、项目或时间/空间分辨率搜索或优化搜索。

GCMD 的历史：GCMD 是在 NASA/Goddard 航天飞行中心国家空间科学数据中心（NSSDC）的原型 NASA 主目录（NMD）基础上发展而来的，目的是通过目录互操作性（CI）项目促进科学数据集的交换。1987 年夏天，情报工作组（由几个美国联邦和国际机构组成）确定了包含在国家导弹防御系统中的信息类型和详细程度。NMD 的第一个版本是在 1987 年发布的。1989 年，地球观测卫星委员会数据工作组建立了地球观测卫星委员会国际目录网，以促进国际机构之间的信息交流。1990 年，为了应对地球系统科学委员会（ESSC）的挑战，全球变化数据管理机构间工作组（IWGDMGC）采用了该目录作为原型，以促进全球变化研究。此后，NMD 被重新命名为全球变化主目录（GCMD），用于地球科学应用。1994 年，GCMD 项目成为 NASA/GSFC 地球科学理事会全球变化数据中心的一部分。

GCMD 是目前世界上最大的公共元数据清单之一。GCMD 的主要职责是维护 NASA 所有地球科学数据集和服务的完整目录。该项目也是美国航天局对国际地球观测卫星委员会（CEOS）的贡献之一，通过该委员会，该委员会被称为 CEOS 国际目录网络（IDN）。

8.8.2 数据集成策略

（1）全球变化主目录（GCMD）关键字

全球变化主目录（GCMD）关键字是受控的地球科学词汇的层次结构集，有助于确保以一致且全面的方式描述地球科学数据、服务和变量，并允许精确搜索元数据和随后的数据检索，服务和变量。自 20 年前启动以来，GCMD 关键字会定期进行相关性分析，并将继续根据用户需求进行完善和扩展，GCMD 数据检索界面见图 8-11。GCMD 关键字的类别如下：

地球科学、地球科学服务、数据中心/服务提供商、项目、仪器/传感器、平台/来源、位置、水平数据分辨率、垂直数据分辨率、时间数据分辨率、URL 内容类型、颗粒数据格式、测量名称、年代地层单位。

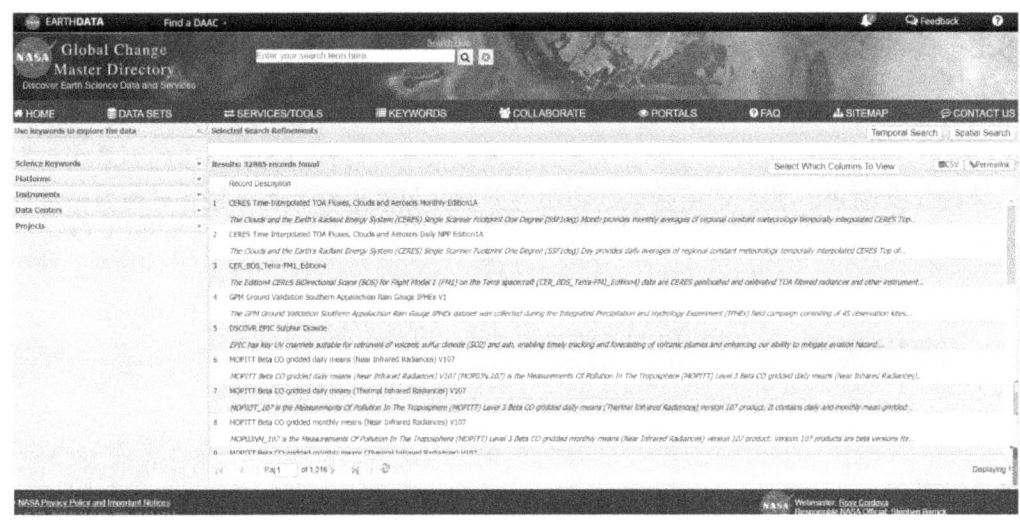

图 8-11　GCMD 数据检索界面

（2）元数据协议和标准

全球变化主目录（GCMD）将元数据定义为："描述一组定量或定性度量并将其与其他类似度量集区分开。受控关键字是元数据中必不可少的元素，其通过10组受控关键字及与数据相关的服务等为数据提供归一化发现，并且其在GCMD中是必需的。"（Olsen L，1996）

GCMD使用的元数据有助于用户确定数据集是否符合其条件的属性集。属性（字段）及其相关语法的集合称为目录交换格式（DIF）。其已经发展了多年，并在地球科学数据方面为用户社区服务。除了目录交换格式（DIF）标准之外，全球变化主目录人员还与其他参与推广标准的小组合作，并将其有价值的字段集交叉映射到其他格式以同步内容。GCMD元数据协议与标准截图见图 8-12。

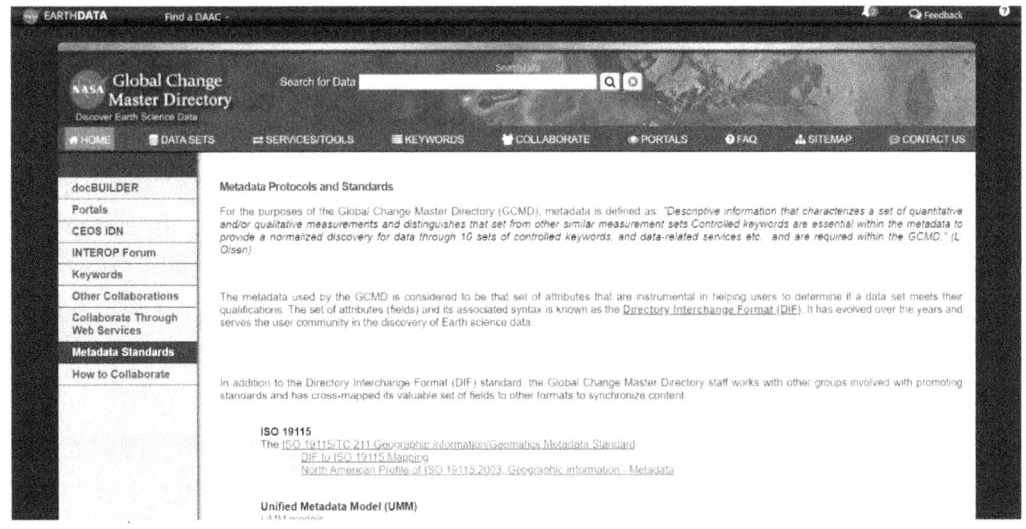

图 8-12　GCMD 元数据协议与标准截图

8.8.3 关键技术

通用元数据存储库（CMR）：CMR 是全球变化主目录数据搜索和发现服务的后端；CMR 是一种高性能、高质量、不断发展的元数据系统，对 NASA 的地球观测系统数据和信息系统（EOSDIS）系统的所有数据和服务元数据记录进行分类。这些元数据记录通过利用标准协议和 API 的编程接口进行注册、修改、发现和访问。

8.9 南极条约

8.9.1 概况

《南极条约》生效于 1961 年 6 月，是约束各国开展南极考察的核心法律规定。《南极条约》条款 3 明确规定，"南极条约缔约国应自由交换南极科研数据与成果"。这不仅为国际社会实施南极数据管理与共享提供政策依据，而且为各国履行这一职责和义务提出强制性的要求。数据管理是南极研究科学委员会（SCAR）和国家南极局局长理事会（COMNAP）共同关注的热点问题，为此专门成立了南极数据管理联合委员会（SCAR-AMD），要求所有《南极条约》签署国建立国家极地科学数据中心，开展数据共享和数据交流，每年发布数据共享报告。

国家极地科学数据中心是负责我国极地领域科学数据的汇交、管理和共享的国家数据中心，同时也是极地科学领域国际交流合作与协同创新平台。极地科学数据指的是在南极洲和北冰洋区域（南纬 60 度以南，北纬 60 度以北）进行多学科现场考察所获得的观测数据和样品分析数据。自 1984 年首次南极考察以来，我国开展了大量的极地科学考察工作，建立了"两船七站"（雪龙号和雪龙 2 号考察船、南极长城站、南极中山站、南极罗斯海新站、南极昆仑站（DOME-A）、南极泰山站、北极黄河站、中冰联合观测站）的极地考察体系。极地科学数据中心的数据资源整合范围以"两船五站"考察体系所获取的数据，数据资源整合的范围以中国极地研究中心的"国家海洋局极地科学重点实验室"研究内容与方向生产的数据为主，包括国内长期参加南北极考察的骨干单位及科研力量，包括自然资源部、中科院、高校等单位所获取的上述地区的南北极科学考察数据。极地科学数据中心的数据资源涉及极地海洋学、极地日地物理学、极地冰川学、极地资源与环境科学、极地生物与生态学、极地地理与大地测量学、极地地质与地球物理学和极地大气科学等学科开展的科学观测获取长时间序列、多参数的常规观测数据和样品分析数据。极地科学数据中心的数据资源主要来自的地理范围主要包括：南极冰盖最高点 Dome A 区域、东南极埃默里冰架、东南极格罗夫山脉、南极中山站区、南极长城站区、北冰洋白令海、楚科奇海（台）、加拿大海盆、北极新奥尔松地区等我国重要的极地考察区域。国家极地科学数据中心首页见图 8-13。

图 8-13　国家极地科学数据中心首页

8.9.2　数据集成策略

极地科学数据中心的数据资源免费共享。根据国家科学数据中心运营的要求，网站板块包括首页、极地考察、数据资源、应用系统、服务案例、标准规范、新闻动态、使用帮助和关于我们9个核心版块。数据统一设置为离线共享模式，建立了数据目录体系。为了保证服务质量，根据地球系统科学数据共享平台管理指南，结合南极考察的特点及在数据管理工作中的实际经验，严格执行《中国极地科学考察样品和数据管理办法（试行）》及实施细则等一系列规范性文件，统一规范极地数据的生产、存储、处理等过程。极地科考数据质量管理流程包括考察航次前、航中、航后各个阶段的数据采集、输入、存储、发布和共享管理、应用服务等内容，期间还交叉存在设计、加工、分析等一些操作。

（1）数据资源

中国极地科学数据库系统发布的数据资源主要包括历次极地考察各学科的基础数据集及其数据目录。所有数据目录均在线，而大多数数据集均以在线方式提供，少数数据集则以离线的方式提供，以离线方式提供的数据集往往是一些非表格化而数据量又特别巨大的原始数据文件，还包括一些有密级限制的数据文件。

（2）数据格式

本系统是一种以数据目录（元数据）系统为搜索引擎的数据库系统。数据集挂在其对应的数据目录下，但数据目录可以脱离数据集单独发布。数据目录的格式：国际通用的、经扩展的DEF格式（Data Exchange Format）。数据集的格式：所有可以处理成两维表的数据集均已表格化，访问时以两维表的方式浏览，下载时则与数据目录一起，以文本格式打包提供。其他格式的数据集，均保持原来的格式，以二进制文件方式储存、下载，这种情况下，数据目录则仍然以文本方式提供。

（3）质量保证

本数据库系统的质量控制过程主要包括可重复进行的2个过程：数据输入员的检查与

处理过程和数据核查员的审核过程。

（4）共享方式

1）Internet访问。

本系统的数据集采取分时发布的方法。由CN-NADC与数据提供者商定具体的数据发布日期。到了发布日期，数据集自动上网发布。按照上述分时发布方法，本系统的用户分为WWW用户（以guest方式登录的用户）、注册用户、授权用户。

WWW用户：可以浏览系统中所有的数据目录。

注册用户：经注册的用户，除了可以浏览数据目录以外，还可以浏览、下载已过发布日期的数据集。

授权用户：注册并经过审核的用户除了具有注册用户的所有权限外，还可以浏览未到发布日期的数据集。一般而言，极地考察的各项目参与者可以成为授权用户，但是只限于访问与其项目有关学科的那部分数据集。因此，授权用户实际上只能访问某些（不是全部）未到发布日期的数据集。

2）离线共享。

对于离线数据，可按照数据目录中提供的联系方法，直接与数据提供者或通过CN-NADC与数据提供者进行联系接洽，以光盘或其他离线形式提供。

8.9.3 关键技术

国家极地科学数据库系统是一个物理上分布、逻辑上集中、开放式多数据库集成的系统，依据系统功能需求，系统主要由系统管理模块、数据输入模块和网页发布功能模块组成。系统的特色在于建立了元数据和数据集系统。极地数据库系统的数据库服务器硬件环境是 IBM Xseries 345，操作系统采用的是 Unixware 7.1.1（双 CPU + 磁盘阵列），数据库管理系统使用 Oracle 8i for U nixware。Web 服务器的硬件环境是 IBM Netfinity 7100（双CPU），操作系统使用的是 Windows 2003 Server，服务器软件为 IIS6.0 + Net Framwork1.1。Client 端硬件环境包括 Intel PIV 和 Intel PIV Celeron，操作系统包括 Windows XP 和 Windows 2000，Oracle 客户端使用的是 8.1.6。整个 Client/Server 环境通过 10M 的以太网进行连接。Client 端的开发工具使用 VC++6.0，通过 ORACL E 的专有开发接口 OCI 访问数据库。（中国极地科学数据库系统硬件平台建设和系统安全策略，https://wenku.baidu.com/view/02cc1b2c0066f5335a812112.html）

建立和充分利用基于Web的数据管理、共享与服务平台。共享平台是实现数据共享、信息互动的交流界面，数据提供者、数据用户、数据管理者通过共享平台实现数据共享。所以，必须建立以元数据库为基础，数据库、GIS 与 Web 系统的整合为重点，以数据库管理系统和用户反馈管理系统为纽带的高效数据管理和服务模式；尤其是各种数据（参数）均采用统一的标准格式和单位来保存，并通过一个主数据字典来进行管理，这样极大地简化了综合型数据库的构建，有助于进行有效的数据挖掘、探测更深层次的数据关系及选定更好的研究主题。元数据除了是数据共享的重要组成部分之外，其更是数据产品质量的写照。如果形成没有标准化、规范化的数据产品，数据共享工作将事倍功半。

8.10 地质云

8.10.1 概况

中国地质云平台是中国地质调查局主持研发的一套综合性地质信息服务系统,"地质云"由中国地质调查局网络安全与信息化领导小组指导,中国地质调查局网络安全与信息化领导小组办公室、总工程师室组织实施,发展研究中心及相关直属单位参与建设。其面向社会公众、地质调查技术人员、地学科研机构、政府部门提供各类丰富的地质信息服务,旨在实现地质调查基础设施资源、数据资源、业务应用和服务资源的统一管理和调度。地质云功能结构图见图8-14。

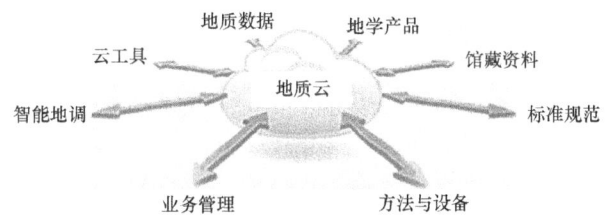

图 8-14 地质云功能结构图(王少勇,2018)

(1) 地质云 1.0

2017年11月6日,国土资源部中国地质调查局发布了我国首个国家地质大数据共享服务平台"地质云1.0"。地质云1.0门户是一个基于云计算、大数据等现代信息技术,以支撑国家战略、服务经济社会发展为目标的地质调查综合信息服务平台。这也是我国首次将国家核心地质数据库面向社会全领域公开共享,并提供地质信息一站式云端共享服务。"地质云1.0"为分布式云计算架构,由主中心节点、分中心节点和备份节点组成。分布式架构在不改变数据、用户、基础设施资源的所有权或管理权情况下,通过"地质云1.0"统一展现地质调查数据、运用数据和服务能力(任晓霞 等,2019)。

(2) 地质云 2.0

2018年10月18日,自然资源部中国地质调查局"地质云2.0"宣布上线服务。地质云2.0门户集成整合了新中国成立以来国家层面地质工作形成的海量地质调查数据——油气、矿产、能源资源、矿产资源,还有地质环境、地质灾害调查的科学数据,并建有基础地质数据库、矿产资源数据库、水工环数据库、海洋地质数据库、物化遥数据库、地质科学研究数据库、钻孔数据库、遥感数据库。"地质云2.0"用户通过专用接口的地质信息产品及地质资料、实物地质资料、地学文献3个专题接口,在内网环境下可访问"地质云"各类数据资源全集(王少勇,2018)。

(3) 地质云 3.0

自然资源部中国地质调查局明确2020年信息化工作的主要目标为上线"地质云3.0",助推云平台、大数据、智能化"三位一体"建设应用迈上新台阶,为新时代地质调查工作转型升级提供核心动力支撑。全面建立地质数据采集、传输、储存、处理、应用与服务的地质调查主流程信息化工作新模式,推进信息化与地质调查深度融合,提升地质调查信息系统的实用性和便捷性,夯实共享数据质量,显著扩大地质信息共享服务规模,支撑地质调查、业务管理与日常办公高效运行,以信息化带动地质调查现代化(黄金科学技术,2020)。

8.10.2　数据集成策略

(1)地质调查

依托国土资源门户网站和国土资源业务网,在全国地质资料汇交监管平台、地质资料信息集群化共享服务平台、全国重要地质钻孔数据库管理与服务平台、地质资料委托管理系统、地质资料汇交信息公示系统、油气钻井数据库管理系统等已有的信息系统基础上,梳理、整合,面向地质调查技术人员提供云环境下智能地质调查工作平台,创新地质调查工作新模式。

地质调查数据库目录体系分为一级目录、二级目录、三级目录、四级目录等多级目录。一级目录为地质调查数据;二级目录划分为区域地质、基础地质、能源地质等;三级目录细分区域地质调查、基础地质编图、岩石地层等;四级目录为具体数据库名称;最后一级目录即为实体数据包存放位置,包括实体数据(.zip 等格式)、缩略图(.png 格式,低空间分辨率和高空间分辨率 2 类)和元数据(.xml 格式,元数据标准按照《地质信息元数据标准 DD2006-05》)3 种电子文档。

(2)数据整合

地质云实现了中国地质调查局各直属单位数据共享及服务系统集成,实现了云架构下的"大系统、大平台、大数据、大集成",破除了各单位间的数据鸿沟,集成了各单位各类地质信息服务,形成统一、有序、规模、权威的统一信息服务平台。国家公益性地质的紧缺能源资源勘查开发,国家地下水资源监测、调查、评价及数据库动态更新,通过全国范围内土壤地球化学调查,构建国家地球化学数据库,构建地质灾害防治技术体系和国家地质灾害数据库,提供城市地质基础数据及资料、区域及城市资源环境承载力评价相关基础数据。平台的建设将在国家重大需求如能源资源安全、生态文明与防灾减灾、城市重大工程建设、海洋资源探测等方面发挥重要作用("地质云 2.0")。

(3)数据库

"地质云"平台建有基础地质数据库、矿产资源数据库、水工环数据库、海洋地质数据库、物化遥数据库、地质科学研究数据库、钻孔数据库、遥感数据库。包括 96 个国家核心地质数据库、1.5 万个资源环境信息产品、500 万件馆藏地质资料、37 万米重要岩心图像数据等(王少勇,2018)。

(4)数据共享

按照地质调查数据汇聚系统定义的数据共享接口开发数据共享接口,完成与该系统的数据共享对接,实现地质环境分节点的空间数据地图服务、数据浏览查询服务、数据下载等服务。面向各类地质调查专业人员提供基础地质、矿产地质、水工环地质、海洋地质等多类专业数据共享服务，建设形成地质资料信息管理服务系统，支撑国土资源行政主管部门和地质资料馆藏机构之间开展跨地区、跨层级的信息共享和业务协同，实现地质资料管理和服务信息共享利用，形成全国统一、动态更新、多级联动、权威发布的地质资料管理和服务体系，构建地质大数据安全保障体系及技术标准体系，对矢量数据、栅格影像、三维构建地质大数据安全保障体系及技术标准体系，对矢量数据、栅格影像、三维模型数据、纸质文档、表格及音频视频等结构化和非结构化数据进行统一、可扩展、层次化的管理。

（5）公开服务

构建统一的地质资料管理和服务信息流程，为地质资料汇交人和社会公众提供更好的服务。提供高效的虚拟化资源池服务建设（硬件资源集成）、地质数据资源体系建设（数据资源集成）、地质大数据专业应用体系建设（应用资源集成）（地质装备，2020）。可面向社会公众提供多类地质信息产品服务，按内部数据共享、行业数据共享、社会数据共享的顺序推进地质数据共享，稳步推进地质数据开放服务。

8.10.3 关键技术

（1）专用接口获取数据

目前，用户通过专用接口的地质信息产品及地质资料、实物地质资料、地学文献3个专题接口，在内网环境下可访问"地质云"各类数据资源全集，地质资料在线下单后，涉密地质资料将通过机要发送，非涉密地质资料将通过线上发送；在外网环境下，可在线访问部分数据资源。

（2）地质云网盘

每位局系统用户地质云网盘空间将由2 GB扩大到50 GB，公务邮箱空间由2 GB扩大到5 GB，网盘可通过共享文件链接、提取码和二维码等方式实现文件共享，邮件附件扩容至50 MB并可挂接网盘文件作为附件，中转附件可达1 GB（王亮 等，2019）。同时，还提供小规模在线视频会议解决方案及局机关办公OA系统移动版，实现远程移动办公。云盘系统采用典型的分层架构，主要分为存储层、服务层和访问层3个层级。为了信息隐匿的需要，每一层只能调用其下一层的接口。每层都根据业务需求提供最低限度的接口，保证层级之间的依赖仅仅停留在接口级别。

（3）ManageOne云管理平台

"地质云"项目整体技术方案采用云数据中心建设架构，通过华为云平台ManageOne管理各个节点，对资源进行统一运营运维（何文娜，2019）。ManageOne是华为推出一款简化管理、敏捷运营的数据中心管理解决方案，支持多数据中心的统一管理，提供端到端一体化管理解决方案，提升运营管理效率，提高数据中心整体竞争力，帮助客户取得商业成功。支持云服务接入，提供与上线一致的云服务体验，包括云主机、裸金属、云磁盘、对象存储等多个服务，支持云服务和运营解耦，提供多用户管理，提供不同的运营角色。提供跨区域的虚拟数据中心。同一虚拟数据中心，可使用不同的物理数据中心资源，方便企业就近接入物理数据中心从而提升网络速度和可靠性等。提供统一的运维平台，可以管理物理服务器、网络设备、存储设备、虚拟资源。多种类型，一站管理。提供高效的运维管理手段，提升问题处理效率，缩减问题处理时间。自动生成报表，并通过灵活的通知机制，在问题发生时可快速通知到维护人员，从而快速响应，解决问题。提供先进的分析工具，方便预先研判故障。容量管理功能可通过历史容量指标给出容量预测的能力，以便管理员对资源容量做好规划和扩容。

（4）RH5885 V3 计算服务器

"地质云"项目计算服务器采用的是华为RH5885 V3服务器，RH5885 V3是新一代4U4路机架服务器，也就是说，其可以配置的CPU数量是2个或者4个。RH5885 V3支持Intel Xeon E7 V2/V3系列copy处理器,，而V3型号的CPU最高支持18个计算核心，那么如果按照最高配置来看，RH5885 V3可提供72个计算核心，通过处理器、内存、I/O、硬盘的灵活配置，以优质的性能，满足企业在数据库、ERP、商业智能分析、大数据、虚拟化等业务需求度。

（5）OceanStor 18500 V存储

"地质云"项目存储采用华为高端存储OceanStor 18500 V3提供高性能存储资源，华为OceanStor 18000 V3高端存储致力于打造企业高端存储新标杆，凭借领先的SmartMatrix 2.0系统架构，支持SAN与NAS一体化免网关Active-Active双活，创新性的高可靠多控架构（2-16控），提供最高水平的数据服务。在全闪存配置下时延小于1ms，性能高达300万SPC-1 IOPSTM。满足大型数据库OLTP/OLAP、云计算等核心应用的数据存储需求。融合文件、Flash、备份、高中低端和第三方存储，支持面向未来云架构平滑演进，适用于关键业务存储。

（6）OceanStor5000 V3 备份存储

"地质云"项目备份存储采用OceanStor5000 V3提供备份存储资源。采用智能芯片、NVMe架构和FlashLink®智能算法，时延可达0.3 ms，实现端到端加速，业务性能提升3倍。支持平滑扩展到16个控制器，满足未来不可预期的业务增长。一套系统同时支持SAN和NAS，企业级特性齐备，为数据库和文件共享等应用提供更高品质的服务。支持免网关双活方案，可平滑升级到两地三中心方案和融合数据管理方案，实现99.9999%可靠性保障。通过在线重删、在线压缩技术，提供可达5:1的数据缩减率，OPEX节省75%。

8.11 地质生物多样性数据库

8.11.1 概况

地层古生物大数据中心前身是南京古生物所自主知识产权的"地质生物多样性数据库"（Geobiodiversity Database，GBDB）。大数据中心在该数据库的基础上，继续收集、整理国内外公开发表的（或内部资料）古生物学和地层学领域的资料与数据，并在数据的存储、共享、分析等方面与国内外的组织与机构开展交流与合作。大数据中心也部署并研发相关的数据分析软件，为地球科学领域的基础科学研究、油气矿藏的生产实践及面向公众的科学传播而服务。地质生物多样性数据库首页见图8-15。

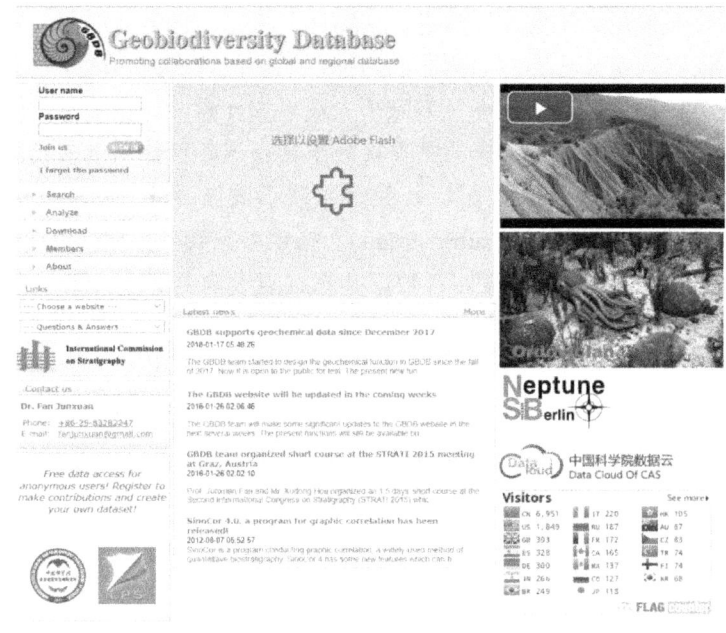

图 8-15　地质生物多样性数据库首页

地质生物多样性数据库是一个用于管理和分析地层和古生物信息的综合系统，于2006 年启动，并于 2007 年在网上提供。其目标是促进区域和全球科学合作，重点关注区域和全球对比、定量地层学、系统学、生物多样性动态、古地理和古生态学。在全球公共数据库中是独一无二的，因为其是一个基于剖面的在线数据库系统，整合了来自地层学和古生物学的各种学科的数据，不同类型的数据集之间有着内在的相互关系。已经开发了几个基于 Windows 的可视化和分析应用程序，这些应用程序或与数据库完全集成，或由子集导出功能支持，以使数据库作为一种科学和教育工具更加有用。2012 年 8 月，在布里斯班举行的第 34 届国际地质大会上，GBDB 成为国际地层学委员会（ICS）的正式数据库，之后将为全球地学工作者、教育工作者和公众提供全面、权威的网络地层学信息服务（樊隽轩 等，2010）。

从 2003 年至今，经过 2 个阶段、6 年多的发展，GBDB 已经成为一个拥有 10 万多条各种类型的数据资源条目的大型专业数据平台。其用户包括国内外的 60 多位相关领域的学者与研究生，数据涵盖的范围也很广，在时间上从 6 亿年以前至今，在地理范围上涵盖了现今地球的各个主要陆块及少量近海地区的海洋沉积物。

8.11.2　数据集成策略

GBDB 的数据主要包括 4 个子库，分别是文献数据、地理数据、古生物分类数据、剖面数据。其中，前两类数据在录入过程中很少有数据加工，因此均设定为公开数据。就古生物分类数据而言，所有已发表信息，原则上均设置为公开数据；专家尚未发表的信息，则由该专家在集成过程中决定其共享权限。第四类数据，即剖面数据，主要是某个剖面的岩石地层信息、化石信息、年代地层信息、生物地层信息、化学地层信息等。这部分信息中，半数以上的元素都是公开的，如剖面的名称、地理位置（包括国家、省、市、县、村和GPS值等字段）等。而其他一些涉及专家个人观点的元素，如化石鉴定名单、年代地层划分等，均设置为非公开数据。数据的共享权限由具有该条目数据审核权的专家设定。共享权限共分为5类，分别是公开数据、研究组内共享数据（Shared in current group）、化石组内共享数据（Shared in current sub—group）、指定专家共享数据（Shared with specified members）和个人独享数据。GBDB拥有数据共享权限设定的界面，用户可以轻松地为一条数据或一组数据设置相应的共享权限（Geobiodiversity Database，2020）。

注册用户可以访问所有的文献数据、分类数据、地理数据和公开的剖面数据，以及其有权访问的非公开的剖面数据；对于该注册用户无权访问的剖面数据，该用户可访问到其中的基本元素的内容。非注册用户可以访问所有的文献数据、分类数据、地理数据和公开的剖面数据，以及所有未公开的剖面数据中的基本元素。

8.11.3 关键技术

（1）数据分析工具

数据分析有两种可用的分析工具，分别为集成在数据库中的在线应用程序和桌面程序。在线应用程序可以在子集函数中找到。在大多数情况下，用户不需要在其研究中使用所有的数据。子集函数是为用户生成适合于特定用途的数据集而设计的。用户可以使用GBDB强大的搜索引擎查找自己需要的记录，并将其保存在自己的数据集中，该数据集则会被认为是用户账户下的一个子集。找到所有需要的记录后，用户可以使用在线应用程序来查找子集中的所有记录。现时的网上申请包括：①GeoVisual 1.0——Geographic visualization；②TS Creator C stratigraphic visualization。

其中有些应用程序很难集成到在线平台中，支持输出功能，可以输出适合桌面程序的数据文件。目前可用的桌面程序包括：CONOP 9、SinoCor 4、PointTracker for paleogeographic reconstructio。

（2）用户分级体系

GBDB的主要建设目的是为科研及石油与矿产资源勘探等国民经济建设等领域服务，最终目标是搭建一个能为古生物学、地层学等相关学科的研究服务的虚拟科研环境，提供一个基于互联网和数据库技术、跨越空间距离的多学科的众多学者协同工作的环境。因此，在设计用户分级体系的时候，主要考虑的是协同，即如何让用户感觉自己是在一个无缝的、零距离的环境中共同工作。据此，数据库构建人员首先在GBDB中建立了一个用户群功能。用户及其数据可以根据数据来源、数据性质或者服务对象分为几个大的研究团队或研究计划，被称之为工作组（working group）。例如，为973计划项目"地史时期海陆生物多样性的演变"服务的，可以归入一个名为"973-Marine Fossils"的工作组级别的用户群。在工作组之下，还可以划分出较小级别的用户群，称之为化石组（fossil group）。化石组通常由同一门类的化石研究专家组成，如寒武纪生物（Cambrian Biota）、泥盆纪腕足类（Devonian Brachiopods）等。结合这一用户群功能，在GBDB中，共划分了5种不同的用户角色，分别是系统管理员（Administrator）、工作组负责人（Leader of Working Group）、化石组负责人或审核专家（Authorizer of Fossil Group）、数据录入员（Data Enterer）、非注册用户（Unregistered User）。

8.12 地球探测计划

8.12.1 概况

2001年，NSF、USGS和NASA联合发起了一项新的开创性地学计划——"地球探测"（EarthScope）计划，又译作"地球透镜"计划。该计划是一套分布式、多用途仪器和观测台网的组合，目的是通过探索北美大陆的三维构造，加深对北美大陆结构、演化和动力学特征的理解。地球探测计划也是一项全新的具有风险性的地学探索工作，具有深远意义。地球探测计划用较密集的仪器阵列覆盖美国，旨在揭示美国大陆是如何拼合成的、目前是如何运动的及其下方是由什么组成的。该计划目的是提供地表前所未有的详细图像，并查明地下物质。2003年美国国会批准了为期15年的（2003—2018年）新的、更大规模的地球探测计划，预计投入超过200亿美元，这使得美国将再次站在全球深部探测的领跑位置上。

美国地球探测计划除了在科学技术、规模和投入上领先世界各国，更重要的是能激励科学家在地球科学领域开展关于整个地球系统的、广泛而综合的研究工作；能整合观测资料和科研成果，有效管理海量数据，并且对这些数据提供易于处理和便于使用的简单工具和途径；能在现有合作伙伴关系的基础上，在科学研究机构之间，包括NSF、USGS、NASA、美国能源部、区域地震台网、大学、研究所、技术公司之间建立起合作伙伴关系（董树文 等，2010）。

地球探测计划包括4个子计划，即圣安德烈斯断裂深部观测站（SAFOD）、美国地震台阵（USArray）、板块边界观测站（PBO）和合成孔径干涉雷达（InSAR）建设计划。采用地空联合、综合地质、地球物理、对地观测手段对地球深部构造与活动性进行长期观测和监测，全面系统地解决各种尺度的地球科学问题（贾凌霄 等，2020）。

8.12.2 数据集成策略

（1）多源数据全面集成

EarthScope提出开放地球框架的概念，认识到元数据目录互操作性的必要性。开发一个EarthScope门户，该门户将提供对所有EarthScope数据产品的单一虚拟目录的访问。对EarthScope门户的元数据搜索将对IRIS、UNAVCO和Stanford/ICDP的元数据目录进行搜索，这些目录是EarthScope主要数据的3个存储库（Chaitanya Baru，2007）。

（2）PBO地震台数据策略

PBO地震台站以每秒100个样本的速度生成3个数据分量。这些数据将从安装在每个工作站上的Q330流向安装在每个工作站上的外部缓冲区。ORB会在工作站上拆分数据。一个流将通过Antelope ORB到ORB的传输流到Boulder，另一个流将在站点作为现场缓冲区存档，可能用于触发数据。在Boulder中，PBO将使用Antelope套件来监视地震网络，执行命令/控制等。数据将流到IRIS DMC的存档中以进行永久存储（http://ds.iris.edu/ds/nodes/dmc/earthscope/pbo/）。POB观测网络见图8-16。

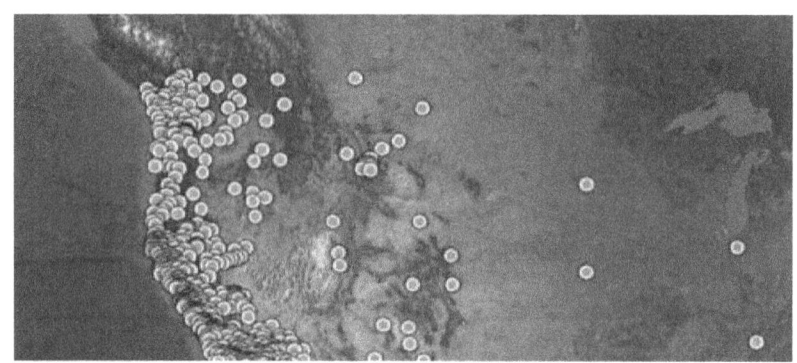

图8-16　POB观测网络（贾凌霄 等，2020）

8.12.3　关键技术

SOD数据订单：SOD是长期自动化处理工作的核心应用程序。首先，我们与IRIS教育和推广中心及DLESE项目中心合作，使用SOD自动分析全球地震图，以便只获取最高质量的地震图，并最终为K-16教育目的建立一个网站。其次，我们开发了一个SOD模块，用于计算接收函数和估计用于地球观测数据的大块地壳特性。SOD将监测全球地震活动，并要求在实验期间以SAC格式将适当的事件状态对数据传送到地震学家的主机。用户可以配置SOD对到达的数据进行一些简单的预处理任务，为进一步的处理做好准备，甚至可以构建完整的分析代码以包含在SOD处理方案中（Owens T J et al，2004）。

8.13　玻璃地球

8.13.1　概况

（1）概念

"玻璃地球"是一种由地质信息和地理信息相结合、存储于计算机网络上、可供多用户访问和开展地质、资源和环境决策分析的三维可视化虚拟浅层地壳。"玻璃地球"是地质时空大数据的有效载体，开展"玻璃地球"建设，能够使非结构化、半结构化的碎片式地质数据，向结构化、集成化转变，并实现数据与模型的一体化存储、管理和可视化，提升对复杂地质体、地质结构和地质过程的认知能力。

（2）澳大利亚"玻璃地球"计划

矿产大国澳大利亚，被誉为"坐在矿车上的国家"。为了解决未来的资源问题，1999年，该国提出了一个别开生面的新概念——"玻璃地球"。顾名思义，就是指希望地球能像玻璃一样，让我们一眼就能看穿哪里分布有矿产资源。该计划的目标是：使澳大利亚大陆地表以下 1000 m 深度以内的地质状况变得透明。要实现这一目标，需要大量的地质勘探、地球物理勘探和地球化学勘探工作，如新的钻探技术、航空重力梯度测量、航空电磁法、地球化学填图、同位素跟踪、地下水化学研究等（京骐，2015）。

（3）其他相关计划

其他的类似计划有加拿大岩石圈探测计划、英国反射地震计划、美国"地球透镜"计划、瑞士地壳探测计划、意大利地壳探测计划、德国大陆反射地震计划、俄罗斯深度地壳探测计划等。

世界各国在实施"玻璃地球"建设计划时，都采取以三维区域地质填图为主导、与深部探测计划相结合的方式，但所采取的发展战略与实施策略不尽相同，思路、方法和侧重点也不尽相同，因此取得的进展和效果参差不齐。

8.13.2 数据集成策略

澳大利亚政府启动的"玻璃地球"计划，初衷是使地下 1000 m 变得"透明"，便于发现下一代巨型矿床。其任务是建立全国地学家联盟来填制四维"地图"，并通过高度可视化和广泛的网络服务接口传播信息。建设工作围绕 3 个主题进行，即①获取新资料的能力建设；②新资料判识、综合和解译的能力建设；③建立适合澳大利亚大陆的新勘探模式。为了达到透明化和高效开发，澳大利亚联邦科学与工业研究组织 CSIRO 的实验室与（CRC）AM-ET、AGCRC、（CRCs）LEME、pmd*CRC 等实验室展开了以下协作：①开发地球物理和地球化学探测新技术；②地质建模功能开发，提高正演和测试能力；③提高信息和知识的管理、交换、可视化等能力。另外，通过对典型地区某些岩层的实验研究，测试探测技术和信息技术的应用效果，初步开展地质过程的三维建模。为了开展三维地质模型在网络上的发布服务，澳大利亚地球科学局采取了一些成功的措施。例如，使用各种不同的二维和三维建模软件，创建了一些三维水文地质框架模型，但由于文件体积较大，限制了在网上的发布和服务。为了让更多的人能使用三维地质框架模型，他们尝试将其转换为网页可浏览的格式并发布到网上。最初，他们将模型转换为 VRML（虚拟现实建模语言），2007 年以后改为使用 X3D（可扩展三维格式）。这两种格式都是为网络三维图形开发的开源 ISO 标准，并得到了 Web3D 联盟的支持（http://www.web3d.org），允许使用 Web 浏览器插件与 3D 数据交互，可以用于 Web 三维填图。自 2000 年以来，已经制作并发布了超过 40 个专用的网络三维地质框架模型。

8.13.3 关键技术

开展"玻璃地球"建设，必须具备一般地质调查信息化所需的各项软件技术，其中如下 4 个方面的关键技术尤为重要：①实现天、空、地和深部立体探测及其数据采集的新技术、新方法（物探、化探、遥感）；②能满足多维地下—地上、地质—地理、时空—属性大数据的一体化存储、管理、调度的三维地质数据库技术；③复杂地质体、地质结构和地质过程的多维、全息、精细、快速和动态建模；④多维地质时空大数据的分析、融合与挖掘技术（吴冲龙，刘刚，2015）。这4个方面的技术和软件成果虽然已经出现，但在国内、国外都不成熟，仍存在一系列难题亟待解决。

目前"玻璃地球"计划正在实施许多项目，内容范围很广，主要包括：新一代探测技术；提高对风化层及下伏基岩中地质过程的认识；能够和增强空间数据管理、综合和解释的地理信息技术（geo-informatics）；矿床发现的概念和预测地形模型。技术重点是：张力梯度地磁测量；重力梯度测量；航空化学填图；水文地质、水文地球化学、同位素地球化学和地球化学；对岩石和上覆表土中的变形及化学流、流体流和热流进行耦合模拟（刘树臣，2003）。

"玻璃地球"计划的基础是技术开发，关键是技术的融合，核心是信息技术。根据技术在综合过程中的作用和性质，可以把这些技术概括地分成3个层次：一是外围的设备层（instrumentation layer），主要包括重力梯度测量、张力梯度地磁测量和同位素地球化学等；二是知识产生层（knowledge generation layer），包括地球化学、水文地质、表土作用过程等；三是核心的数据处理层（data processing layer），包括可视化、数据转化和数据融合技术等。这3个层面的技术相互配合，从而实现技术的有效综合。

8.14 地球立方体

8.14.1 概况

（1）概念

2011年，美国NSF的计算机和信息科学工程和地球科学学部联合发起了地球科学领域的"地球立方体"（Earth Cube）计划，其初衷是为寻求以整体视角审视地球系统的创造并管理地球科学知识的综合框架，主要意图是：①加速知识的融汇过程；②制定一个面向空前复杂系统的可测度体系；③充分整合和利用新技术。项目的最终目的是以一种公开、透明和综合性的方式整合所有地球科学数据、信息、知识及实践来创建地球科学知识管理系统和基础设施，从而极大地提升研究及教育者的知识创造和传播能力。其通过连接不同层面的数据和信息管理，实现整个知识体系的完整性、灵活性、综合性和易用性（中国科学院对地观测与数字地球科学中心，2012）。

"地球立方体"将为人们全面认识地球展现一种全新的动态获取、分享和利用所有类型数据的方式，其将通过连接不同层面的数据和信息管理（从获取数据和信息的资源层，到数据组织与管理层，再到最顶端的基于数据创造知识的交互层），实现整个知识体系的完整性、灵活性、综合性和易用性。数据和信息的交互性将成为"地球立方体"的基本特质，其核心是"以人为中心"，因而其将创造全新的知识学习与培训模式，由此将有效提升公众及决策者的知识水平,并同时增强其在创建可持续的地球系统的参与程度。

"地球立方体"的使命是:①使地球科学家能够应对理解和预测一个复杂的、不断演变的地球系统的挑战;②通过促进社区治理的努力来发展社区网络基础设施;③收集、访问、分析、共享和可视化所有形式的数据和资源;④使用先进的技术和计算能力(Earth Cube Past,Present,and Future,2014)。

(2)构建过程

"地球立方体"的计划构建期为10年,其具体的构建步骤及时间表如下:

第一步,在线学术共同体信息库建设(2011年8—11月):明确需求,发展合作;

第二步,"地球立方体"专家研讨(2011年11月初):挖掘和汇集最好的思想、技术和方法,服务于满足学术共同体的科学需求;

第三步,新一轮专家研讨(2011年11中旬—2012年4月):确定以学术共同体为中心的设计和管理架构及系统的创新方法;

第四步,成立次级研究组(2012年5月初):以开发原型系统为目标,开展进一步的设计开发工作;

第五步,原型系统开发(2012年5月—2013年12月):提升系统性能及其有效性,使之广泛适用于地球科学用户,并建立以学术共同体为中心的管理机制;

第六步,超越原型系统(2014—2022年):基于原型系统开发阶段的成果和突破优化系统构建技术手段。

8.14.2 数据集成政策

"地球立方体"体系结构的核心服务之一是统一注册中心(UR),通过统一的用户界面可以发现地球科学CI资源。UR将提供只读存储和对可搜索索引(如自由文本、空间、时间等)的API访问,以及指向数据存储库(CDF、GEO)、注册表和其他大型资源类型聚合器的指针。UR将为科学家和资源供应商提供必要的信息管理工具,以收集、识别、分类、评估、描述和存储资源组件。提供用于收集资源元数据的软件包,并将结果转换为索引技术(如SOLR、ElasticSearch或Bleve),供谷歌和Bing等有机搜索引擎及CINERGI和Dat One等其他注册中心使用。通过UR可发现的资源类型的建议集合将包括数据设施、数据目录、数据集、出版物、人员、软件、工作流、实验平台、事件(包括紧急事件)、实时数据流、模型、样本、仪器和计算平台。数据设施及其他服务供应商(即使用EC支持的标准子集(例如,JSON-LD嵌入式元数据、provo-aq标头、ISO标准、web可访问的API接口,SWAGGER、RESTful、SPARQL或GeoWS,以及用于实现服务的机器可读API描述符)在UR中注册为资源。CDF所代表的一套初始数据设施已被选择用于这些实践的早期采用,包括NSF GEO资助的数据服务实体,如BCO-DMO、IEDA、Unidata、IRIS、ununco和R2R。

8.14.3 关键技术

1)EC API基于支持标准:为了资源存储在注册中心的统一和合作伙伴资源元数据聚

合器完全互操作的方式访问，EarthCube必须识别和支持各种元数据包括标准标识符（如ORCIDs）、时空坐标、地理坐标、语义Web服务与观察、出处和词汇表。此外，还需要支持数据、API和服务的标准。作为第一步，将开发一个对象模型，详细描述EC参考体系结构中所有资源的内部通信所需的标准类、接口、数据结构和功能方法。在API协议中将遵循软件工程的最佳实践，以最大化可移植性和软件重用。为了优化组件和服务之间的互操作性，这些标准和API的采用是至关重要的，需要通过建立一个基于EarthCube的支持系统来促进设施、用户和开发人员对这些标准的审查和传播。2015年，EarthCube标准工作组（SWG）强烈建议EarthCube治理应该成立一个永久性的"标准机构"来执行该工作组的评估和建议。

2）EC云服务中心（CSH）：云服务中心（CSH）为轻量级用户界面提供后端，以确保其功能。CSH将建立在以前资助的能力之上。将现有的功能集成到一个中心，以及开发缺少的功能，将需要重新定位资金优先级，而不是EarthCube构建块范例。Hub将封装UR并部署一套服务，使客户端应用程序（如EC Discovery Workbench和EC Integration Platform）能够对一套API进行身份验证访问。CSH将提供对发现、代理、转换、语义、互操作性、测试、评估和工作流服务的RESTful访问，这些服务可以作为高度集成的Docker容器套件部署在云上，任何应用程序（包括设计良好的Web API）都可以访问这些服务。CSH将使用XSEDE云计算和使用JetStream环境的数据资源进行部署。CSH的核心中间件服务将由工具：①在欧共体支持API提供互操作性和标准元数据；②执行分布式迭代查询定义良好的资源和返回结果格式（包括集装箱化的数据表格和二进制数据集）；③转换数据格式或支持框架；④执行翻译单位和地理空间的子集；⑤代理特定数据属性（元数据、标准和数据格式）从一个学科到另一个"黑盒"的方式；⑥提供访问、管理、利用W3C语义Web（RDF，猫头鹰，LOD）实现电子商务开发的社区和其他特定于域和跨域的词汇和相关的本体；⑦生成数据容器；⑧大数据使用强大的后端呈现可视化技术，提供访问、存储、开发和执行JetStream中的工作流资源，或者使用众所周知的工作流引擎（如Pegasus或Kepler）使用XSEDE HPC资源。除了RESTful Web API之外，CSH中的服务还可以通过一组流行的语言和软件包访问，这些语言和软件包已经被地球科学家使用过，包括Java、R和Python，以及MATLAB和IDL等软件平台。虽然这些功能中的大多数对于一个正常运行的基础设施都是至关重要的，但是某些组件（如大数据可视化）是可以显著改善用户体验的增强功能，但在其他方面则不是必需的。这种增强能力的实施将取决于国家科学基金会的资金优先次序。

3）EC Discovery Workbench：为了方便用户快速访问CSH进行科学调查，必须设计和开发一套可嵌入的模块化用户界面（UI）软件组件。EC Discovery Workbench（DW）将是一个客户端应用程序平台，利用跨浏览器、跨操作系统技术，使用HTML5、CSS3和JQuery等Web标准和移动技术构建，并将利用高度直观的、"仪表盘"用户体验（UX）指导设计原则和最佳实践确保为用户提供一个低阈值采用和支持将提供"黑匣子"、远程、安全API访问CSH基于web的服务使用一个联合单点登录（SSO）的用户账户（如LDAP）。将开发和分发用于探索和评估资源、转换已发现数据、生成科学工作流（包括包含HPC模型的工作流）、代理数据和稳定可视化融合数据集的高度交互式用户界面工具。用户不需要从中心位置的门户使用DW（即使EarthCube将提供并支持其中一个门户），而是可以选择将其中任何一个或全部直接嵌入到他们的网站中。例如，CDF和GEO设施可以将所有（或一组选定的）DW组件嵌入其网站，供访问者使用。这不仅将宣传电子商务及其服务，而且还将通过创建发现和集成的简单路径来鼓励数据设施参与进来。除了生成复杂的分布式工作流外，DW用户还可以将这些工作流存储在一个私有的用户区域中，然后与社区共享这些工作流（通过将其提交给UR），以进行评估和重用。

4）EC集成平台：数据科学家，设施和软件服务组织可以提交，确认，验证和评估新资源的EC在CSH使用的服务，必须开发一个集成平台（IP）定义为一套直观，模块化website-embeddable UI组件、IP提供工具，使资源提供者来验证，生成，并将描述其资源的元数据提交到EC UR（包括EC体系结构API实现）所需的格式。其还允许服务提供者通过CSH和DW自动生成适合于发现、转换和可视化的自描述数据容器。与DW一样，集成平台的UI组件可以通过少量代码插入到任何网站中。

8.15 大洋钻探

8.15.1 概况

大洋钻探计划（Ocean Drilling Program，ODP）于1968年始于美国。该计划集中世界各国深海探测的顶尖技术，在几千米深海底下通过打钻取芯和观测试验，探索国际最前沿的科学问题。ODP是地球科学中规模最大、历时最久的大型国际合作计划，其成果改变了整个地球科学发展的轨迹，始终是国际地球科学创新的前沿。大洋钻探计划从1985年1月开始实施，由美国科学基金会和其他18个参加国共同出资，大洋钻探计划的学术领导机构是JOIDES（地球深部取样海洋研究机构联合体），具体的执行和实施机构是得克萨斯农业与机械大学，哥伦比亚大学的拉蒙特—多尔蒂研究所则负责测井工作。ODP是深海钻探计划（DSDP）的继续。

综合大洋钻探计划（Integrated Ocean Drilling Program，IODP）是一项旨在通过研究海底沉积物和岩石来探索地球历史和结构的宏大国际研究计划。其前身ODP和深海钻探计划（Deep Sea Drilling Project，DSDP）是20世纪地球科学领域规模最大、历时最久的国际合作研究计划，所取得的科学成果证实了海底扩张、大陆漂移和板块构造理论，极大地推动了20世纪地球科学的革命。综合大洋钻探计划始于2003年10月，是以"地球系统科学"思想为指导，计划打穿大洋壳，揭示地震机制，查明深海海底的深部生物圈和天然气水合物，理解极端气候和快速气候变化的过程，为国际学术界构筑起新世纪地球系统科学研究的平台，同时为深海新资源勘探开发、环境预测和防震减灾等实际目标服务。

综合大洋钻探计划的一个主要特点是其将以多个钻探平台为主，除了类似于"决心"

号这样的非立管钻探船以外,加盟IODP计划的钻探船将包括日本斥资5亿美元建造的五六万吨级的主管钻探船。一些能在海冰区和浅海区钻探的钻探平台也将加入IODP。此外,美国自然科学基金委员会正在考察重新建造一艘类似于"决心号",但功能更完备的新的考察船。IODP的航次将进入过去ODP计划所无法进入的地区,如大陆架及极地海冰覆盖区;其钻探深度则由于主管钻探技术的采用而大大提高,深达上千米。IODP也因此将在古环境、海底资源(包括气体水合物)、地震机制、大洋岩石圈、海平面变化及深部生物圈等领域里发挥重要而独特的作用。海底以下数千米深部仍然有大量微生物存在,被称为"深部生物圈",其总量估计占全球生物量的1/10至1/2。深部生物圈的研究对于全球的物质循环、环境演变、生命起源与生命本质规律的探索,以及极端生物资源的开发利用均具有重要意义,已经成为当前国际学术界的研究热点和战略前沿。

8.15.2 数据集成策略

(1)样品数据存储及共享

ODP(1985—2003)执行期间样品主要分布在4个核心存储库中,包括不来梅岩心储存库(BCR)、东海岸存储库、墨西哥湾沿岸存储库(GCR)西海岸存储库(其中东海岸和西海岸存储库已于2008年9月关闭)。在考察暂停期后,这些样品将被用于进行科学研究。策展顾问委员会(Curatorial Advisory Board,CAB)负责对样品的分配做出最终决策。IDOP(2003—2013)阶段的岩心存储在平台供应商资助的3个岩心存储库[BCR、CCR及KCC(高知岩心中心)]中进行统一管理。使用者通过样品和数据请求数据库(SaDR:http://web.iodp.tamu.edu/sdrm/)进行申请(刘文浩 等,2019)。同样,由策展顾问委员会(CAB)最终决定样品分配。此外,IODP还提供这3个存储库中的一些海底微生物样品材料。

(2)数据管理及共享

综合大洋钻探计划(IODP)及其后期的国际大洋发现计划(IDOP)提供包括DSDP、ODP和IODP在内所有钻孔的位置信息及其基于Google Earth的信息链接(图8-21),可以对每个钻孔的相关出版物和位置信息进行查询。该套数据信息每年更新两次。科学地球钻探信息系统(Scientific Earth Dilling Information System,SEDIS):于IDOP(2003—2013)期间逐步建立并不断完善,之后进入了IODP(2013—2023)阶段,由欧洲经委会资助并得MARUM的支持。SEDIS允许在元数据和数据集合之间进行搜索。其内容包括:①所有IODP和传统程序数据系统(如JANUS、LIMS、SSDB等)暂停后的数据和元数据;②IODP/ODP/DSDP的出版物和出版物元数据及科学海洋钻探有关的公开文献;③巡航后数据采集项目的后期数据和元数据及考察结束后自愿提交的数据。现场调查数据库(Site Survey Data Bank,SS-DB):由科学支持办公室(SSO)办公室维护,是一个用于支持IODP提案、考察和相关活动的数字站点调查数据库。其中许多文件在数据权益方保密期过后是免费提供的但是要求专利权的维护。数据库还包括为支持IODP、ODP和DSDP的建议书和考察而提交的模拟站点调查数据及一些ODP时期的旧提案和站点调查数据。

8.15.3 关键技术

PetDB（Petrological Database of the Ocean Floor）意指海底岩石学数据库，是对全球海底岩石、矿物和包裹体等的元素化学数据、同位素数据和矿物学数据的综合（Lehnert et al.，2000）。数据来源于学术期刊论文、专著、IODP（包括DSDP和ODP）出版物和学位论文等。PetDB数据库系统于2000年开始投入使用，目前运行于哥伦比亚大学拉蒙特—多尔蒂地球观测中心（LDEO）。PetDB是基于网络的数据库管理系统，能让广大科研人员和其他感兴趣的用户在线访问地球化学和岩石学数据。

PetDB拥有强大的数据查询能力，可以支持各种参数、各种条件的独立查询或组合查询，一步一步聚焦到用户需要的样品或数据。常用的查询条件包括经纬度、地理名称、构造环境、样品特征、航次信息、数据可用性、数据库版本、样品编号等（余星，2014）。经纬度查询，可以手动输入选区的经纬坐标，也可在地图上拉水平展布的矩形框选择，还可以按水深范围查找样品。按地理名称查询，根据样品所处的位置名称或地理要素类型来设置查询条件，地理名称可以来自不同尺度，如大洋的名称、海山名、海台名、断裂带名称等。按所处的构造环境、地貌单元或其他样品属性分类查询，分了洋脊区、岛弧、弧后盆地、火山渣锥、克拉通、火山道、焦点区、残留洋脊、断裂带、洋岛、岛群、海山、海山链、大火成岩省、所属洋区或海区、洋底高原、洋盆、数据来源国家。按样品特征查询，如根据样品的采样方式查询，区分拖网、抓斗、钻探、深潜等不同来源样品；如按样品的蚀变程度，区分不同蚀变状况的样品数据；如按样品的岩性，区分基性岩、基性侵入岩、超镁铁质岩、玄武质岩等不同岩性的数据。按航次信息查询，如航次编号、考察船名称、调查年份、首席科学家、航次组织单位等。按数据可用性查询，查找具有指定数据项的数据条目，如查找含有主量元素数据的样品数据。

PetDB数据库平台对查询结果的输出符合人性化设计，不仅给用户提供了所查询的数据主体，同时也给出了数据主体对应的元数据。数据主体一般包括全岩分析数据、矿物分析数据、岩石矿物模式分析数据和包裹体分析数据等。元数据则包括参考文献信息、航次信息、样品信息等。数据主体的输出可根据用户需求设定选用的数据字段（数据列）。另外，数据条目（数据行）的输出也可以有2种方式：直接输出和整编后输出（precompiled）。直接输出是指将一个样品由同种分析方法获得的数据或同一文献来源的数据作为单独数据行输出。一个样品的数据可能会分多行显示，表示不同来源或不同测试方法。而整编后输出则将一个样品的数据归整到一行，当数据有重复和冲突时，系统会自己选择其认为质量较高的数据，这样方便用户使用，提高数据处理的效率。数据冲突时其整编的规则为：对于同位素数据，选用最新发表的数据，而摒弃较老的数据，相同时间发表的数据则以数据的标准差作为筛选标准。对于主量元素、稀土元素和其他微量元素，则按分析方法的优先级进行筛选，一般主量元素优选XRF分析结果，微量元素（包括稀土元素）采用质谱分析结果。如果是相同分析方法的冲突数据，则比较数据发表的时间先后，最新的数据被系统保留输出。

查询结果对应的元数据信息非常丰富，并且相互之间通过超链接形式密切关联。如点选参考文献信息（View References），可以看到数据来源的参考文献列表，列表可以按不同字段进行排序显示，也可下载整个列表。文献列表中的 data tables 链接可以打开显示各条文献的详细信息，包括 DOI 链接，以及文献中被 PetDB 收录的原始数据表，实现了数据的溯源。点选航次信息（View Expeditions），可以看到数据来源的航次列表，显示各航次的基本信息，各航次名称链接可以打开显示航次详细信息，并提供了站位信息链接、样品信息链接和参考文献链接。打开站位信息链接，可以浏览站位基本信息表，各站位名链接到站位详细信息页面，页面除展示站位信息外，还包括站位位置图示、航次信息链接和样品信息链接。点选样品信息链接（View/Pick Samples），可以显示查询结果的样品信息表，包括样品编号、类型、岩性、采样方式、蚀变程度、样品位置、所处构造环境等信息，打开样品编号链接，可以显示样品的详细信息，除样品基本信息外，还提供样品对应的航次信息链接和站位信息链接，提供了样品的主体数据表，以及数据来源文献链接和数据测试方法链接。数据测试方法链接展示了数据质量信息，包括数据测试方法、分析实验室、标样测试情况、标准化情况、数据精确度等。

8.16 Macrostrat

8.16.1 概况

Macrostrat 是以沉积学为主的地质数据库，由美国威斯康星大学 Shanan E. Peters 团队创立，于 2005 年正式启动，由 NSF 资助。该数据库是基于 MariaDB 和 PostGIS-enabled PostgreSQL 环境开发的关系型地理空间数据库和辅助性的网络基础设施，可以通过网页进行访问（https://macrostrat.org）。

Macrostrat 目前主要涵盖北美、加勒比、新西兰地区及 IODP 部分研究区的地层数据、PBDB（Paleobiology Database）的化石数据、USGS（United States Geological Survey）的地球化学数据、Mindat 的矿物数据及涵盖全球范围的地质图数据。Macrostrat 致力于应用这些新的数据来开展研究。

8.16.2 数据集成策略

（1）主要目标

Macrostrat 的主要目标是将基本的野外数据产品（如地质图和区域地质柱）进行汇总和系统化，以便将大量的原始野外观测和测量结果合成为时空上地壳的完整描述。通过新的数据和信息进行增强。

（2）地层名称和层级

Macrostrat 通过 3 种方式管理分配给岩石单元（如岩石地层学成员和岩层）的名称。首先，"概念"用于指定标识同一实体的名称组。例如，"达科他州"概念适用于地层等级的岩石地层学名称，包括"达科他州砂岩"，"达科他州地层"和"达科他集团公司"。"达科他州"的地层概念也适用于组等级的岩性地名，即"达科他州组"。所有这 4 个岩性地层学名称和等级分别存储在 Macrostrat 中，但其也都被标识为属于同一岩性地层学概念："达科他州"。概念还与其他信息相关联，包括用法说明、地质年代、一般岩性和/或时间属性、地理区域和来源参考。Macrostrat 的岩相地层学术语概念部分的整体结构与 USGS 词典（USGS，2016）。

除了对涉及同一地质实体的岩体地层学名称和其他岩体名称进行分组以外，Macrostrat 还明确存储了命名层次。例如，"达科他州地层"（"达科他州"概念中使用的名称和等级之一）是 4 个成员级岩相地层学名称的父代。显式存储命名法层次结构使得可以从任何命名起点访问 Macrostrat 数据，然后获取所有父子岩石地名及其变体，以及在空间和时间上应用其岩石单位。

当前，Macrostrat 中存储了超过 36 000 个岩相地名，其中大部分来自 USGS 国家地质地图数据库、澳大利亚词典、加拿大 Weblex 和英国地质调查词典地层词典的修改版本，以及其他外部资源。这些概念和链接回到原始 Lexicon 数据页面的 URL 在可能的情况下都提供了参考，但是与地层名称相关的大多数相关信息也可以从 Macrostrat 中获得。

8.16.3 关键技术

地层时间间隔（如生物区、年龄和时代）存储在 Macrostrat 中，在相对和绝对意义上彼此相关，并与数字年龄相关。具有实际数字年龄估算的年代地层间隔，主要是国际地层全球边界层边界和点（GSSPs；Gradstein 等，2012）提供的时间，以绝对时间为准（受明确的不确定因素和将来的修改）。没有直接数字年龄限制的年代地层间隔未分配数字年龄，取而代之的是，将缺乏直接地质年代学约束的间隔分配给边界，这些边界的位置相对于另一个年代地层间隔定义（例如，可以将年代地层层段的边界参考 25±5％国际年龄范围内的持续时间，这反过来又引用了确实具有绝对数字年龄估算值的边界，如 GSSP）。这种管理时间序列的时间间隔及其数字年龄的方法消除了将每个时间间隔与显式存储的数字年龄相关联的需要。其还使实际年龄限制更加透明，并具有数据管理的优势。

年代地层时标（例如，国际年龄和时期、生物地带、区域年代地层划分）和每个时标的参考信息都存储在 Macrostrat 中。但是，由于年代地层时间标尺本质上是一组单独命名的时间间隔，因此时间标尺仅间接引用间隔（与通过数据库中的连接仅间接引用列单位一样）。这种方法允许在时间间隔和使用其的时标之间建立一对多的关系（即 Rhaetian 是一个国际时代，也是北美地区时标的一部分），从而可以创建自定义时间间隔，以现有时间间隔为准。Macrostrat 网站截图见图 8-17。

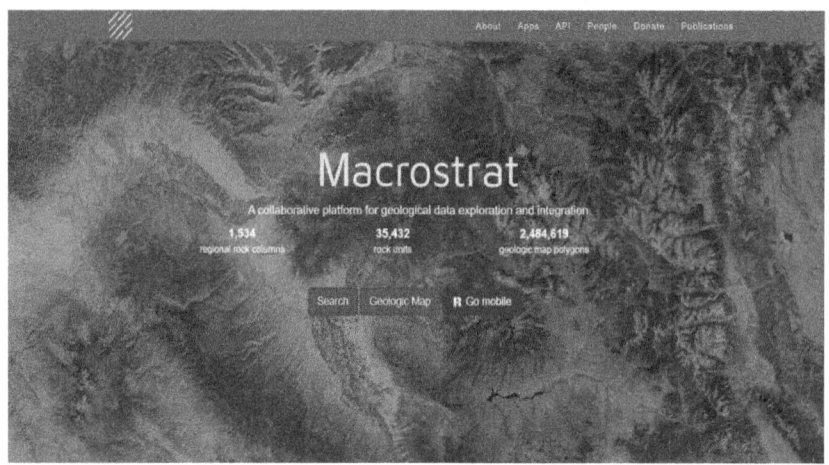

图 8-17　Macrostrat 网站截图

8.17　Geofacets

8.17.1　概况

Geofacets 这是一个基于 Web 的研究工具,可用于访问广泛的地理参考地质图数据库。其具有专为从事上游油气勘探的地球科学家而设计的直观功能,使用户能够有效而自信地评估一个地区或盆地的地质特征和潜力。用户可以在可下载的地图(包括 GeoTiff,KMZ 等)与原始期刊和图书内容之间进行流畅的导航。Geofacets 是同类产品中最大、最全面的解决方案,可帮助组织优化时间、金钱和人才。领先的石油和天然气公司还有学术机构使用 Geofacets 来快速发现可靠、可行的地球科学信息和科学出版物中的数据。

8.17.2　数据集成策略

(1) 主要内容

Geofacets 提供了超过 200 万幅地图、图形和表格,这些地图、图形和表格来自备受推崇的科学出版物,涵盖范围广泛的地质科学学科,从普通地质到专业领域,如有机地球化学和层序地层学。内容类型包括地图、地层柱、地震剖面、横截面、井数据等。内容具有丰富的见解、汇总和策划,并充分考虑到了地球科学家的需求。

(2) 迅速检索

搜索目标空间友好,呈现搜索结果比传统快 50%。

8.17.3　关键技术

Geofacets 的关键技术包括:①将经过审查的庞大的地球科学信息和数据库与高级搜索定

位和集成功能结合在一起,这使得地球科学家能够快速将信息和数据提取到ArcGIS、Petrel*和其他软件中;②借助Geofacets,信息和数据不仅可以被发现,而且可以被执行。将内容集成到ArcGIS、Petrel和Excel中以进行进一步的分析,或者使用Geofacets Connector for Petrel和Studio或Geofacets for ArcGIS来真正加速工作流程。Geofacets网站截图见图8-18。

图8-18 Geofacets网站截图

第九章 国际科学数据管理启示

通过上述对国际科学数据的现状、建设、管理及实践案例的介绍,以及我国科学数据管理的现状,可以归纳为以下几点启示。

(1)国家层面的科学数据管理政策体系与配套细则

科学数据的管理与共享离不开完善的政策保障,美国早在 20 世纪 90 年代就提出"完全与开放"的数据共享政策,并制定一系列法律规范。当前,我国科学数据共享管理缺少国家层面的立法保障和宏观指导(朱艳华 等,2015;林芳芳,赵辉,2015;傅小锋 等,2007),相应地,各共享平台所在机构制定自身的科学数据管理政策时也存在盲目性,甚至根本就没有制定和发布这些政策。通过国家制定科学数据的宏观管理政策,出台相关政策性、规范性文件,有助于规范科学数据的开放获取服务,健全科学数据管理共享秩序。欧美等发达国家制定科学数据管理的法律和制度,从行政、经济、权益等角度实现国家投资科学数据的汇集、管理与开放服务。科学数据管理的政策框架清晰且实施方式灵活,既保障科学数据管理的合法性又不约束单一的科学数据汇集、管理和开放服务模式。

加强科学数据管理办法中数据汇聚的策略落实。尽管我国已经制定了《科学数据管理办法》,但其在行业、部门、领域的辐射力度有限,对上需要有法律层面的制度保障,对下需要有更具实施操作性的配套细则。建议从国家和地方两个统筹视角推进办法的落实。以科技部统筹的科研项目为切入口,尽快建立科学数据汇交的技术标准,促进科技计划项目数据的汇交管理,并形成更多示范,促进国家数据中心建设。跟踪和指导各地方建立自身科学数据管理的细则和实施方案,结合不同区域、领域示范,促进地方科学数据办法的落实和数据汇聚,提高区域数据集成和应用能力。

(2)完备的科学数据管理政策和标准化体系是数据中心建设的重要基础

完善科学数据标准体系参考模型。标准参考模型描述了科学数据共享标准化的总体需求和基本原则。在当前落实《科学数据管理办法》和推进国家科学数据中心建设的过程中,会面临着不同学科领域的、新的标准化需求。因此,要在推进科学数据标准体系建设和实施的过程中,重视学科领域科学数据管理的共性和差异,开放吸纳传统学科、交叉学科、新兴学科领域对科学数据管理的需求,充实和完善科学数据标准体系参考模型,为科学数据标准体系建设奠定扎实基础。

健全科学数据全生命周期标准链条。支撑科学研究的科学数据具有全生命周期的典型特点。然而在科学数据管理过程中，各学科领域对数据生命周期中的各环节关注度不同，导致部分环节容易被忽视。例如，以仪器观测为主的科学数据则重视采集和汇交，而数据加工和分析层面较弱；以综合研究为主的科学数据则重视数据的汇聚、处理和分析，但缺少数据计划和长期保存标准支持。在科学数据标准体系的指导下，鼓励各学科领域健全自身的科学数据生命周期标准链条。

按标准明细表计划分步实施。在科学数据标准体系框架指导下统筹构建标准明细表。标准明细表的内容包括围绕该体系已发布的标准、拟修订的标准和新制定的标准。这些是落实科学数据标准体系的重要抓手和操作工具。根据需求的紧迫程度和成熟条件，有步骤地进行标准制修订的任务分解，制定三年期的标准制修订计划。依照"符合体系、成熟先行、急用先行、重要先行"的总体原则落实计划。

多级标准制修订协同。根据2015年国务院印发的《深化标准化工作改革方案》，政府主导制定的标准由6类整合精简为4类，分别是强制性国家标准和推荐性国家标准、推荐性行业标准、推荐性地方标准；市场自主制定的标准分为团体标准和企业标准。在当前国家标准数量总体受约束的情况下，不可能用国家标准来解决科学数据标准体系的所有问题。因此，要在相关标准化技术委员会的指导和协同下，按需要制定相应级别的标准。

科学数据标准应用宣贯。在科学数据标准体系建设和标准研究的同时，要结合实际应用需求情况对应加强科学数据管理标准的宣贯。例如，在落实国家《科学数据管理办法》的过程中要及时加强科学数据汇交技术与管理、科学数据分类编码、科学数据标识、科学数据引用等重要标准的应用宣贯。在宣贯结束后要做好宣贯效果的追踪与评价等后续工作，进而对科学数据标准体系进行反馈和完善。

（3）国家科学数据中心和学科领域公共存储协同发展

各类国家级科学数据管理机构和开放的学科领域公共存储是数据管理的主体。欧美注重科学数据管理的行业领域分工协作，避免重复。国家科学数据中心按学科领域组织，分工清晰，特色鲜明。领域自建的非国家直接投资的各类公共数据存储发达，面向市场竞争，形成长效机制。二者协同发展，并可能互为影响甚至相互转换。其在发展中的共性特点有三，一是研究型数据中心建设重视数据编目与永久性保存，二是数据管理机构重视数据增值开发与应用服务，三是致力于建成可持续的运行模式并遵从学科发展和市场规律。

科学数据中心在组织架构、数字对象管理、技术条件等3个方面要均衡考虑，不能只重视某一方面而轻视其他方面。组织架构如同是一个科学数据中心的软环境，是保证其可持续发展的根本保障。缺乏良好的组织架构保证，科学数据中心极易随着主要管理人员的变动而变动，造成不可持续发展和巨大的前期资金浪费。数字对象管理是科学数据中心资源建设的核心，如果没有全面的、质量可控的科学数据汇聚、存储、加工、服务，科学数据中心将失去其应有的价值。技术条件则是科学数据中心业务运行的基础条件，要有开放兼容的技术能力，保证科学数据中心在技术上既具备自给自足的研发能力，又具有国际开放接口的拓展能力，同时要具有安全保障的技术能力。

科学数据管理机制存在着国家法律约束、行业领域布局统筹、科学政策引导、市场驱动等多种科学数据管理机制。国家支持、会员收费、市场盈利、众筹自愿等多种模式共存。各类数据管理机构遵循成本预算和市场压力，优胜劣汰现象普遍，在这一压力下各类科学数据管理机构主动加强自我生长能力。为此，各领域各科学数据管理机构自我发展的能动性要更为突出，积极面向用户提供数据服务，注重在用户群体中的声誉，提高自身在用户群体中的黏着性，进而提高在学术团队和社会中的生存能力。

（4）科学数据管理的生命周期清晰，形成闭环

科学数据的生命周期特征清晰，从数据产生、存储到重用的各个阶段职责分明。普遍对国家投资的各类科技计划项目所产生的科学数据实施数据管理计划、数据汇交归档和开放服务的流程管理，严格从法律、资金、学术道德等层面进行约束，形成闭环。科学数据的汇交、管理与共享服务融为一体。同时，基于信息技术建立跨学科、跨地域的科学数据服务系统。典型的像美国的国家环境信息中心，利用气候、海洋、地球物理数据中心集成为虚拟的国家数据中心，开展覆盖全球的冰雪、大气、海洋、卫星遥感等领域的数据服务，形成业务上的闭环。

科学数据中心要加强科学数据永久编目、数据增值加工利用和运营模式3个重点环节。数据编目一方面是数据永久标识和保存的基础；另一方面也是数据检索发现和应用处理的关键引擎。数据增值加工能力是一个数据中心应用服务能力的根本保障，其建设内容包括数据标准化能力、数据集成能力、数据分析能力等。可持续的运营模式是一个数据中心长期发展必须面临的关键问题，如国家（项目）持续资助模式、联盟会员发展模式、机构产业合作模式、市场化模式等。

加强科学数据汇聚的全链条建设，促进科学数据汇聚的开放共享效益。建议利用信息技术对科学数据管理和开放服务的效益进行量化和引用统计，客观上促进优质科学数据资源的社会推广和科学界评价。除了引用率，科学领域数据共享的绩效评价中的用户贡献亦可加强。

（5）加强数据服务能力建设，拓展多种途径的科学数据服务方式

我国数据平台在数据服务建设方面应加强在线数据分析处理工具的开发，改善用户通过网络进行数据获取的方式。我国科学数据服务产品多集中在原始观测资料层面，以中国科学院的调研为例，观测监测第一手数据获取的占比最高，达61%；占比第二的为考察调查、加工生产、数据融合集成、加工生产和实验试验；而计算模拟、分析挖掘、检验检测，仅占6%。这反映出我国强于第一手数据的获取，数据具有权威性、稀缺性，但弱于再分析数据产品。迫切需要加强现有数据中心的分析挖掘和数据再分析产品提供能力。与此同时，要充分利用其依托部门资源，根据科研用户需求，提供专业的科学数据培训服务，并提供相关报告、文章或会议简报等教育资源，同时促进不同领域人才培养和交叉学科发展。

（6）数据出版的驱动机制有力支持科学数据管理

在科学研究数据管理方面，欧美数据出版及科技期刊要求提供和开放数据的做法，有力促进着科学数据的管理与开放。这一兼顾政策和学术道德的数据管理做法，甚至比国家科技计划项目数据汇交管理的影响力和执行力都显著。由于科学数据出版面向全球，这也

意味着发达国家在科学数据管理的能力上影响着全球，也是快速汇聚全球科学数据资源的利器。由于能够较好地解决数据版权问题，期刊论文关联数据与数据出版直接发布数据两种方式将快速驱动科学数据共享进程。

加强我国学术期刊和数据论文仓储建设，提升论文数据出版影响力。在众多的科学数据汇聚模式中，期刊论文的汇聚模式具有同行评议的质量控制要求、严格有序的流程管理举措，以及有效的数据（论文）引用评价机制，因此能够吸引科学家和科研团队积极提交和汇聚科学数据资源。应用好这个模式的根本就是建立高质量的期刊数据仓储，然而当前这一领域的优势数据仓储还是以国外为主。结合我国学术期刊和数据期刊发展的国情，应加强数据仓储与期刊的紧密合作，产生1+1大于2的成效，在数据汇聚的过程中，同步提升数据仓储和期刊的影响力，形成正向互馈。

以科学数据目录方式促进科学数据快速汇聚网络建设。科学数据目录汇聚是一种快捷的科学数据汇聚方式。针对我国诸多现有科学数据开放度不足的现状，如果把加强科学数据目录快速发布与数据实体出版相结合，将极大地提高现有科学数据平台的发布能力和影响力，快速打开科学数据开放共享的新局面。具体建议就是加强国家科技平台标识标准的宣贯，并与当前国家数据平台发布数据相衔接。加强该标识系统与科学数据出版系统的关联，推动高质量平台数据发布向数据出版的转变，提高科学数据出版的效率和数据汇聚的吸引力。

（7）促进科学数据中心可信认证机制建设

可参考DSA认证的经验，建立我国自主的科学数据仓储评价机制和认证体系，促进我国科学数据仓储认证事业的发展。目前经过认证的DSA社区中亚洲的科学数据中心只有寥寥几家。借助DSA认证的经验，探索适合我国可信赖数据仓储建设发展的标准，一方面便于推动和提升我国可信赖数据仓储的建设发展；另一方面也使我国有更多的机会在国际相关领域发声和交流，促进我国科学数据管理的国际化与影响力。

科学数据中心认证要有充分和细致的佐证材料。国际科学数据中心认证的16个条款内容在同行评议的过程中，有许多专家并不是本领域的同行专家，需要根据申请人提供的佐证材料予以专业水平确认。例如，在组织架构方面，要有相关可访问的上级或本中心科学数据管理政策、有可访问的数据中心组织管理页面、有一定的相关活动报道的证明等。在数字化对象管理方面，要有数据中心主要技术人员的列表网页、有数据管理的生命周期管理的实例或规范支撑、有数据中心相关数据目录和实体的页面等。在技术基础方面，要有自主技术的知识产权凭证、必要的与国际标准互操作能力证明及数据异地备份的机构协议等。

科学数据中心认证的所有材料具有良好的可访问性。因为CoreTrustSeal评估是在线评估，所有的评估过程均是通过同行评价中的在线检查完成的，且通过评估后的认证材料也将在CoreTrustSeal网站公开，允许其他人员继续访问。因此，所有的评估材料中尽可能提供能够长久访问的网络链接。例如，本数据中心在所在机构官网中的链接地址，数据资源目录的有效链接，第三方评价或者报道的有效链接，本机构自述的各类材料或者辅助信息的在线链接等。在正式提交认证前要检查所有链接的正确性，并做必要的维护更新。

（8）加强面向问题导向的科学数据综合集成

以问题为导向的数据共享平台建设利于打破学科界限，在高度综合研究对象的基础上提出数据整合集成的学术思想和方向，且易于大型国际/国家科学计划相结合（赵作权，1994），促进数据的产生、集成和应用。以地球科学为例，CIESIN在解决地球系统科学数据管理中强调了人类活动的影响，突出人类活动与地球环境关系的数据资源建设，这也是其能够快速着眼于可持续发展应用的一个特点。我国在地球系统科学与可持续发展方面存在的问题多而复杂，加强问题导向的数据资源整合集成，也是当前我国地学领域的紧迫需求。

（9）注重科学数据安全管理

针对科学数据产权问题，对数据业者的科学数据知识产权做出界定和原则性规定，做好与知识产权法律制度的衔接，合理保护数据业者的科学数据资源权益。针对物理安全，应加强对科学数据采集、传输、存储、处理、使用、销毁等生命周期全过程的安全防护，构建大数据全生命周期运行保障体系。

（10）提高科学数据中心国际化水平

我国在科学数据上总体上取得了重大进展，但是与发达国家相比，在国际化建设方面的差距仍然显著。以地学领域为例，我国在科学数据管理上总体上取得了重大进展，本研究团队对我国地学领域开放共享网站进行过国际化调查，发现78%的科学数据门户没有英文网站。已建的许多地学领域开放科学数据门户英文界面/网站多数处于建设初期阶段，平台网站建设质量也存在差异，在网站内容、更新频次上还有很大的提升空间。

随着国家《科学数据管理办法》的出台，越来越多的领域综合和分支数据平台或数据中心将得以加强建设和快速发展。这些已有的和新增的科学数据平台之间应避免重复低水平建设，加强数据平台之间的交流合作，提高科学数据共享的效率。我国共享平台发展过程中，应积极参与全球科学竞争与合作。通过国内、国际交流和合作，夯实我国科学数据的自身基础，充分、合理引进我们急需的国际科学数据资源，为更多领域的全球和区域性合作提供可持续的科学数据支撑。

附录 WDS 科学数据中心列表

数据中心	数据中心名称	国家	领域	数据中心网址
Incorporated Research Institutions for Seismology (IRIS), Data Services	美国地震学研究联合会数据服务中心	美国	地球科学、地震学、大地电磁、气象原位数据、气压、海洋传感器、超导重力仪、次声	http://www.iris.edu
WDC - Geoinformatics and Sustainable Development	世界地理信息学和可持续发展数据中心	乌克兰	空间科学、地球科学、文化和民族研究、经济学、地理、社会学、计算机科学、数学、统计、系统科学、环境研究和林业	http://wdc.org.ua
ISRIC – WDC Soils	世界土壤数据中心	荷兰	地球科学、地理、农业、环境研究和林业、土壤科学	http://www.isric.org/about/world-data-centre-soils-wdc-soils
WDC for Climate	世界气候数据中心	德国	地球科学、气候建模	http://www.wdc-climate.de
WDC-Meteorology, Asheville	阿什维尔气象学中心	美国	地球科学、气候科学和相关数据管理	http://gosic.org/wdcmet
Centre de Données astronomiques de Strasbourg (CDS)	斯特拉斯堡天文中心	法国	空间科学、天文学	http://cdsweb.u-strasbg.fr/
World Glacier Monitoring Service, Zurich	世界冰川监测服务处	瑞士	地球科学、地理、冰川	http://www.wgms.ch/
Australian Antarctic Data Centre	澳大利亚南极数据中心	澳大利亚	空间科学、地球科学、生命科学、化学、物理、地理、环境研究和林业	http://data.aad.gov.au/
Chinese Astronomical Data Center	中国天文数据中心	中国	天文学、空间科学、物理	http://explore.china-vo.org/
WDC-Renewable Resources and Environment	可再生资源与环境数据中心	中国	地球科学、地理、农业、环境研究和林业、区域研究、自然资源、生态学、地理信息学	http://eng.wdc.cn
Flanders Marine Institute, Data Centre	法兰德斯海洋研究所,数据中心	比利时	生命科学、计算机科学、环境研究和林业、生物学、生物多样性、生物地理学、分类学、海洋学、信息与通信技术、数据管理	http://www.vliz.be/en

数据中心	数据中心名称	国家	领域	数据中心网址
World Data Service for Oceanography	国家海洋数据中心	美国	地球科学、海洋学	http://www.nodc.noaa.gov/
International Earth Rotation and Reference Systems	国际地球自转与参考系统服务	德国	空间科学、地球科学、地理、计算机科学、数学、统计、系统科学、大地测量学和参考框架	http://www.iers.org
Fish Database of Taiwan (Academia Sinica, Taiwan)	台湾鱼类资料库（台湾"中央研究院"）	中国（台湾）	生命科学、农业、生命科学（生物多样性）、鱼类学	http://fishdb.sinica.edu.tw
WDC-Oceanography, Tianjin	海洋数据中心（天津）	中国	http://www.nmdis.org.cn/nmdisenglish/	http://www.nmdis.org.cn/nmdisenglish/
World Data Service for Geophysics	世界地球物理学数据服务中心	美国	空间科学、地球科学、计算机科学	http://www.ngdc.noaa.gov
PANGAEA - Data Publisher for Earth & Environmental Science	地球与环境科学数据出版平台	德国	地球科学、生命科学	http://www.pangaea.de/
WDC-Solar-Terrestrial Physics, Moscow	世界日地物理学数据中心，莫斯科	俄罗斯	空间科学、地球科学、地磁变化、电离层现象、宇宙射线、太阳活动和行星际介质（近太空）	http://www.wdcb.ru/stp/index.en.html
WDC - Sunspot Index and Long-term Solar Observations (SILSO)	太阳黑子指数和长期太阳观测世界数据中心	比利时	天文学、空间科学、统计、历史、太阳物理学、太阳活动（中长期）、日地关系和气候	http://www.sidc.be/silso
WDC-Oceanography, Obninsk	世界海洋学数据中心，奥布宁斯克	俄罗斯	地球科学、物理和化学海洋学	http://www.meteo.ru/mcd/ewdcoce.html
WDC-Remote Sensing of the Atmosphere	世界大气遥感数据中心	德国	空间科学、地球科学、化学、物理、地理、计算机科学、数学	http://wdc.dlr.de
WDC - Geomagnetism, Copenhagen	哥本哈根地磁数据中心	丹麦	空间科学、地球科学、地磁	http://www.space.dtu.dk/English/Research/Scientific_data_and_models/World_Data_Cent
International Service of Geomagnetic Indices	国际地磁指数服务	法国	空间科学、地球科学、太阳—地球物理学、空间天气、地磁学	http://isgi.unistra.fr/
WDC-Geomagnetism, Edinburgh	爱丁堡地磁数据中心	英国	空间科学、地球科学、地磁	http://www.wdc.bgs.ac.uk/
WDC for Solid Earth Physics, Moscow	莫斯科固体地球物理世界数据中心	俄罗斯	地球科学、地震学、地磁学（主磁场）、考古和古磁学、重力学、地热学、近期运动、海洋地质学和地球物理学	http://www.wdcb.ru/sep/index.html
WDC-Meteorology, Obninsk	世界气象数据中心，奥布宁斯克	俄罗斯	地球科学、气象	http://www.meteo.ru/mcd/ewdcmet.html
WDC - Solar Activity / BASS2000	世界太阳活动/BASS2000数据中心	法国	天文学、空间科学、太阳物理学	http://bass2000.obspm.fr

续表

数据中心	数据中心名称	国家	领域	数据中心网址
WDC-Geomagnetism, Kyoto	京都地磁数据中心	日本	空间科学、地球科学、物理、地理、计算机科学、地磁	http://wdc.kugi.kyoto-u.ac.jp/
Interdisciplinary Earth Data Alliance	跨学科地球数据联盟	美国	地球科学	http://www.iedadata.org
WDC-Space Weather, Australia	空间气象数据中心,澳大利亚	澳大利亚	空间科学、电离层、太阳观测、地磁、太阳-地球物理学、空间天气	http://www.sws.bom.gov.au/World_Data_Centre
NSIDC DAAC	NSIDC分布式主动存档中心（DAAC）	美国	地球科学、地理、冰冻圈	http://nsidc.org/daac/
Oak Ridge National Laboratory Distributed Active Archive Center（ORNL DAAC）	橡树岭国家实验室分布式活动档案中心	美国	地球科学、地理、环境研究和林业、陆地生态学、生物地球化学动力学、生态数据、环境过程	https://daac.ornl.gov
World Stress Map Project	世界应力图项目	德国	地球科学、地球物理学、地球化学、地质学、自然资源	http://www.world-stress-map.org
WDC-NSIDC	国家冰雪数据中心	美国	地球科学、文化与种族研究、地理、极地和冰冻圈	http://nsidc.org/
WDC - Ionosphere and Space Weather	电离层和空间气象数据中心,日本	日本	空间科学、地球科学、电离层、太阳-地球物理学、空间天气	http://wdc.nict.go.jp/wdc_e.html
Ukrainian Geospatial Data Center	乌克兰地理空间数据中心	乌克兰	地球科学、计算机科学、数学	http://inform.ikd.kiev.ua
Data Centre for Geography, Moscow	莫斯科地理数据中心	俄罗斯	地理、环境系统的结构和演变、对环境的影响,资源的可持续管理、俄罗斯和其他国家的人类地理学、大气层、水圈和岩石圈之间的相互作用、制图学、地理信息学和遥感、地理和地理学教育	http://www.eng.geogr.msu.ru/structure/labs/WDC/
WDC - Earth Resources Observation and Science（EROS）Center	地球资源观测与科学（EROS）数据中心	美国	地球科学、地理、系统科学、环境研究和林业、遥感、土地变化科学、土地变化监测、评估和预测	http://eros.usgs.gov
The Language Archive	语言档案馆	荷兰	心理学、语言和语言学、人类学	https://tla.mpi.nl/
World Data Service for Paleoclimatology	世界古气候数据服务中心	美国	地球科学、气候学、全球变化	http://www.ncdc.noaa.gov/paleo
DataFirst	DATA FRST数据仓储库	南非	经济学、地理、政治学、统计、环境研究和林业、健康科学、区域研究、信息科学	http://www.datafirst.uct.ac.za
WFCC - MIRCEN World Data Centre for Microorganisms	世界微生物数据中心	中国	生命科学、微生物学	http://www.wdcm.org
Goddard Earth Sciences Data and Information Services Center（GES DISC）	戈达德地球科学数据和信息服务中心（GES DISC）	美国	地球科学、物理、地理、计算机科学、农业、工程、大气科学、降水、水文学、全球建模、信息科学、系统工程	http://disc.gsfc.nasa.gov

续表

数据中心	数据中心名称	国家	领域	数据中心网址
Crustal Dynamics Data Information System（CDDIS）	地壳动力学数据信息系统	美国	空间科学、地球科学、物理、大地测量学、空间大地测量学	http://cddis.nasa.gov
Chinese Space Science Data Center	中国空间科学数据中心	中国	天文学、空间科学、计算机科学、空间物理学、空间天气、行星科学	http://www.cssdc.ac.cn
Cold and Arid Regions Science Data Center at Lanzhou（CARD）	寒区旱区科学数据中心	中国	地球科学、地理	http://card.westgis.ac.cn
Global Hydrology Resource Center（GHRC）	全球水文资源中心	美国	地球科学、计算机科学、系统科学、环境研究和林业、水文循环、闪电、恶劣天气	https://ghrc.nsstc.nasa.gov/home/
Italian Centre for Astronomical Archive - IA2	意大利天文档案中心	意大利	天文学、空间科学	http://ia2.oats.inaf.it
Inter-university Consortium for Political and Social Research（ICPSR）	大学间政治和社会研究联合会（ICPSR）	美国	经济学、性别和性别研究、地理、政治学、心理学、社会学、统计、家庭和消费者科学、健康科学、历史、老龄化、刑事司法、人口、教育、法律、物质滥用等	http://www.icpsr.umich.edu
Atmospheric Science Data Center（Distributed Active Archive Center）	大气科学数据中心分布式活动档案中心	美国	地球科学、大气科学、云、气溶胶、对流层化学	http://eosweb.larc.nasa.gov/
WDC - Geomagnetism, Mumbai	孟买地磁数据中心	印度	物理、地球科学、空间科学、地磁、固体地球地磁和高层大气科学、高层大气物理学	http://wdciig.res.in/WebUI/Home.aspx
Canadian Astronomy Data Centre/ Canadian Virtual Observatory	加拿大天文数据中心/加拿大虚拟天文台	加拿大	天文学、空间科学	http://www.cadc-ccda.hia-iha.nrc-cnrc.gc.ca/en/
Alaska Satellite Facility	阿拉斯加卫星设施分布式活动档案中心	美国	地球科学、地理、区域研究、冰冻圈、极地过程、固体地球、磁层、阿拉斯加地理	http://www.asf.alaska.edu/
Ocean Networks Canada	加拿大海洋网络	加拿大	计算机科学、地球科学、海洋科学、地球物理学、海洋物理学、海洋生物学、生物化学、海洋工程	oceannetworks.ca
Socioeconomic Data and Applications Center（SEDAC）	社会经济数据和应用中心	美国	地球科学、化学、文化和民族研究、经济学、地理、政治学、社会学、计算机科学、统计、系统科学、农业、建筑和设计、商业、工程、环境研究和林业、健康科学、运输、人类学、区域研究、环境科学、可持续发展科学、气候科学、信息系统科学	http://sedac.ciesin.columbia.edu/

续表

数据中心	数据中心名称	国家	领域	数据中心网址
UNAVCO, Inc.	美国卫星导航系统与地壳形变观测研究大学联盟	美国	地球科学、大地测量	http://www.unavco.org/
Land Processes Distributed Active Archive Center	土地过程分布式活动档案中心	美国	地球科学、地理、农业、环境研究和林业、土地覆盖、土地变化、土地流程	https://lpdaac.usgs.gov/
Permanent Service for Mean Sea Level（PSMSL）	平均海平面永久服务（PSMSL）	英国	地球科学、物理、海平面、气候变化、海洋学、大地测量学	http://www.psmsl.org/
DANS	荷兰国家研究数据的专业知识和存储库	荷兰	生命科学、经济学、性别和性别研究、政治学、心理学、社会学、健康科学、历史、语言和语言学、人类学、考古学、行为科学、社会文化科学、地理空间科学、传播科学、人口	https://dans.knaw.nl/en
Research Institute for Sustainable Humanosphere, Kyoto University	京都大学可持续人类圈研究所	日本	天文学、空间科学、地球科学、工程	http://www.rish.kyoto-u.ac.jp/?lang=en
The Cambridge Crystallographic Data Centre	剑桥晶体数据中心	英国	化学、结晶学	http://www.ccdc.cam.ac.uk/
Global Biodiversity Information Facility	全球生物多样性信息基金	丹麦	生命科学	http://www.gbif.org/
WDC for Geophysics, Beijing	地球物理科学数据中心，北京	中国	空间科学、地球科学	http://www.geophys.ac.cn
Global Change Research Data Publishing and Repository	全球变化科学研究数据出版系统	中国	地球科学、经济学、地理、农业、环境研究和林业、历史、区域研究、地球生态系统	http://www.geodoi.ac.cn
Canadian Cryospheric Information Network/Polar Data Catalogue	加拿大冰雪圈网络极地信息数据目录	加拿大	地球科学、生命科学、化学、文化和民族研究、经济学、地理、社会学、环境研究和林业、家庭和消费者科学、健康科学、运输、历史、人类学、考古学、冰冻圈、极地	https://www.polardata.ca
Swedish National Data Service	瑞典国家数据服务局	瑞典	文化和民族研究、经济学、地理、政治学、统计、环境研究和林业、家庭和消费者科学、健康科学、考古学	https://snd.gu.se/en
Centre for Astronomical Data of the Institute of Astronomy of the Russian Academy of Sciences	俄罗斯天文数据中心	俄罗斯	天文学、空间科学	http://www.inasan.ru/en/divisions/dpss/cad/
Ocean Biology Data Active Archive Center（OB.DAAC）	海洋生物学分布式活动档案中心	美国	地球科学、生命科学、环境研究和林业、健康科学	https://oceancolor.gsfc.nasa.gov/data/overview/

续表

数据中心	数据中心名称	国家	领域	数据中心网址
Neotoma Paleoecological Database	新肿瘤古生态学数据库	美国	地球科学、生命科学、地理、环境研究和林业、人类学、考古学	http://neotomadb.org
ImmPort Repository	免疫学仓储库	美国	生命科学	immport.org
Worldwide Protein Data Bank（wwPDB）	全球蛋白质数据库档案	美国	生命科学、结构生物学	www.wwPDB.org
Australian Data Archive	澳大利亚数据档案	澳大利亚	文化和民族、研究、经济学、性别和性行为研究、政治学、心理学、社会学、商业、家庭和消费者科学、健康科学、运输、历史、区域研究、社会科学	https://ada.edu.au
National Geoscience Data Centre	国家地球科学数据中心	英国	地球科学	http://www.bgs.ac.uk/services/ngdc/home.html
California Digital Library	加州数字图书馆	美国	天文学、空间科学、地球科学、生命科学、化学、物理、文化和民族研究、经济学、性别和性行为研究、地理、政治学、心理学、社会学、计算机科学、数学统计、系统科学、农业、建筑与设计、商业、工程、环境研究和林业、家庭和消费者科学、健康科学、运输历史、语言和语言学、人类学、考古学、区域研究	https://www.cdlib.org
Digital Repository of Ireland	爱尔兰数字存储库	爱尔兰	文化和民族研究、经济学、性别和性行为研究、地理、政治学、心理学、社会学、建筑与设计、商业、家庭和消费者科学、历史、语言和语言学、人类学、考古学、区域研究、人文社会科学（HSS）	https://www.dri.ie
Norwegian Marine Data Centre（NMD）	挪威海洋数据中心	挪威	地球科学、海洋学	https://www.hi.no/zh/hi/forskning/research-groups-1/the-norwegian-marine-data-centre-nmd
Survey Research Data Archive	学术调查研究资料库	中国（台湾）	文化与民族研究、经济学性别与性行为研究、地理、政治学、心理学、社会学、统计、商业、消费者科学、卫生科学、交通运输、历史语言和语言学、区域研究	https://srda.sinica.edu.tw/
Physical Oceanography Distributed Active Archive Center	物理海洋学分布式活动档案中心	美国	地球科学、海洋学	https://podaac.jpl.nasa.gov

续表

数据中心	数据中心名称	国家	领域	数据中心网址
National Center for Atmospheric Research	国家大气研究中心	美国	地球科学、大气和海洋科学	https://rda.ucar.edu/
Level-1 and Atmosphere Archive & Distribution System（LAADS）Distributed Active Archive Center（DAAC）	一级和大气档案和分发系统（LAADS）分布式活动档案中心（DAAC）	美国	地球科学	https://ladsweb.modaps.eosdis.nasa.gov/
The Environmental Information Data Centre	环境信息数据中心	英国	地球科学、生命科学、环境研究与林业	http://eidc.ceh.ac.uk/
Pacific and Regional Archive for Digital Sources in Endangered Cultures（PARADISEC）	太平洋和区域濒危文化数字资源档案馆	澳大利亚	文化和民族研究、语言和语言学、人类学、音乐学	http://paradisec.org.au/
Archaeology Data Service	考古数据服务	英国	环境研究与林业、人类学、考古学	https://archaeologydataservice.ac.uk/

参考文献

[1] AG's data policy: history and context[EB/OL].[2020–07–05]. https://agupubs.onlinelibrary.wiley.com/doi/epdf/10.1002/2014EO370008.

[2] ATKINSON M, LIEW C S, GALEA M, et al. Data-intensive architecture for scientific knowledge discovery [J]. Distributed & Parallel Databases, 2012, 30 (5–6): 307–324.

[3] BAI Y, DI L, NEBERT D D, et al. GEOSS component and service registry: design, implementation and lessons learned[J]. IEEE Journal of selected topics in applied earth observations and remote sensing, 2012, 5 (6): 1678–1686.

[4] BERMAN H M, WESTBROOK J, FENG Z, et al. The protein data bank[J]. Nucleic Acids Research, 2000 (28), 235–242.

[5] BOULTON G S, BABINI D, HODSON S, et al. Open data in a Big Data world [EB/OL]. [2019–08–05]. http://www.science-international.org/sites/default/files/reports/open-data-in-big-data-world_short_en.pdf.

[6] BOULTON G. The challenges of a Big Data Earth[J]. Big earth data, 2018 (5): 1–7.

[7] British Academy. Data management and use: Governance in the 21st century[R]. London: The Royal Society, 2017.

[8] BUTTERFIELD M L, PEARLMAN J S, VICKROY S C. A System-of-Systems Engineering GEOSS: Architectural Approach[J]. IEEE systems journal, 2008, 2 (3): 321–332.

[9] CAMPBELL J B. GloVis as a resource for teaching geographic content and concepts[J]. Journal of Geography, 2008, 106 (6): 239–251.

[10] CARLSON D, ODA T. Editorial: Data publication-ESSD goals, practices and recommendations, Earth Syst[A/OL].[2018]. https://doi.org/10.5194/essd-10-2275-2018.

[11] CARVAL T, KEELEY R, TAKATSUKI Y, et al. Argo user's manual V3.2 [R/OL]. [2016–04–10]. http://dx.doi.org/10.13155/29825.

[12] CHAITANYA B. Sharing and caring of eScience data[M].Berlin: Springer–Verlag, 2007.

[13] CHEN C M. CiteSpaceIII[DB/OL].[2016].http://cluster ischool.Drexeledu/cchen/citespace/download/.

[14] CODD E F. A Relational Model of Data for Large Shared Data Banks. Communications of The Acm. 1970, 13 (6): 377.Community[EB/OL].[2017–05–07].https://www.

datasealofapproval.org/en/community/.

[15] COOPER M. M. Data–driven education research[J]. Science，2007，317（5842）：1171.

[16] Core Trustworthy Data Repositories Requirements[EB/OL].[2016–11].https：//www.coretrustseal.org/wp–content/uploads/2017/01/Core_Trustworthy_Data_Repositories_Requirements_01_00.pdf.

[17] Data processing handbook of WDC–RRE [EB/OL].[2020–12].http：//wdcrre.data.ac.cn/static/upload/e1/e1080fa4–3fbb–11e8–b4ea–1866dae73633.pdf.

[18] Data rights and security of WDC–RRE [EB/OL].[2020–12].http：//eng.wdc.cn/page/rights_security.

[19] Data Seal of Approval（DSA）：Community &Regulations[EB/OL].[2017–05–07].https：//www.datasealofapproval.org/media/filer_public/2013/09/27/dsa–regulations_2013.pdf.

[20] Data Seal of Approval：Guidelines[EB/OL]. [2017–05–07].https：//www.datasealofapproval.org/media/filer_public/2013/09/27/–guidelines_2014–2015.pdf.

[21] Data storage specification of WDC–RRE [EB/OL]. [2020–12].http：//wdcrre.data.ac.cn/static/upload/47/47e6ded2–3fba–11e8–b4ea–1866dae73633.pdf.

[22] Data use statement of WDC–RRE [EB/OL]. [2020–12].http：//wdcrre.data.ac.cn/page/data_use.

[23] DEE D P，UPPALA S M，SIMMONS A J. The ERA–Interim reanalysis：configuration and performance of the data assimilation system. Quarterly Journal of The Royal Meteorological Society，2011，173（656）：5553–597.

[24] DSA General Assembly Formed [EB/OL]. [2017–05–07]. https：//www.datasealofapproval.org/en/news–and–events/news/2015/8/17/dsa–general–assembly–formed/.

[25] Earth Cube Past，Present，and Future [A/OL]. [2014]. http：//earthcube.org/document/2014/earthcube–past–present–future.

[26] Editorial. Data sharing and the future of science[J]. Nature Communications，2018（9）：2817.

[27] European Union. General Data Protection Regulation[EB/OL].[2018–11–30]. https：//gdpr-info.eu/.

[28] FREELAND H J，ROEMMICH D，GARZOLI S L，et al. Argo：A Decade of Progress[R]. Venice，Italy：OceanObs' 09 Meeting，2009.

[29] Geobiodiversity Database. About US [EB/OL].[2020–05–15]. http：//www.geobiodiversity.com/Main.aspx?RightPage=AboutUs.html.

[30] GIARETTA D. Trustworthy Repositories Audit & Certification：Criteria and Checklist（TRAC）[J]. 2007.

[31] Global Change Master Directory（GCMD）. GCMD Keywords，Version 9.1. Greenbelt，MD：Earth Science Data and Information System，Earth Science Projects Division，Goddard Space Flight Center（GSFC）National Aeronautics and Space Administration（NASA）[EB/OL]. https：//wiki.earthdata.nasa.gov/display/gcmdkey.

[32] GROBE H，DIEPENBROEK M，DITTERT N，et al. Archiving and distributing earth-

science data with the PANGAEA information system[M]//Antarctica. Springer Berlin Heidelberg，2006：403–406.

[33] HARRIS P A，TAYLOR R，THIELKE R. Research electronic data capture （REDCap）：A metadata-driven methodology and workflow process for providing translational research informatics support. Journal of Biomedical Informatics，2009，42（2）：377–381.

[34] HELEN M B，GERARD J K，HARUKI N，et al. The Protein Data Bank at 40：reflecting on the past to prepare for the future[J]. Structure，2012，20（3）：391–396.

[35] IODP. IODP：Maps and KML Tools [EB/OL]. [2018–02–08]. http：//www.iodp.org/resources/maps–and–kml–tools.

[36] JAIN A K，MURTY M N，FLYNN P J. Data clustering：a review[J]. Acm Computing Surveys，1999，31（3）：264–323.

[37] KOMAC M，LEE K，ROBIDA F. OneGeology：Access to geoscience for all [C]//EGU General Assembly Conference Abstracts. 2014，16.

[38] LEHNERT K，SU Y，LANGMUIR C H，et al. A global geochemical database structure for rocks [J]. Geochemistry Geophysics Geosystems，2000，1（1）：1012.

[39] LIU J，PACITTI E，VALDURIEZ P，et al. A Survey of data–intensive scientific workflow management[J]. Journal of Grid Computing，2015，13（4）：457–493.

[40] MICHENER W K，ALLARD S，BUDDEN A，et al. Participatory design of DataONE：enabling cyberinfrastructure for the biological and environmental sciences[J]. Ecological Informatics，2012（11）：5–15.

[41] MOKRANE M，HUGO W，HARRISON S. WDS/DSA Certification：International collaboration for a trustworthy research data infrastructure[C]. EGU General Assembly. 2016.

[42] National Health and Nutrition Examination Survey（NHANES），2005—2006（ICPSR 25504）[EB/OL].[2017–05–25].http：//www.icpsr.umich.edu/icpsrweb/ICPSR/studies/25504#cite.

[43] NICAL A，CARUSO J，ARCHAMBAULT E. Open data access policies and strategies in the european research area and beyond[R]. Washington：Science-Metrix Inc，2013.

[44] NOAA Business Brief 2020[EB/OL]. [2020–05–14]. https：//www.noaa.gov/sites/default/files/atoms/files/NOAA%202020%20Business%20Brief%20April%202020.pdf.

[45] NOAA Data Management Planning Procedural Directive[EB/OL].[2020–07–05].https：//nosc.noaa.gov/EDMC/PD.DMP.php.

[46] OCLC R. Trusted Digital Repositories：Attributes and Responsibilities[J]. Mountain View Ca Retrieved，2002，24（1）：108–110.

[47] OGC Standards and Supporting Documents[EB/OL].[2020–04–10]. http：//www.ogc.org/standards.

[48] OLSEN L. Global change master directory enhances search for earth science data[J].American Geophysical Union，1996，77（18）：173.

[49] OWENS T J，CROTWELL H P，GROVES C，et al. SOD：Standing order for data[J]. Seismological Research Letters，2004，75（4）：515–520.

[50]　OWENS W, WONG A. An improved calibration method for the drift of the conductivity sensor on autonomous CTD profiling floats by θ–S climatology [J]. Deep-Sea Research Part I: Oceanographic Research Papers, 2009, 56（3）: 450–457.

[51]　PENTLAND A. The data-driven society[J]. Scientific American, 2013, 309（4）: 78.

[52]　ROBERT G R, MICHAEL J P. Knowledge representation in the semantic web for earth and environmental terminology（SWEET）[J].Computers & Geosciences, 2005（31）: 1119–1125.

[53]　PETERS S E, HUSSON J M, Czaplewski J. Macrostrat: a platform for geological data integration and deep-time earth crust research[J].Geochemistry, Geophysics, Geosystems, 2018, 19（4）: 1393–1409.

[54]　System security document of WDC–RRE network [EB/OL]. [2020–12].http: //wdcrre.data.ac.cn/static/upload/b5/b5abeb22–3fbc–11e8–b4ea–1866dae73633.pdf.

[55]　The specification of WDC–RRE data identification [EB/OL]. [2020–12].http: //wdcrre.data.ac.cn/static/upload/ee/ee56cfd4–3fba–11e8–b4ea–1866dae73633.pdf.

[56]　Utilization for National Health and Nutrition Examination Survey（NHANES）, 2005–2006[EB/OL]. [2017–05–25]. http: //www.icpsr.umich.edu/icpsrweb/ICPSR/studies/25504/utilization.

[57]　VARDUGAN M, LYLE J. The inter–university consortium for political and social research and the data seal of approval: accreditation experiences, challenges, and opportunities[J]. Data Science Journal, 2014（13）: 83–87.

[58]　WANG J, SUN J, YANG Y, et al. A new approach to research data archiving for WDS sustainable data integration in China[J]. Data Science Journal, 2013（12）: 120–123.

[59]　WANG J, SUN J, ZHU Y, et al. A study on the organizational architecture and standard system of the data sharing network of earth system science in china[J]. Data Science Journal, 2013（12）: 91–101.

[60]　WDC–RRE management and operating specification [EB/OL]. [2020–12] http: //wdcrre.data.ac.cn/page/management_operating.

[61]　WDC–RRE metadata standard （V1.0） [EB/OL]. [2020–12] http: //wdcrre.data.ac.cn/static/upload/79/79654602–3fb9–11e8–bf87–1866dae73633.pdf.

[62]　WHITE R M.Geographysical data management: why[J]. Bulletin of the American Meteorological Society, 1969, 50（3）: 143.

[63]　WONG A P S, JOHNSON G C, OWENS W B. Delayed-mode Calibration of Profiling Float Salinity Data by Historical Hydrographic Data [R]. Albuquerque, NM: Fifth Symposium on Integrated Observing System, 2001.

[64]　WONG A, KEELEY R, CARVAL T, et al.Argo Quality Control Manual[R /OL]. [2016–04–10]. http: // dx.doi.org /10.13155 /33951.

[65]　YANG B, ZHANG J, ZHANG X, et al. System construction and system security on Chinese polar database system [J]. Chinese Journal of Polar Research, 2005, 17（4）: 285–290.

[66] "地质云2.0" [EB/OL]. http：//geocloud.cgs.gov.cn/#/portal/home.

[67] 百度百科，"美国国家海洋和大气管理局"词条 [EB/OL]. https：//baike.baidu.com/item/美国国家海洋和大气管理局/8773770?fromtitle=NOAA&fromid=8369454&fr=aladdin

[68] 单晨.英国国家档案馆网站特色分析[J].经营管理者，2011（7）：285.

[69] 樊隽轩，陈峰，张华. Geobiodiversity Database（GBDB）的数据共享策略与用户分级体系[C]//中科院科学数据库办公室.第十届科学数据库与信息技术学术研讨会论文集. 2010：362–369.

[70] 伏安娜，张计龙，殷沈琴. DSA对我国科学数据共享中可信赖性标准制定的启示[J].图书馆杂志，2016（10）：69–76.

[71] FOX S，李平. NASA地球观测系统的数据和信息系统（EOSDIS）：处理，归档并分配大量地球科学图像及有关产品的综合系统[J].飞行器测控技术，1997（3）：72–80.

[72] 傅小锋，李俊，黎建辉.国际科学数据的发展与共享[J].中国基础科学，2007，9（2）：30–35.

[73] 光亮，张群. ISO/IEC JTC1/WG9大数据国际标准研究及对中国大数据标准化的影响[J].大数据，2017，3（4）：20–28.

[74] 国际标准化组织．ISO / IECl7000合格评定．词汇和一般原则[S]，国际标准化组织，2004．

[75] 国家科技基础条件平台中心.国家科学数据资源发展报告：2016[M].北京：科学技术文献出版社，2016.

[76] 国务院.促进大数据发展行动纲要[A/OL]. [2018–11–12].http：//www.gov.cn/zhengce/content/2015–09/05/content_10137.htm.

[77] 国务院办公厅.科学数据管理办法[EB/OL].[2018–10–30].http：//www.gov.cn/zhengce/content/2018–04/02/content_5279272.htm.

[78] 韩珂，祝忠明.可信数字仓储认证体系研究[J].现代图书情报技术，2007，2（6）：5–10.

[79] 韩雪华，王卷乐，石蕾，等.荷兰数据认可印章科学数据仓储认证及启示[J].中国科技资源导刊，2018，50（1）：14–19.

[80] 何文娜，朱长青，李钟山，等.基于地质云的我国战略性矿产资源储备信息管理平台构建[J].地球物理学进展，2019，34（4）：1614–1620.

[81] 何依.高校科研数据机构库联盟演化的影响因素研究[D].武汉大学，2018.

[82] 洪志远.基于Service Portal的地理信息共享模式探索及实现[D].中国测绘科学研究院，2011.

[83] 胡智慧.日本颁布《信息技术基本法》[J].科技政策与发展战略，2002（1）：26–27.

[84] 黄国彬，郑霞.数据论文的内容规范性研究[J].图书情报工作，2019，63（22）：129–140.

[85] 黄如花，邱春艳. Dryad数据仓储的元数据管理[J].图书馆杂志，2014（1）：68–73.

[86] 黄永文，张建勇，黄金霞，等.国外开放科学数据研究综述[J].现代图书情报技术，2013（5）：21–27.

[87] 贾凌霄，马冰，田黔宁，等.中美地球深部探测工作进展与对比[J].地质通报，2020，39（4）：582–597.

[88] 姜作勤，刘若梅，姚艳敏，等.地理信息标准参考模型综述[J].国土资源信息化，2003

（3）：11–18.

[89] 京骐. 那些别国的"玻璃地球"计划[J]. 科学24小时，2015（4）：54–55.

[90] 黎建辉, 吴超, 张丽丽, 等. 科学数据出版调查与分析[J/OL]. 中国科学数据，2016, 1（1）.

[91] 黎建辉, 虞路清. 国际科学数据库现状与发展趋势分析[J]. 科研信息化技术与应用，2009（1）：6–13.

[92] 李红星, 吴立宗, 南卓铜, 等. 科学数据联合出版模式与内容研究[J]. 遥感技术与应用，2016, 31（4）：801–808.

[93] 李新, 南卓铜, 吴立宗, 等. 中国西部环境与生态科学数据中心：面向西部环境与生态科学的数据集成与共享[J]. 地球科学进展，2008（6）：628–637.

[94] 李云婷, 温亮明, 张丽丽, 等. 科学数据共享系统的现状与趋势[J]. 农业大数据学报，2019, 1（4）：86–97. DOI：10.19788/j.issn.2096–6369.190409.

[95] 林芳芳, 赵辉. 美国Dryad数据库共享政策及启示[J]. 中国科技资源导刊，2015, 47（6）：48–52.

[96] 林海, 王卷乐. 国家重点基础研究发展计划（973）资源环境领域项目数据汇交工作正式启动[J]. 地球科学进展，2008, 23（8）：895–896.

[97] 凌晓良, LEE B, 张洁, 等. 澳大利亚南极科学数据管理综述[J]. 地球科学进展，2007, 22（5）：532–539.

[98] 刘闯, 王正兴. 美国全球变化数据共享的经历对我国数据共享决策的启示[J]. 地球科学进展，2002（1）：151–157.

[99] 刘刚, 董树文, 陈宣华, 等. EarthScope：美国地球探测计划及最新进展[J]. 地质学报，2010, 84（6）：909–926.

[100] 刘润达, 赵辉, 李大玲. 科学数据共享平台之数据联盟模式初探[J]. 中国基础科学，2010, 12（6）：27–32.

[101] 刘树臣. 发展新一代矿产勘探技术：澳大利亚玻璃地球计划的启示[J]. 地质与勘探，2003（5）：54–57.

[102] 刘文浩, 郑军卫, 赵纪东, 等. 大洋钻探计划管理机制及启示[J]. 世界科技研究与发展，2019, 41（1）：80–90.

[103] 刘增宏, 吴晓芬, 许建平, 等. 中国Argo海洋观测十五年[J]. 地球科学进展，2016, 31（5）：445–460.

[104] 毛建军. 英国国家档案馆数字档案增值服务[J]. 中国档案，2014（4）：70–71.

[105] 孟祥保, 钱鹏. 高校社会科学数据管理的国际经验及其借鉴：以UKDA和ICPSR为例[J]. 情报资料工作，2013, 34（2）：77–80.

[106] 宁鹏飞, 孙朝辉, 刘增宏, 等. Argo网络数据库可视化平台技术及其应用[J]. 海洋技术，2007（4）：83–88.

[107] 任晓霞, 杨飞, 杨淑云, 等. "地质云1.0"地质环境分节点技术实现[J]. 国土资源遥感，2019, 31（4）：250–257.

[108] 石蕾, 袁伟. 建立科技计划资源汇交长效机制的思考[J]. 中国科技资源导刊，2012, 44（4）：2–5.

[109] 孙朝辉, 刘增宏, 孙美仙, 等. Argo数据的网络可视化集成平台开发及其应用[J]. 海洋技

术，2006（3）：139–143，147.

[110] 孙九林，林海.地球系统研究与科学数据[M].北京：科学出版社，2009.

[111] 孙九林.分散数据资源整合策略和模式研究[J].中国科技资源导刊，2008，40（3）：6–11.

[112] 孙九林.信息化农业科技前沿与发展战略[J].中国工程科学，2002（9）：1–7.

[113] 田耕，刘炯晖，蓝翎.NCBI网站及GenBank数据库概述[J].国外医学（分子生物学分册），2000（5）：317–320.

[114] 汪俊.美国科学数据共享的经验借鉴及其对我国科学基金启示：以NSF和NIH为例[J].中国科学基金，2016（1）：69–75.

[115] 王卷乐，林海，冉盈盈，等.面向数据共享的地球系统科学数据分类探讨[J].地球科学进展，2014，29（2）：265–267，273–274.

[116] 王卷乐，石蕾，王玉洁，等.科学数据汇聚的模式分析及对我国的发展建议［J］.地球科学进展，2020，35（8）：839–847.

[117] 王卷乐，孙九林.地球系统科学数据共享标准规范体系研究与应用[J].地理科学进展，2009，28（6）：839–847.

[118] 王卷乐，孙九林.世界数据中心（WDC）回顾、变革与展望[J].地球科学进展，2009，24（6）：612–620.

[119] 王卷乐，王明明，石蕾，等.科学数据管理态势及其对我国地球科学领域的启示[J].地球科学进展，2019，34（3）：306–315.

[120] 王卷乐，王祎，卜坤，等.世界数据系统CoreTrustSeal数据中心认证实践：以WDC可再生资源与环境数据中心为例[J].农业大数据学报，2019，1（3）：71–81.

[121] 王卷乐，杨雅萍，诸云强，等."973"计划资源环境领域数据汇交进展与数据分析[J].地球科学进展，2009，24（8）：947–953.

[122] 王卷乐，诸云强，谢传节.地球系统科学数据共享网络平台的设计和开发[J].地学前缘，2006，13（3）：54–59.

[123] 王卷乐，祝俊祥，杨雅萍，等.国外科技计划项目数据汇交政策及对我国的启示[J].中国科技资源导刊，2013，45（2）：17–23.

[124] 王亮，白明，梅丽斯，等.地质云盘系统设计与实现[J].中国矿业，2019，28（2）：485–490.

[125] 王旻燕.NASA地球科学数据分布式数据存档中心的数据和数据管理[A].中国气象学会气象通信与信息技术委员会、国家气象信息中心，2011：8.

[126] 王旻燕.NASA地球科学数据分布式数据存档中心的数据和数据管理[C].2011年中国气象学会气象通信与信息技术委员会暨国家气象信息中心科技年会论文摘要.中国气象学会气象通信与信息技术委员会、国家气象信息中心：中国气象学会，2011：443–450.

[127] 王巧玲，钟永恒，江洪.英国科学数据共享政策法规研究[J].图书馆杂志，2009，29（3）：63–66.

[128] 王少勇.国家地质大数据服务平台"地质云2.0"上线[J].资源导刊，2018（11）：40.

[129] 吴冲龙，刘刚.玻璃地球建设的现状、问题、趋势与对策[J].地质通报，2015，34（7）：1280–1287.

[130] 吴振新.长期保存中的数字对象不变性研究[J].现代图书情报技术，2014（11）：1–9.

[131] 许建平，刘增宏. 中国Argo大洋观测网试验[M]. 北京：气象出版社，2007.
[132] 余文婷. 开放科学数据仓储资源开发模式比较分析：以SRDA、eCrystals和Dryad为例[J]. 图书馆学研究，2014（11）：58–62，92.
[133] 余星. 海底岩石地球化学研究中的"大数据"：PetDB及其应用[J]. 地球科学进展，2014，29（2）：306–314.
[134] 袁业立，陈显尧. ARGO计划的最新研究进展[J]. 海洋技术，2001（4）：1–4.
[135] 章育仲，袁凤杰. 全球大气监测网与我国监测站网[J]. 气象科技，2002（1）：36，57–59.
[136] 赵强，于凯本.美国海洋科学数据管理政策现状与启示[J].海洋信息，2019，34（4）：1–7.
[137] 赵作权. 地球科学前沿走向：从学科导向到问题导向：美、中两国地球科学前沿的特点、比较与思考[J]. 科技导报，1994（8）：13–15.
[138] 佚名.中国地质调查局2020年将上线"地质云3.0"[J]. 黄金科学技术，2020，28（2）：263.
[139] 佚名.中国地质调查局优化"地质云"服务模式[J]. 地质装备，2020，21（2）：7–8.
[140] 中国科学院对地观测与数字地球科学中心. 近期国际地球科学研究新动向[EB/OL]. [2012–04–27]. http：//www.ceode.cas.cn/qysm/qydt/201204/t20120427_3564409.html.
[141] 中国南北极数据中心.中国极地科学考察数据管理原则与共享规则，2002.
[142] 中华人民共和国国务院. 促进大数据发展行动纲要[J]. 成组技术与生产现代化，2015，32（3）：51–58.
[143] 周小刚，罗云峰. 美国国家大气研究中心优先研究领域新特点[J]. 地球科学进展2006（7）：751–756.
[144] 朱艳华，胡良霖，袁雅琴. 国内外科研资助机构科学数据共享政策分析[J]. 中国科技资源导刊，2015，47（3）：50–57.
[145] 诸云强，孙九林，廖顺宝，等. 地球系统科学数据共享研究与实践[J]. 地球信息科学学报，2010，12（1）：1–8.
[146] 诸云强，孙凯，杨雅萍，等. 科技基础性工作数据资料的汇交与整编[J].中国科技资源导刊，2017，49（5）：12–20.
[147] British Academy. Data management and use: governance in the 21st century[R]. London: the Royal Society，2017.
[148] Community[EB/OL].[2017–05–07].https：//ww w.datasealofapproval.org/en/community/.
[149] 中国地质调查局2020年将上线"地质云3.0"[J].黄金科学技术，2020，28（2）：263.
[150] 中国地质调查局优化"地质云"服务模式[J].地质装备，2020，21（2）：7–8.

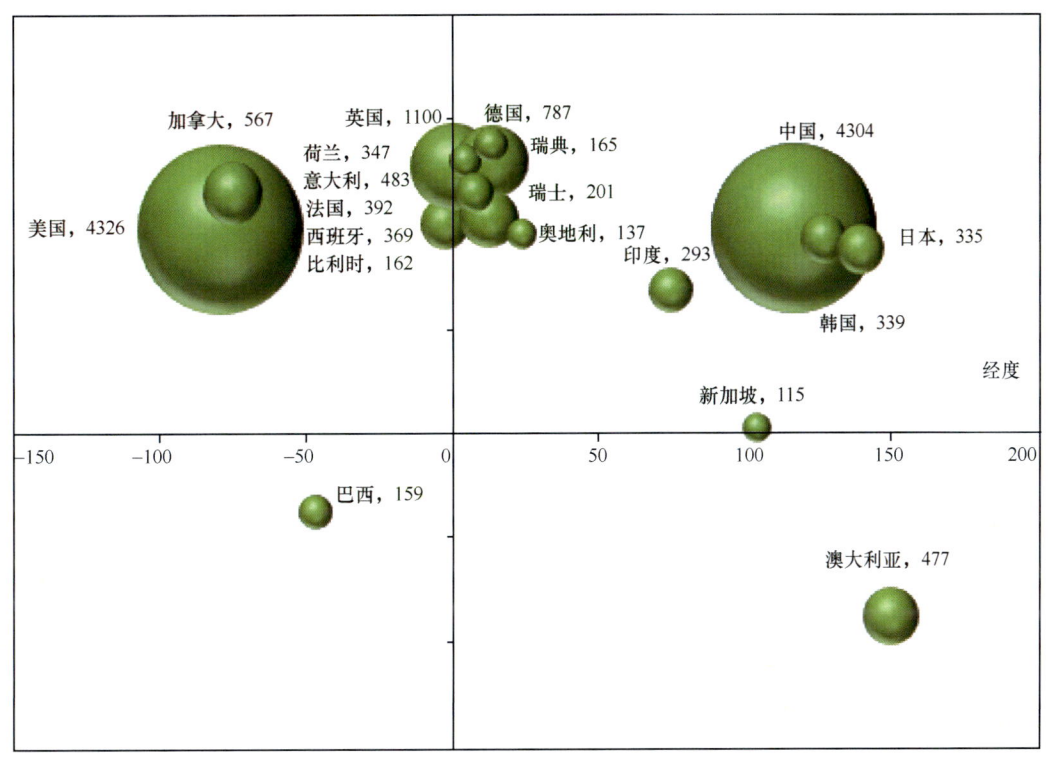

图 7-3　TOP 20 国家论文产出分布

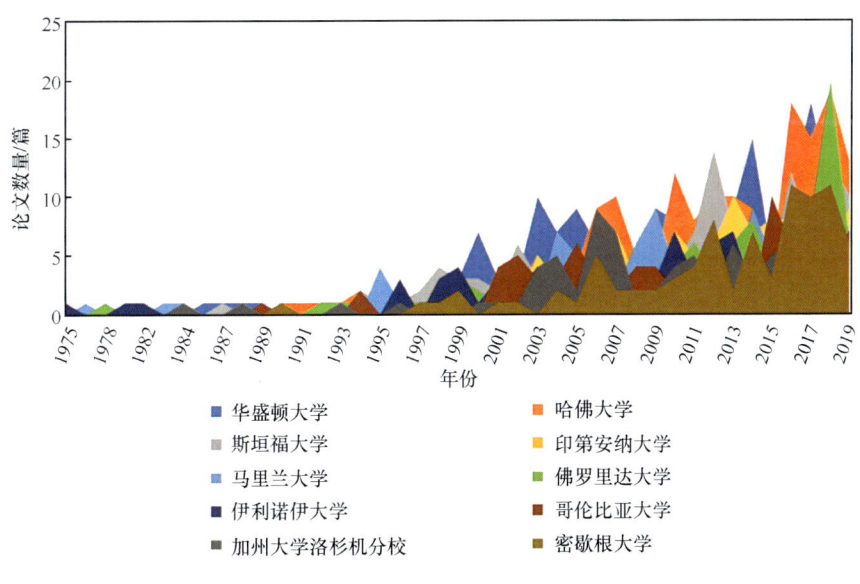

图 7-5　TOP 10 机构论文产出时间线

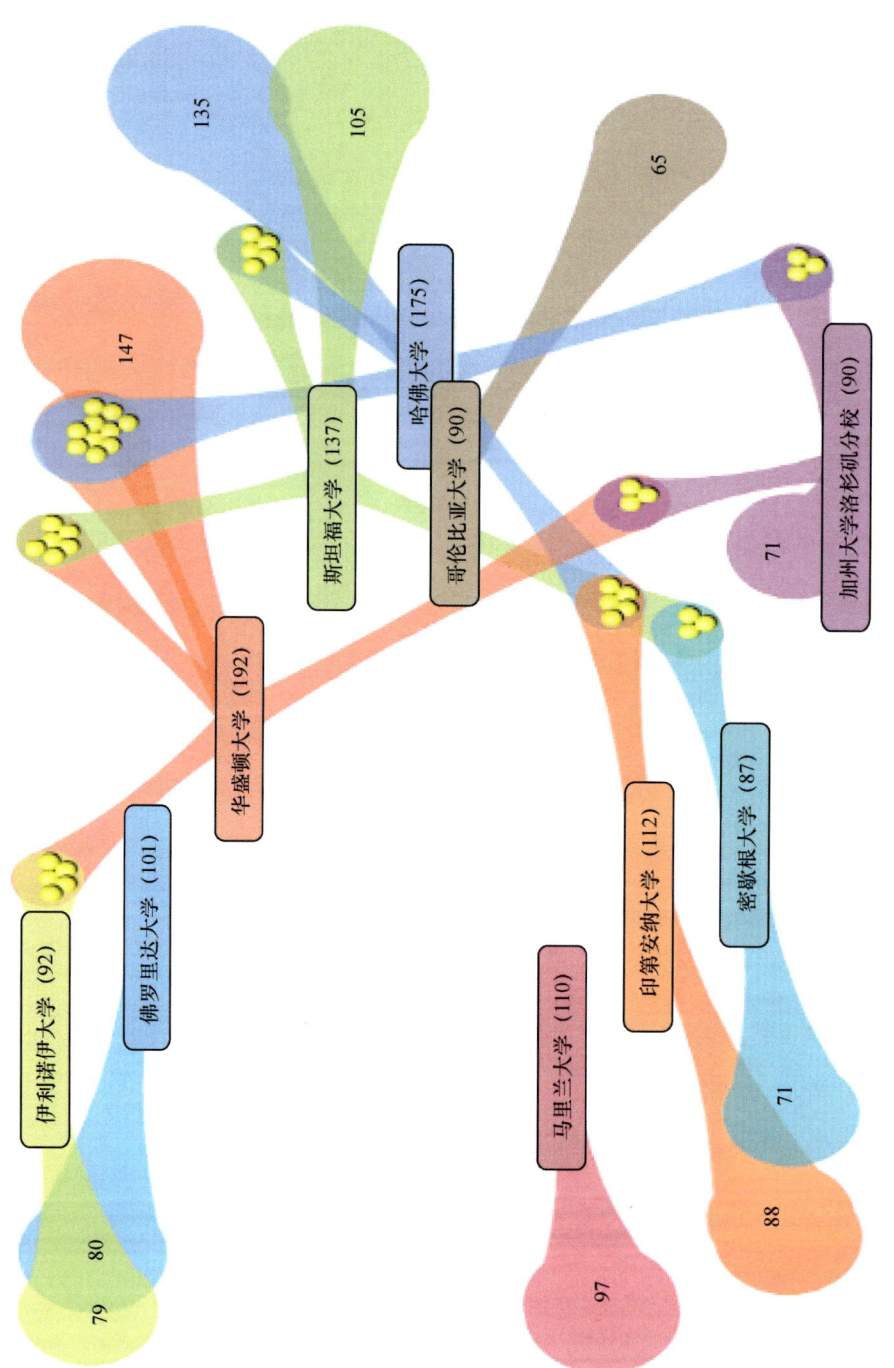

图 7-7 发文量 TOP 10 机构间合作分析

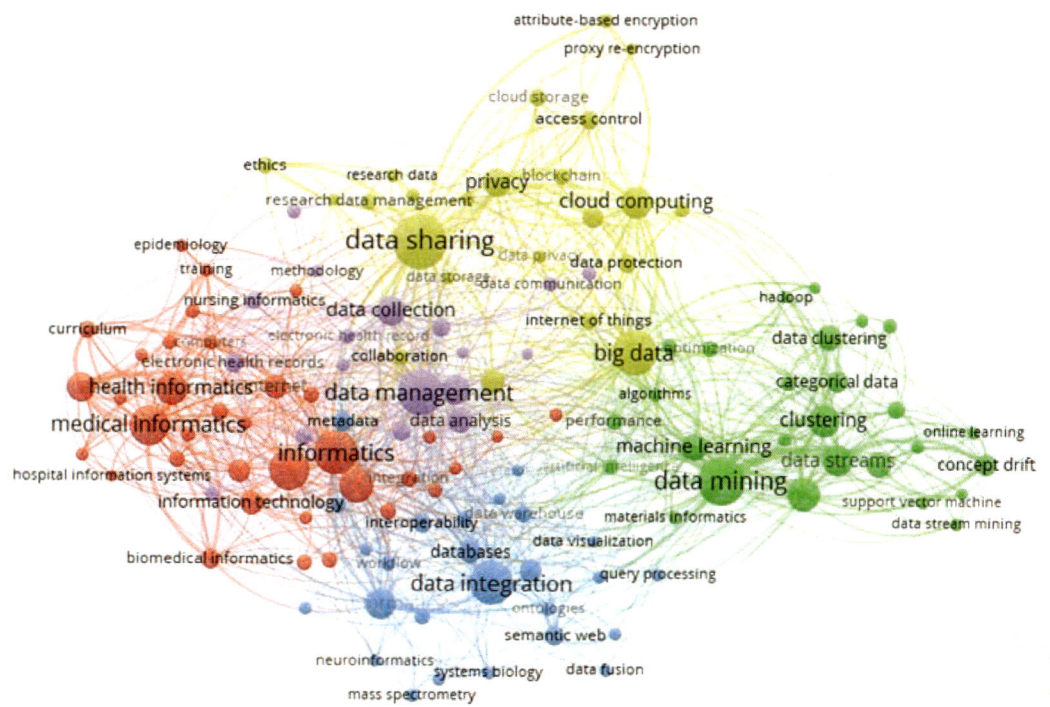

图 7-8　科学数据管理研究主题聚类分析

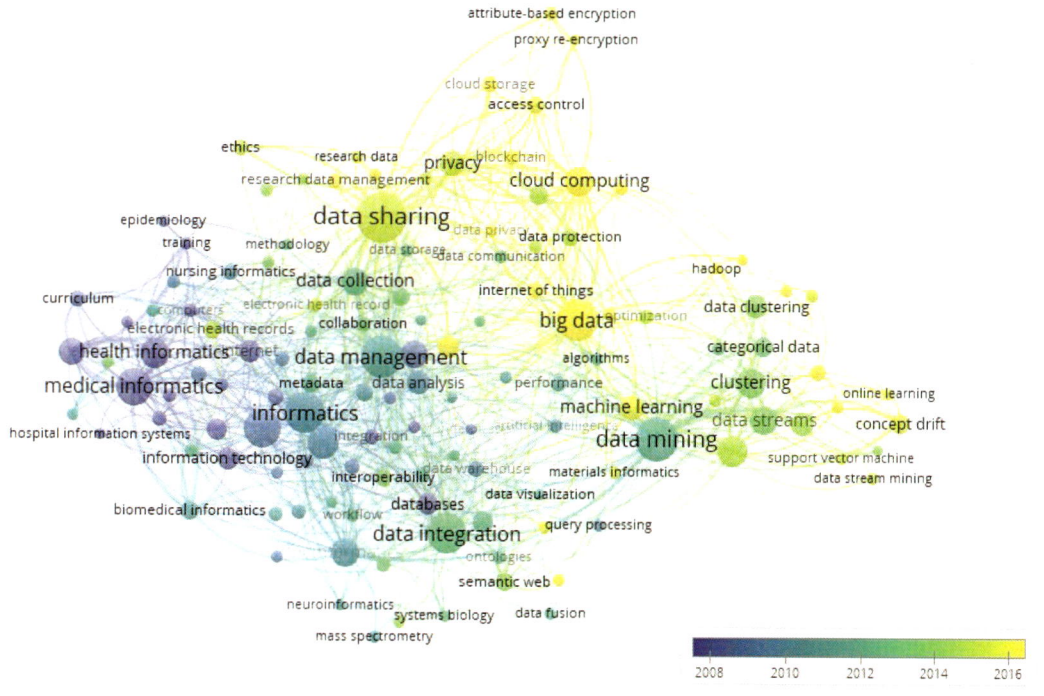

图 7-9　科学数据管理研究主题时间演变图

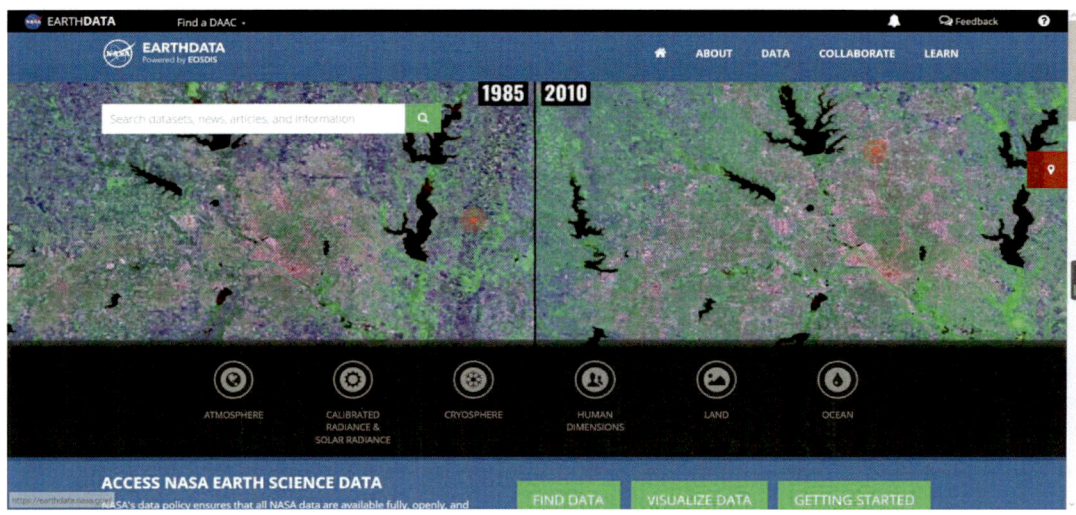

图 8-7　EOSDIS 的 EARTHDATA 主界面

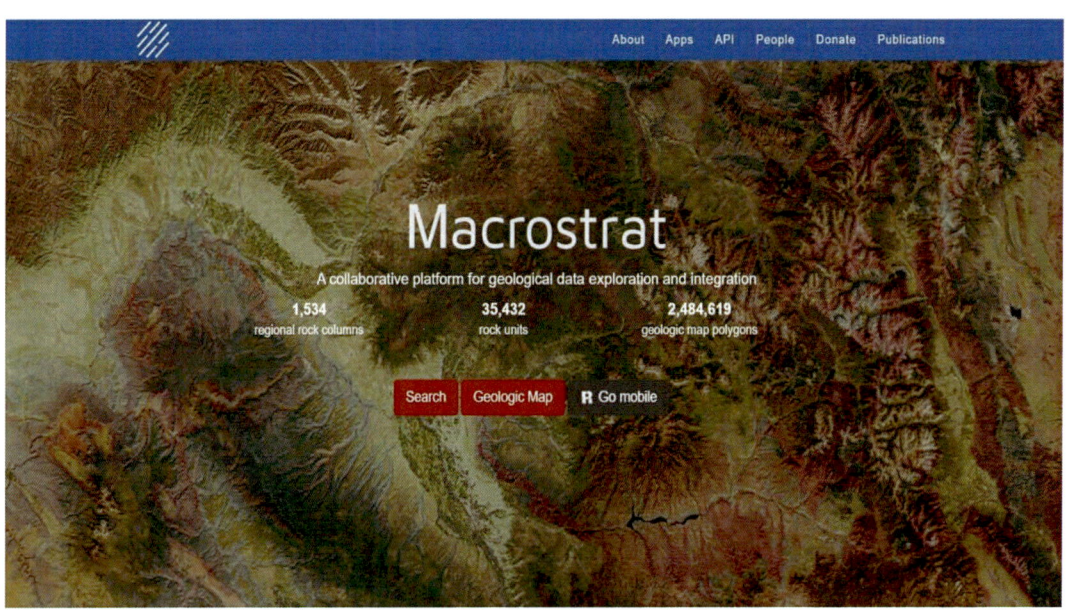

图 8-17　Macrostrat 网站截图